U0206681

本书获山东省社会科学规划项目基金（10CLSJ01）资助

明清时期黄河水患与
下游地区城市变迁研究

于云洪　李法杰　著

中国社会科学出版社

图书在版编目（CIP）数据

明清时期黄河水患与下游地区城市变迁研究/于云洪，李法杰著.—北京：中国社会科学出版社，2018.12
ISBN 978-7-5203-1801-3

Ⅰ.①明⋯ Ⅱ.①于⋯②李⋯ Ⅲ.①黄河—水灾—研究—明清时代②黄河—下游—城市史—研究—明清时代 Ⅳ.①P426.616②K928.5

中国版本图书馆 CIP 数据核字（2017）第 320824 号

出　版　人	赵剑英
责任编辑	卢小生
责任校对	周晓东
责任印制	王　超

出　　　版	中国社会科学出版社
社　　　址	北京鼓楼西大街甲 158 号
邮　　　编	100720
网　　　址	http://www.csspw.cn
发 行 部	010-84083685
门 市 部	010-84029450
经　　　销	新华书店及其他书店

印刷装订	北京市十月印刷有限公司
版　　　次	2018 年 12 月第 1 版
印　　　次	2018 年 12 月第 1 次印刷

开　　　本	710×1000　1/16
印　　　张	16.5
插　　　页	2
字　　　数	270 千字
定　　　价	90.00 元

凡购买中国社会科学出版社图书，如有质量问题请与本社营销中心联系调换
电话：010-84083683
版权所有　侵权必究

引　论

黄河古为"四渎之宗"，百川之首，它哺育了中华民族，创造了辉煌的黄河流域城市文明。黄河与黄河流域城市如同血脉与人体一样密不可分。

一方面，河流孕育了人类文明，也促进了城市的产生，影响着城市的发展和变迁。黄河与沿岸城市相互依存，互为推行。一方面，黄河哺育了沿岸城市，促进了城市文明的诞生。对河流的控制和利用促进了原始居民的劳动分工和社会结构的分化，为王权制度的产生提供了可能，从而推动了城市的产生。黄河造就了广袤的黄土平原，古代先民为求生存，在修筑堤防的过程中，发明了城，促使了在治水过程中的城邦国家的形成。诸侯的大规模筑城活动，筑城技术的飞跃发展，尤其是城郭规划的特点，高台建筑的缘起，土木混合建筑特色的形成，均与黄河有着密不可分的联系。

另一方面，河流也成为影响着城市发展和变迁的重要因素。[①] 城市"得水而兴，废水而衰"。河流的稳定与繁荣，可以促使跨河城市长盛不衰。只有保持河流的兴盛，才能确保跨河城市充满活力；反之，河道的改变或湮废则会极大地影响城市的发展。黄河是一条世所罕见的多泥沙河流，素以善淤、善决、善徙著称。黄河又是一条以洪灾频仍、难以驾驭而著名的河流。这主要是由于流经黄土高原的黄河携带的大量泥沙淤积河道造成的，加之每年的七八月间往往是黄河中下游地区暴雨高发的季节，因此，黄河下游的洪水决溢泛滥十分频繁。

据统计，从先秦至新中国成立前的 2500 多年中，黄河大的改道 26 次，其中重大的迁徙 9 次。从西汉文帝十二年（公元前 168 年）到清道

---

① 王星光、张新斌：《黄河与中国科技文明》，《郑州大学学报》（哲学社会科学版）1999年第 1 期，第 91—96 页。

光十二年（1832）的 2000 年中，计 316 年有决溢灾害，平均六年半一次；而在 1841—1938 年的 98 年中，计 52 年有黄河决溢，平均两年一次。[①] 黄河自 1855 年铜瓦厢决口夺大清河入海至 1938 年国民政府花园口扒口，在山东行水 83 年间，有 57 年发生决溢灾害。由于水沙俱下，淤塞河渠，良田沙化，生态环境长期难以恢复。黄河泛滥，给黄河下游地区人民生命财产造成了巨大损失，成了中华民族的心腹之患。孟昭岭说："黄河又是一条非常有创造力的河流，黄河泥沙中携带有丰富的有机质，每决一次口，等于给土地上了一层肥料，对土壤的改良非常有好处，一年过后，生地就会变成熟地，非常适合耕种，黄河又是悬河，人们能利用它自流灌溉，所以当地人民虽怕黄河但又离不开黄河，每次洪灾过后，人们会重返家园。"

一 学术史的梳理

水患对于沿岸城市特别是下游地区城市变迁的影响至深至巨，令人刻骨铭心。对于黄河水患的记载，不绝史书，被灾之省府州县方志及地理、水利著作等都有详细记述。如无名氏《汴梁水灾纪略》，就详细记述了 1841 年开封黄河大堤决口后的开封水灾情况。其他如顾祖禹《读史方舆纪要》、靳辅《治水方略》、傅泽洪《行水金鉴》、黎世序《续行水金鉴》、齐召南《水道提纲》、胡渭《禹贡锥指》和中国水利水电科学研究院水利史研究室《再续行水金鉴》等著作，对黄河水患及流域内城市变迁状况等都有比较深入的讨论。

黄河变迁史、黄河志和地方志等方面的著作对水患与下游城市变迁问题都有涉及。史志方面，如黄河水利委员会黄河志总编辑室《黄河志》（10 卷本），沿黄河各地区地方志办公室编撰的黄河志有《山东省志·黄河志》《河南省志·黄河志》《开封黄河志》《封丘黄河志》等，对黄河各河段水患灾害及其影响都有详细记述，保留了大量水患资料。黄河史方面，如谭其骧《黄河史论集》和《长水集》、岑仲勉《黄河变迁史》、邹逸麟《千古黄河》、鲁枢元等《黄河史》、陈梧桐等《黄河传》等，都较多地论述了水患及其对下游地区城市所造成的巨大影响。另外，有史念海《河山集》（多卷本），对黄河流域生态环境的演变过程及其影响做了深刻阐述，是研究黄河生态史的重要著作之一。

---

① 黄河防洪志编纂委员会等：《黄河防洪志》，河南人民出版社 1991 年版，第 17 页。

邹逸麟在《黄淮海平原历史地理》和《历史时期黄河流域的环境变迁与城市兴衰》等论著中，系统地论证了历史上由黄河决溢泛滥引起的流域内生态环境的变化对下游城市所造成的多重影响，是黄河流域城市变迁研究的力作。张新斌《黄河与中国古代城市》，多方面论证了黄河对古代城市产生、发展及其形制与建筑特点所起的关键性影响作用。侯仁之《黄河文化》、朱世光《黄河文化丛书》（住行卷）、李孝聪《历史城市地理》、彭安玉《明清苏北水灾研究》等对黄河流域城市变迁及其与黄河的关系都做了细致而深入的探讨。马雪琴《明清黄河水患与下游地区的生态环境变迁》一文，对水患成因及其对下游生态环境的破坏和对下游城市变迁的影响做了阐述；陈隆文《水患与黄河流域古代城市的变迁研究——以河南汜水县城为研究对象》一文，用具体实例论证了黄河水患对黄河沿岸城市衰落的影响。其他如张妙弟《开封城与黄河》、李润田等《黄河影响下开封城市的历史演变》、赵明奇《徐州城叠城的特点和成因》等，都较深入地讨论了黄河水患对某一城市沧桑变迁的影响作用。

总之，水患与黄河下游地区城市变迁问题已经引起学术界的广泛关注，并做了多方面的探讨，但总体上看，还缺乏系统的梳理和整体的研究，研究的视角多集中在水患与环境变迁问题以及水患对城市兴衰变迁的影响，而对于城市变迁问题、水患与城市变迁的互动关系则较少涉及，对于水患在哪些方面、以何种方式和在多大程度上影响了下游城市变迁，也很少论及。至今仍没有一部专门论述这一问题的著作。

二 研究意义

梳理黄河水患与下游城市变迁之间的相互关系以及黄河水患在哪些方面影响了下游城市变迁，下游城市的分布、规模、数量、性质和发展状况等是如何变迁的，这些问题都是黄河流域城市史和区域发展史研究的重要内容。对这一问题的研究，有助于拓宽黄河流域城市史研究的视野，认识黄河流域城市变迁的规律。明清时期，黄河频繁决口泛滥与改道对黄河下游城市产生了巨大的影响，加上其他因素的作用，最终导致了黄河流域城市重心东移至运河一线，这是古代城市格局的巨大转变。对于这种转变，需要从黄河流域城市变迁的本身来探讨，这正是我们亟须深入研究而还没有很好地研究的课题。

研究这一问题对于当代黄河治理、生态环境保护、城市可持续发展、防洪减灾等都具有实际的借鉴意义。明清以来，黄河下游地区水患不断，灾害频仍，生态环境脆弱，城市防洪减灾能力差，致使城市发展失去了外部保障和内部动力，多数城市长期萧条衰落，消极影响久久不能消除。总结历史经验教训，鉴往知来，也是这一问题研究的初衷。

三 基本思路与内容

本书对明清时期黄河水患与下游地区主要是豫东、鲁西、皖北、苏北地区城市变迁问题做了系统研究，四地主要包括明清时期黄河流域下游主要府州县：

兖州府：明兖州府辖 4 州 23 县：滋阳、曲阜、宁阳、邹县、泗水、滕县、峄县、金乡、鱼台、单县、城武、济宁州（嘉祥、巨野、郓城）、东平州（汶上、东阿、平阴、阳谷、寿张）、曹州（曹县、定陶）、沂州（郯城、费县）；清兖州府领 10 县：滋阳、曲阜、宁阳、邹县、泗水、滕县、峄县、汶上、阳谷、寿张。

东昌府：明东昌府辖 3 州 15 县：聊城、堂邑、博平、茌平、莘县、清平、冠县、临清州（丘县、馆陶）、高唐州（恩县、夏津、武城）、濮州（范县、观城、朝城）；清东昌府：1 州 9 县：聊城、堂邑、博平、茌平、莘县、清平、冠县、馆陶、高唐州（恩县）。

曹州府：清曹州府领 1 州 10 县：菏泽、单县、巨野、郓城、城武、曹县、定陶、濮州（范县、观城、朝城）；清济宁直隶州领 4 县：金乡、鱼台、嘉祥。

开封府：辖两州 14 县：郑州（今郑州）、禹州（今禹州），1904 年 12 月，郑州由开封府属下的散州改为直隶州，下辖原属开封府的荥阳、荥泽、汜水 3 县。其余 11 县分别为祥符、陈留（今开封陈留镇）、杞县（今杞县）、通许（今通许）、尉氏（今尉氏）、洧川（今尉氏洧川镇）、鄢陵（今鄢陵）、中牟（今中牟）、兰仪（今兰考）、密县（今新密城关镇）、新郑（今新郑）。

归德府：府治商丘（今商丘）。下辖 1 州 8 县：睢州（今睢县），商丘、宁陵（今宁陵）、鹿邑（今鹿邑）、夏邑（今夏邑）、永城（今永城）、虞城（今虞城利民镇）、柘城（今柘城），共 7 县，考城县在乾隆年间属卫辉府，但在光绪元年还属归德府。

陈州府：府治淮宁（今淮阳）。下辖 7 县：淮宁、商水（今商水）、西华（今西华）、项城（今项城老城镇乡）、沈丘（今沈丘城关镇）、太康（今太康）、扶沟（今扶沟）。

徐州府：治初为直隶州时，领萧、砀山、丰、沛4县。雍正十一年（1733）升为府后，置铜山县，又以邳州来属，加领宿迁、睢宁两县，计共统7县1州。

黄河下游干流流经县域有：垣曲、孟津、济源、孟县、温县、汜水、原武、阳武、延津、封丘、长垣、东明、濮州、观城、范县、寿张、东阿、平阴、长清、齐河、历城、济阳、章丘、齐东、青城、蒲台、利津。

本书主要探讨了黄河下游水患的频率、被灾地域、灾害程度，对生态环境的破坏情况，对下游城市变迁的多重影响；系统地梳理了黄河水患与下游城市变迁之间相互作用的关系，包括城址变化、人口变迁、经济兴衰以及城市分布格局的变化、重心的转移、与现代城市的继承关系等；揭示了水患与下游城市变迁的内在关系。

本书从水患研究入手，以城市变迁为主线，围绕黄河水患对下游地区城市变迁的影响及两者之间的互动关系这个主题，系统地探讨了明清时期在水患频仍、生态环境改变的背景下，下游城市衰落与再生以及格局演变、重心转移的过程及其内在原因。

黄河一方面创造了辉煌的城市文明，另一方面又一次次地毁灭城市。许多下游城市被深埋地下，许多城市趋于衰落，另有不少城市又被重新建立起来。一部黄河城市史、黄河文明史、黄河变迁史，就是黄河之水与城市相互作用的历史。

明清两代黄河水患为害之惨烈，环境破坏之严重，城市衰落之迅速，为历朝所罕见。黄河下游城市衰落是由多种因素造成的，诸如中国经济重心转移、主要交通线路改变、战争摧残以及政治中心变化等，其中，黄河水患是主要原因。而水患的形成也是多种因素作用的结果，其中又与明清两朝的治黄政策密切相关。两朝政府为确保南北大运河畅通，皆行"挽黄保运"之策，以致逆黄河之性，迫使其走东南由苏北入海，造成河水泛滥不止，以致豫东、苏北地区人民饱尝水患之苦。每次河水决溢，都使两岸城市遭受灭顶之灾，使许多像开封、徐州一样的古城深深地淤没于地面以下，或在洪水之后的生态环境改变中走向衰落。也有许多城市在一次次的毁灭中重新建立起来，显示出顽强的生命力，反映了黄河与城市变迁之间的依存关系。

黄河水患及其所引起的生态环境变化，加上其他因素，共同作用于城市，引起城市的衰落。许多城市的衰落又必然引起整个下游地区城市群地位的下降，城市布局由东西黄河城市带向南北运河城市带转变，城市重心区也随之转到运河沿岸，黄河与运河的兴衰以及运黄关系的变化都直接反映在下游地区城市兴衰的过程中。

本书运用历史地理学、城市史学、灾害史学、生态史学等学科的研究方法，系统地梳理了黄河灾害史料，对明清时期的黄河史志、下游省市县的地方志、文编、档案、各类调查资料等做了较为系统的收集与整理；并运用田野调查法，发掘第一手资料，将宏观研究与微观研究、整体研究与个案研究结合；借鉴历史地图法，利用河道图、测量图和城址图资料，研究水患、河道变迁、城址迁移等；力求准确反映研究对象在空间上或时间上的分布状态与变动趋势，以期得出科学合理的结论。

第一章探讨了黄河水文与水患问题。主要梳理了黄河流域历史地理环境的变迁，论述了黄河水文与水患灾害，重点讨论了黄河水患的特点以及水患与下游城市的互动关系等。

第二章讨论了黄河水患与下游城市形态变迁之间的关系。重点论述了黄河水患对城市的有形破坏。洪水泛滥不仅冲毁城市，水患带来的泥沙埋没城市；沿河城市为避水患，被迫迁移，或旧城残破被迫另建新的城市。水患还导致城市空间结构、内部布局、城市景观、城市外貌、街道路网等方面的变迁。

第三章梳理了黄河水患与下游城市环境变迁之间的关系。主要讨论了水患对城市生态环境的影响，包括城市周边农业生态环境的变迁、下游城市水系环境的变迁和城市交通环境的变迁等。

第四章探讨了黄河水患与下游城市经济变迁之间的关系。主要讨论了水患对下游城市经济的影响，如城市人口变化、商业衰落、手工业的衰落、城市发展动力的不足等。

第五章探讨了黄河水患与下游城市社会变迁之间的关系。主要梳理了水患影响下城市灾荒问题的发生、社会治安问题的形成以及城市社会风俗、社会生活的变迁等问题。

四 主要观点与理论创新

（一）主要观点

黄河水患与下游城市变迁密切相关。黄河孕育了沿岸城市，推动了沿岸城市的不断发展。黄河的流动性、开放性、便利性和持久性给沿岸城市的产生与发展带来了源源不断的物质、信息与人力的支持。然而，频繁的黄河水患又极大地改变了下游城市的面貌和发展进程，或将其掩埋于地下，或迫使其迁移，或破坏其赖以存在的农业经济。明清时期，黄河水患对下游城市变迁的影响主要有以下几点：

第一，黄河的决溢泛滥直接冲毁和淤没城市，造成城市人口缓慢增长或负增长，打乱了城市发展进程，使城市趋于衰落。如明代的定陶（今县西北）、鄄城（今县北）、洧川（今河南尉氏西南）、仪封（今兰考东）、荥泽（今郑州市古荥北）、商丘（今县南），清代的考城（今兰考东北）等，都曾因黄河泛滥，城市为洪水破坏，大部分被迫移治。

第二，黄河的决溢改道，改变了城市发展的地理条件，破坏了下游平原的城镇交通，扰乱了水系和运河，造成城市的衰落。如濒临黄河的滑州（今滑县）、黎阳（今浚县）、大名（今河北大名东北）等都曾因交通位置的重要而繁荣一时，但也皆因黄河改道南徙趋于衰落。

第三，水患及由此而引发的生态环境的改变，使明清两代黄河下游地区的城市布局、规模和重心等都发生了显著变化：运河城市群崛起，黄河流域城市重心东移。黄运之关系影响运河城市的兴衰。1855年的黄河之北徙，多段运河湮废，城市重心再次转移。

（二）创新之处

从深层次上把握了黄河下游城市变迁的原因，说明了下游城市衰落与黄河水患、经济重心转移、政治中心变迁等问题的多重复杂关系；认识了明清时期黄河下游城市变迁的过程、规律及其走向，深化了城市史、灾害史、黄河史及生态环境史的研究。

目　录

第一章　历史时期黄河的水文与水患

黄河是发源于青海高原巴颜喀拉山脉雅合拉达合泽山东麓的约古宗列渠，为我国第二条大河，干流全长5464千米，流域面积达752443万平方千米，流域内人口1.2亿，流经青海、四川、甘肃、宁夏、内蒙古、山西、陕西、河南、山东九省区，由山东垦利入海。因其地理环境和气候特点，历史上形成了水量小而变率大、含沙量高的水文特点，这便使其在历史上有猛涨猛落、洪水易于泛滥而河床不断抬升的特点，再加上历史时期人类活动的原因，强化了这个特点，使历史上黄河一直是以"善淤、善决、善徙"著称。

第一节　黄河流域的历史地理环境

黄河是我国仅次于长江的中国第二大河，它自青藏高原而下，流经黄土高原，最后入海。位于阴山和秦岭构造带之间，在地质构造和外营力共同作用下，形成盆地，各盆地之间相互沟通，最终演变成横贯东西、汇成河道，注入大海。[①]

黄河流域的地形地貌大多由高原和平川组成，整个流域呈"几"字形，其流域范围西起巴颜喀拉山，北抵阴山，南达秦岭，东至大海，以巴颜喀拉山、祁连山、贺兰山、阴山、恒山、太行山、秦岭、泰山等山脉构成流域分水岭。地理位置位于东经96°—119°、北纬32°—42°，南北宽约1100千米，东西长约1900千米，水面落差4480米。青海省玛多县多石峡以上地区为河源区，面积为2.28万平方千米，是青海高原的一部分，属湖盆宽谷带，海拔在4200米以上。河源至内蒙古自治区托克托县

---

① 任美锷：《黄河——我们的母亲河》，清华大学出版社2002年版，第23页。

的河口镇为上游，河道长 3471.6 千米，流域面积 42.8 万平方千米，占全河流域面积的 53.8%。河口镇至河南省郑州市的桃花峪为中游，河段长 1206.4 千米，流域面积 34.4 万平方千米，占全河流域面积的 43.30%，落差 890 米。桃花峪至入海口为下游，流域面积 2.3 万平方千米，仅占全流域面积的 3%，河道长 785.6 千米，落差 94 米，上陡下缓。下游河道横贯华北平原，绝大部分河段靠堤防约束。河道总面积 4240 平方千米。由于大量泥沙淤积，河道逐年抬高黄河源头区湿地，目前，河床高出背河地面 3—5 米，部分河段高出 10 米，是世界上著名的"地上悬河"，成为淮河、海河水系的分水岭。

一 黄河流域的历史自然地理

黄河流域的地势西高东低，高低悬殊，自西向东大致呈逐级下降的三级阶梯。最高一级阶梯为黄河河源区至龙羊峡段所在的青海高原，位于著名的"世界屋脊"——青藏高原东北部，面积 13.1 万平方千米，平均海拔在 4000 米以上，是典型的青藏高原高寒草地地貌类型，分布着一系列西北东南向的山脉，如北部的祁连山、南部的阿尼玛卿山和巴颜喀拉山。第二级阶梯以太行山为东界，与海河流域相接，地势较平缓，地形破碎，由内蒙古高原和黄土高原地区及汾渭盆地组成，海拔 1000—2000 米。白于山以北属内蒙古高原的一部分，白于山以南为黄土高原，南部有崤山、熊耳山等山地。黄土塬、梁、峁、沟是黄土高原的地貌主体，宏观地貌类型有丘陵、高塬、阶地、平原、沙漠、干旱草原、高地草原、土石山地等，其中山区、丘陵区、高塬区占 2/3 以上。第三级阶梯为太行山山脉以东直至渤海，地势低平，主要由海拔在 100 米以下的下游冲积平原、海拔 10 米以下的河口三角洲和海拔 400—1000 米的鲁中丘陵组成。

黄河流域地域辽阔，土壤类型多样，植被类型较复杂。龙羊峡以上地区，土壤类型依次为高山寒漠土、高山草甸土、高山草原土、山地草甸土、黑钙土、灰褐土、栗钙土和山地森林土，其中以高山草甸土为主，沼泽化草甸土也较普遍，冻土层极为发育。大多数土壤厚度薄，质地粗，保水性能差，肥力较低，易受侵蚀而造成水土流失。龙羊峡以上区域植被类型以草甸植被为主，其次是荒漠化草原植被，森林植被很少，总体上看，植被稀疏。

黄土高原地区，除少数石质山岭和沙区外，大部分为黄土覆盖，是世界上黄土分布最集中、覆盖厚度最深的区域,平均厚度 50—100 米,洛川塬超过 150 米,董志塬最大厚度超过 250 米。黄土主要成分为粉沙壤土,占黄土组成的 50%—60%,结构疏松,富含碳酸盐,孔隙度大,透水性强,遇水易崩解,抗冲抗蚀性弱。该地区的主要土壤类型有褐土、黑垆土、栗钙土、棕钙土、灰钙土、灰漠土、黄绵土、风沙土等。

黄土高原地区植被分为暖温带落叶阔叶林区南落叶阔叶林带、暖温带落叶阔叶林区北落叶阔叶林带、暖温带草原区森林草原带、暖温带草原区典型草原带和暖温带荒漠区半荒漠荒漠带。各带分布范围、气候特征及植被类型情况各异。但是,由于种种因素,现存原生植被稀少,覆盖率低。天然次生林和天然草地仅占总土地面积的 16.6%,主要分布在林区、土石山区和高地草原区,其他大部分为荒山秃岭。

桃花峪以下区域的主要土壤类型有棕壤、褐土、潮土等。棕壤主要分布在大汶河上游地区,成土母质为酸性及中性钙质岩风化物的残坡积、洪冲积物,土层厚 20—60 厘米,抗蚀性差;褐土在大汶河流域上、中、下游都有分布,成土母质为钙层岩风化物及冲积洪积物,土层厚 50—100 厘米,有一定的抗蚀性。植被类型为落叶阔叶林,主要为黑松、华山松、油松、栓皮栎等。

黄河流域资源丰富。黄河流域上中游地区的水能资源、中游地区的煤炭资源、中下游地区的石油和天然气资源都十分丰富,在全国占有极其重要的地位,被誉为我国的"能源流域"。

(一)水资源

黄河流域多年平均天然径流总量为 580 亿立方米,仅相当于全国河川径流量的 2%,却承担着向全国 15% 的耕地、12% 的人口、50 多座大中城市供水的任务,同时还担负着向流域外远距离调水的任务。由于黄河自然条件复杂、河情特殊,所以,水资源有着不同于其他江河的显著特点。一是水资源贫乏。流域内人均水资源量 527 立方米,为全国人均水资源量的 22%;耕地亩均水资源量 294 立方米,仅为全国耕地亩均水资源量的 16%。再加上流域外的供水需求,人均占有水资源量更少。二是水资源地区分布不均。兰州以上地区仅占全流域面积的 34%,径流量占 55.6%,年径流深 100—200 毫米;兰州到河口镇,年径流深 10—50 毫米;河口镇到三门峡,年径流深 20—50 毫米;龙门至三门峡区间面积占 25.4%,径流量只占全河的 19.5%。宁夏、内蒙古河段支流很少,河道蒸发渗漏强烈；下游为地上悬河，支流汇入较少。上、中、下游径流量分别占全河的54%、43%和3%。黄河流域及下游引黄灌区具有丰富的土地资源，但水土资源分布很不协调。大部分耕地集中在干旱少雨的宁蒙沿黄地区，中游汾河、渭河河谷盆地以及河川径流较少的下游平原引黄灌区。三是水资源年内、年际变化大。流域河川径流主要集中在汛期6—9月，占60%—70%。最大年径流量是最小年的3—4倍，花园口最大年径流量为940亿立方米，最小年为274亿立方米。四是含沙量高，利用难度大。黄土高原地区径流多以洪水形式出现，含沙量高，加上复杂的地形，水资源难以利用。据观测，黄河三门峡站多年平均含沙量35千克/立方米，有的支流洪水含沙量达300—500千克/立方米，甚至高达1000千克/立方米以上。黄河输沙量的90%以上来自中游，其中，河口镇至龙门区间年输沙量高达9亿吨左右，占全河输沙量的55%。

（二）土地资源

黄河流域土地资源较丰富，在全国占有重要的地位，具有很大的发展潜力。黄河流域总土地面积7947万平方千米（含内流区），占全国土地面积的8.3%，其中大部分为山区和丘陵，分别占流域面积的40%和35%，平原区仅占17%。特别是黄土高原地区，15°—25°的坡地占21.4%；大于25°的陡坡地占26.0%。由于地貌、气候和土壤的差异，形成了复杂多样的土地利用类型，不同地区土地利用情况差异很大。

黄河流域总耕地面积为1311万公顷，人均耕地0.11公顷，约为全国人均耕地的1.5倍。大部分地区光热资源充足，农业生产发展潜力很大。流域内有林地1433万公顷，牧草地2507万公顷，林地主要分布在中下游，牧草地主要分布在上中游，林牧业发展前景广阔。全流域还有宜于开垦的荒地约两万公顷，主要分布在黑山峡至河口镇区间的沿黄台地（约2000万亩）和黄河河口三角洲地区（约500万亩），是我国开发条件较好的后备耕地资源。

另外，黄河三角洲、中下游滩地和水库库区还有大片滩涂地可供开发。

（三）光热资源

黄河流域属温带大陆性季风气候，降水较少，空气干燥，云量少，日照时间长，光热资源可利用的潜力很大。一是日照与辐射量强。黄河流域理论年辐射总量，从下游的1101千焦/平方厘米递减到上游的1030

千焦/平方厘米。由于各地海拔、云量、大气透明度等的影响，地面上得到的实际辐射量比上述理论值小得多。流域下游海拔较低，空气湿度大，云量较多，日照时数少，地面得到的总辐射值较低；中上游海拔较高，空气干燥，云量少，日照时数多，总辐射值明显增高。总的来看，流域各地，年日照时数为 2000—3000 小时，年总辐射量为 502—670 千焦/平方厘米，较同纬度的华北平原为高，是我国辐射量高值区之一。二是有效热量高。黄河流域日平均气温 10℃ 及以上的作物生长活跃期为 150—210 天，积温为 2800—4500℃，从下游东南向上游西北递减。下游东南部从 4 月上旬到 10 月下旬，积温为 4000—4500℃；上游西北部和山区，从 4 月下旬或 5 月上旬到 9 月下旬或 10 月上旬，积温为 2800—3000℃。平均纬度每隔 1°生长活跃期相差 10 天，10℃ 及以上积温相差 250℃；平均经度每隔 1°生长活跃期相差 5.5 天，10℃ 及以上积温相差 140℃。

黄河流域各地日温差较大，下游东南部一般日温差为 10—16℃，上游西北部一般日温差为 15—25℃。这种较大的日温差，有利于植物干物质形成和薯类与果品糖分积累，提高产品质量。

（四）植物资源

据调查，黄河流域有木本植物 260 多种，草本植物 530 多种。其中，用材树种有油松、华山松、落叶松、侧柏、杨树、柳树、榆树、刺槐等 40 多种；果树有苹果、梨、桃、杏、葡萄、核桃、枣、柿、板栗、石榴等 20 多种；药材有枸杞、甘草、麻黄、金银花、茵陈、百合等 50 多种。另外，还有编织原料沙柳、柠条、芦苇等数种，有作纤维原料、油脂原料、淀粉原料、香脂原料、调味原料及花卉的植物数种。①

目前，黄河流域通过水土保持形成产业的主要有苹果、核桃、梨、桃、杏、大枣、花椒、枸杞、百合、玫瑰、沙柳、柠条等。沙棘是一种集经济价值与生态价值于一身的宝贵灌木资源，黄河流域是其资源分布的中心区域，在流域水土保持生态建设中发挥了巨大的作用，开发利用广泛，已经形成年产数亿元的产业。

二 黄河流域的历史人文地理

我们的祖国是一个文明古国，几千年来，我们的祖先创造了丰富的

---

① 黄河上中游管理局编著：《黄河流域水土保持概论》，黄河水利出版社 2011 年版，第 9 页。

文化，是我们民族的宝贵遗产。而黄河孕育了中华文明，被称为中国的"母亲河"。历史上，黄河流域曾经长时期作为中国政治、经济和文化中心，被誉为中华文化的摇篮，但是，历史上频繁的灾害，又使黄河被称为"中国的忧患"。黄河是中国文明的重要发祥地，黄河人文资料极其丰富。黄河流域的人文地理除受到黄河流域自然条件的影响以外，也在很大程度上取决于黄河流域人类的活动和历朝历代的政治经济制度的制约及影响。中华文明历史悠久，人口众多，幅员辽阔，随着时间的变迁，与自然地理变化的同时，黄河流域的人文地理现象变化迅速，经济、人口、城市、文化等历史人文地理领域都在发生变化。

（一）不同历史时期经济的发展

黄河流域，土地资源丰富，是我国重要的农垦区域。根据多方面资料综合分析，历史上，黄河流域的经济发展大致经历了以下几个阶段：

（1）原始农业阶段。主要是仰韶文化至商代以前，农具以石器为主，人口很少，黄土高原植被保护得很好，黄河含沙量极少。农业主要种植粟子为主，是我国农业发展的起步时期。

（2）粗放农业发展阶段。主要是商周至春秋中期，农具较以前有了很大进步，青铜器和铁制农具开始使用，人口也大量增加，农田面积扩大，黄土高原的农业开发进入了一个新时期。

（3）半农半牧农业发展阶段。从战国时期到唐朝末年，这一时期，农垦范围逐步扩大，黄土高原的植被受破坏的程度也逐步加剧。特别是秦始皇派军队实行屯垦和汉武帝移民实边二次大规模屯垦运动，使黄土高原农田面积迅速扩大，自然植被受到很大破坏。但是，到了魏晋南北朝时期，北方以匈奴族为代表的少数民族，放弃了原来开垦的农田，恢复为草原牧场，黄土高原的植被又有一定程度的恢复。黄河中游地区也主要是以戎狄各族人民活动的而又以畜牧业为主的畜牧区。据叙述战国至汉初经济情况的《史记·货殖列传》记载："山西饶材、竹、穀、纑、旄、玉石；北多马、牛、羊、旃裘、筋角。"[①] 说明黄河中游地区植被茂密，畜牧业发达。隋唐五代时期，情况又发生了较大的变化，居住在这一地区的各少数民族人民经济生活由牧变农。

（4）农田大肆开垦阶段。从北宋至明清时期，黄土高原的农田得到

---

① （汉）司马迁：《史记·货殖列传》，中华书局1979年版，第3254页。

了广泛开垦，成为当时主要的农业发展区域。随着农田开垦面积的扩大，黄土高原的植被也被破坏殆尽，导致泥沙流失严重，黄河也成为著名的泥沙河流了。

黄河中下游地区形成大量泥沙堆积，形成了黄河下游两岸广阔的平原和滩涂，为农业经济的发展创造了优越的条件。但同时，黄河泥沙的沉积也导致河床的抬高，形成了地上河，决口漫溢已成为下游地区历代政府重点解决的问题，也对人民生命和财产安全造成了最大的威胁。

就粮食生产和经济作物的品种及产量而论，黄河中下游地区，是我国最重要的农业产粮大区，黄河是一条非常有创造力的河流，黄河泥沙中携带有丰富的有机质，每决口一次，就等于给土地上了一层肥料，对土壤的改良非常有好处，一年过后，生地就会变成熟地，非常适合耕种。但是，黄河又是悬河，特别是下游地区，泥沙沉积严重，导致黄河决溢频繁，水患严重。所以，黄河中下游地区人民既怕黄河但又离不开黄河，每次洪灾过后，人们又会重返家园。

（二）人口的变迁

我国是一个文明古国。早在新石器时代，黄河流域就有了初步的农业开发。

黄河流域，植被茂密，土壤肥沃，生活资源较容易获得，是人类生存和发展的理想之地。特别是黄河两岸的自然环境为传统社会历代发展提供了有利条件，成为我国早期最重要的文明发源地。在文明的发展过程中，我国先民不断地改造黄河流域的自然条件，特别是黄土高原区域以求得良好的生存环境。这些工作包括清除林木、改造水道、养殖禽畜、发展种植业等。在相当长的一段时间内，受生产技术的限制，人们对环境的影响是很小的。受人口游动和生活资料来源不稳定的影响，人口的增长不可能很快。但是，随着生产力水平的提高，铁器的出现，使人类开发大自然的能力越来越强，铁农具的运用使土地利用发生了深刻的变化。铁锄的使用，使人们芟除草木、开垦荒地空前便利。犁的发明，引进畜力助耕，劳动生产率大为提高。这就使流域内人口增长速度加快，而且人口增长的速度远远超过了粮食增长率。

古代时期，很多朝代都出现过人口的迁移问题，这是与生存环境的改变分不开的。黄河流域出现人口转移是人与自然环境产生矛盾而做出的无奈选择。黄河下游地区的人民"与水争地"，导致河床狭窄，降低了蓄洪、行洪能力。战国至西汉时期是黄河中下游地区一个人口高峰期。西汉时期，水利事业的繁荣，充分说明黄河流域垦殖事业的兴盛。《史记·河渠书》载：武帝时，"用事者争言水利。朔方、西河、河西、酒泉皆引河及川谷以溉田；而关中辅渠、灵轵引堵水；汝南、九江引淮；东海引巨定；泰山下引汶水，皆穿渠为溉田，各万余顷。佗小渠陂山通道者，不可胜言"。水利的兴修扩大了垦荒，促进了粮食生产的发展。西汉的垦荒取得了很大的成就。西汉前期，经济发展很快，但由于人口增长迅速，且分布不平衡，黄河中下游一些地区已出现人稠地狭的问题。司马迁在其《史记·货殖列传》中有这样的描述："长安诸陵，四方辐辏并至而会，地小人众。"《汉书·地理志》载，平帝元始二年（公元 2 年）垦田面积达 8270536 顷（合今 5 亿多亩），这个数字可能过大，但耕地面积增加很快当属无疑，加上西汉时期农业技术的发展和小麦等高产作物的推广，使西汉时期的社会经济在建国数十年后即达到相当的繁荣。随着经济的发展，人口在汉平帝二年时，形成历史上的第一次高峰，总数达 5959 万多人，而黄淮海平原地区 "人口达到 3294 万，占西汉全国人口总数的 57.1%，人口密度也居全国之冠"。① 由于人口众多，土地开发殆尽。有些地方为盐碱地，土地瘠薄，产量很低。人们为了糊口，开始"与水争地"，垦种黄河堤内滩地和池泽周围的土地。史称："昔元光之间，人庶炽盛，缘堤垦殖。"② 黄河堤内有广阔的滩地，由于河水泥沙填淤，土地肥美，人们不仅在堤内耕种，而且建筑房舍居住，又筑民埝（生产堤）以自保。堤内修筑重重民埝，导致河床狭窄，所建民埝、房舍又产生阻遏作用，造成河水流动不畅，加剧了主河道淤积。特别是北方地区，两汉时期，汉匈和亲政策的实行，缓和了汉民族与少数民族的关系，我国北方地区大肆开发，黄土高原的森林植被也遭到破坏，加剧了黄土高原水土的流失。发生洪水，极易决溢成灾。

东汉时期，黄河流域的中原地区仍是人口最密集的地方，局部地区存在着比较严重的人口问题。东汉末年的战乱造成人口大减。王粲《七哀诗》云："出门无所见，白骨蔽平原"是当时悲凉景况的生动写照。经三国至西晋司马氏统一全国，史载人口只有 1600 多万。西晋短暂的统一

① 邹逸麟：《黄淮海平原历史地理》，安徽教育出版社 1993 年版，第 226 页。
② 范晔：《后汉书》卷七六《循吏传》，长城出版社 1999 年版，第 496 页。

后随即分裂，黄河流域进入五胡十六国的战乱纷争时期，到处残败不堪，土地荒芜，人民死徙，生产遭到严重破坏。昔日的繁荣已不复存在，到处呈现的是一派萧条凄凉、地广人稀的景象。一些地方的农田一度曾被改为牧场。自然植被有所恢复，河患减轻。

唐代时期，由于人口的增多，对黄河流域的开垦达到了一个空前的规模。后来有人说："开元、天宝之中，耕者益力，四海之内，高山绝壑耒耙亦满。"反映出当时耕垦的强度。于是黄河流域出现了第二次大规模的开垦，人口也达到了有史以来的最高峰，到了唐玄宗天宝十三年（754），户数增加到906万户。安史之乱后，黄河流域急剧衰落，这可以说与黄河流域的过度开发和环境恶化密切相关。

明代的开垦成绩很大，似乎始终赶不上人口的增长。有学者做了这样的估计，在明初1400年（明惠帝时），人口为650万—8000万，耕地面积为3.7亿亩；到1600年（明神宗晚期），人口达2亿，耕地为6.7亿亩。[①] 土地面积的增长显然落后于人口的增长。到了清代，前期人口的迅速增长，很快出现令人忧虑的问题。雍正曾说："国家休养数十年来，户口日繁，而土地止有此数。"乾隆当政时，人口问题变得更为严重。他已觉察到迅速增长的人口给耕地带来日益沉重的压力。有人指出："盛世滋生人口日众，岁时丰歉各处难一。以有限有则之田土，供日增日广之民食，此所以不能更有多余。"[②] 所以，在康乾时期，国家能够开垦的土地全部开发了，包括黄河流域的还能开垦的土地，也包括黄土高原、南方的山田和湖田。人口大大增加了，但是，自然环境却遭到了有史以来最大的破坏。到了清中后期，黄河流域中游一些地区如山西、陕北的贫民在今内蒙古地区的开垦，给这里的牧区带来了一定的风蚀问题。史籍记载，清后期有不少来自山西偏关和平鲁的农民，在今内蒙古境内清水河一带垦荒。结果很多人"因所垦熟地或被风刮，或被水冲，是以……弃地逃回原籍"。[③] 清水河北面的托克托城和林格尔也存在类似的情况。时人写道："从前开垦之始，沙性尚肥，民人渐见生聚。迨至耕耨既久，地

<hr/>

① 〔美〕王业键：《明清经济发展并论资本主义萌芽问题》，《中国社会经济史研究》1983年第3期，第31页。

② （清）朱伦瀚：《截留漕粮以充积贮札子》，贺长龄辑：《皇朝经世文编》卷三十九《户政·仓储上》，道光七年刊本。

③ （清）阿克达春等：《清水河厅志》卷十四《户口》，光绪九年。

方渐衰，至咸丰初年，即有逃亡之户。"① 原因是"承种地亩，均被沙碛碱废，不堪垦种"。② 黄河中下游的一些地区因垦殖不当，水土流失等问题日渐加剧。渭河流域的西安府宁陕厅，清代时涌入大量江、楚客民，他们垦山种粮，"至南山一带老林开空。每当大雨之时，山水陡涨，夹沙带石而来，沿河地亩屡被冲压"。在华州，川广游民纷至沓来，垦地播种苞谷，伐木砍柴，焚烧木炭。每遇暴雨，非冲开峪口，水势奔腾，沙石冲压地亩，淤塞河身。河水涨溢冲入田庄，田毁人亡。洪水的发生对徐州人民的生产和生活带来了巨大的影响，无数的田园和屋舍被吞噬，地区农业生态系统遭受严重破坏，农作物大面积减产或者绝收，从而导致食品匮乏，物价上涨，饥荒横行，人口大大减少。为了求生活命，灾区人民不得不离开家园，流徙他乡。造成"所到之处，饿殍盈野，村落成墟……"之惨状。如嘉靖三十二年（1553）春，"徐、萧、沛、丰、邳、睢宁俱大饥，人相食……"③ 崇祯十三年（1640），睢宁县先大旱，后因黄河决口淹没，"灾情严重，人互相食，年壮者皆流亡外地"。④ 清雍正十一年（1733），人口直降到23.7万。清文宗咸丰元年（1851），丰县境内蟠龙集处黄河决口，洪流泛滥下泻，铜山、邳州、睢宁及下游地区一片汪洋，发生"灾民流离失所，四散逃荒，至有人相食之现象"。

（三）涌现了众多治河人物

早在原始社会后期，人类就在这里有组织地进行生产活动，砍伐森林，垦殖农田，从事农耕，发展农业经济。时日推移，黄河流域由聚落而城邑，由城邑而都会，生息繁衍，人文鼎盛。黄河是中华民族的摇篮，但同时也是中华民族的忧患。由于它善淤、善决、善徙的自然特性，加上古代在科学知识和工程技术上的落后，人们在利用改造中难免有所失误，几千年来，黄河的决溢泛滥，给流域人们招致了严重灾难。面对这种灾难，人们没有屈服，而是出现了许多治河驭水、抗灾御难的英雄人物。从禹开始，历代以还，史不绝书，受到人们的景仰。《史记·夏本纪》说，大禹"劳身焦思，居外十三年"。《孟子·滕文公上》赞他：

---

① （清）曾国荃：《曾忠襄公奏议》卷十《查明和托两厅遗粮无法招佃请予豁免》，《曾忠襄公奏议》卷十三《勘明和托二厅荒地仍恳豁除疏》，光绪四年。

② 《曾忠襄公奏议》卷十三《勘明和托二厅荒地仍恳豁除疏》，光绪五年。

③ 清乾隆本《徐州府志》。

④ 《睢宁旧志》。

"三过其门而不入。"终于完成了黄河的治理。从禹以后，我国历代的治黄人物，都是本着禹公而忘私的伟大精神，在治黄事业中做出突出贡献。《汉书·王尊传》记载的东郡太守王尊，在黄河洪水期中，"躬率吏民"，"止宿庐居堤上"。当水情紧急时，"吏民数千万人争叩头求止尊，尊终不肯去"。这种临危不惧的忘我精神，即是历来治黄先贤中缵禹之绪的一个例子。此后，历代治黄人物，他们毕生奉献于黄河水利事业，对黄河的河性水情有精深的研究，并且在长期的治黄实践中积累了丰富的经验。《汉书·沟洫志》记载大司马史张戎所说："河水重浊，号为一石水而六斗泥。"对黄河含沙量的这种估算，至今仍然不无意义。东汉王景曾指挥数十万河工修建从荥阳到千乘海口的堤防千余里，《后汉书·王景传》记载了他的治黄业绩："商度地势，凿山阜，破砥绩，直截沟涧，防遏中要，疏决壅积，十里立一水门，更令相洄注，无复溃漏之患。"明潘季驯治黄达二十七年，《明史·河渠二》记载了他的治黄理论与实践："筑堤障河，束水归槽，筑堰障淮，逼淮注黄，以清刷浊，沙随水去。"历代的治黄人物不胜枚举，他们的治黄精神和业绩，为黄河人文景观记录闪烁着无限光辉。

历代治黄人物不仅为黄河的兴利除害做出了贡献，而且还为后世留下大量的文化财富，这就是卷帙浩繁的治黄著述。像河渠志：《史记·河渠书》《汉书·沟洫志》《元和郡县志》《宋史·河渠志》《金史·河渠志》《明史·河渠志》《清史稿·河渠志》《金史纪事本末·河决之患》《明史纪事本末·河决之患》《行水金鉴》《续行水金鉴》和《再续行水金鉴》《读史方舆纪要》《河南通志·河防志》《山东通志·河防志》等历史文献著述；还有专门的治河著述，像《黄河图说》《治河方略》《明代河渠考》《治河要略》《水部式》（残缺）《太平寰宇记》《天下郡国利病书》《历代治河扼要》《河山集》，等等，这些文献资料和著述，上起先秦，下迄近代，有的推究黄河的自然环境，有的研讨黄河的人文概况，有的叙述河渠分布与沿河形势，有的记载决溢时堤河救治过程，有的列举堤防兴修和水利设施，有的探索治河的理论与方法，有的研究黄河水患对下游城市发展的影响。真是汗牛充栋，不可估量。黄河以一条河流而拥有如此丰硕的著述，实为世界水利史上所罕见。所有这一切，也都是黄河人文景观中值得自豪的记录。

（四）水患对城市变迁的影响

明清两朝，黄河下游频繁的溃决和泛滥，淹没了城市，冲毁了田宅，导致了人口的消亡，给沿黄两岸人民的生命财产带来了巨大危害。黄河中下游的城市赖以存在和发展的生态环境不断恶化，造成了城市经济的衰退，城市发展遭受严重挫折。

第一，黄河水患引起城市形态的变迁。明清两朝，黄河频繁决口、漫溢和改道，对下游城市造成了一次次的毁坏，许多城市被洪水淹没，据文献记载，被洪水淹没城市和被冲击的城镇数以千计。河南豫东地区、山东西部地区、安徽北部地区和江苏北部地区众多府州县都被洪水淹没过。有的城市被迫迁址，有的毁后重建，有的环境遭到破坏，数年之后才能够恢复。

第二，黄河水患导致下游城市环境的变迁。黄河洪水淹没了村庄，冲毁了房屋，泥沙覆盖了城市和周边村庄的农田，土地"皆斥卤不可耕"①，农业生产显著衰落，影响了城市发展的内源动力。水患还破坏了黄河下游的水系，导致水运交通的瘫痪，影响了城市发展的外源动力。

第三，黄河水患导致城市经济的变迁。黄河水患导致城市人口的增减，历史时期，黄河流域出现了土地的开发和人口的增值高峰。秦汉时期，是第一个黄河流域土地开发时期，出现了西汉时期的第一次人口增长高峰。魏晋隋唐时期，是第二个黄土高原土地开垦的高峰，形成了唐朝时期出现的第二次人口高峰。明清时期，黄河流域出现了第三次开发高潮，流域内土地开发殆尽，导致水土流失严重，人口虽然增长了，但引起了黄河中下游地区水患肆虐有加，给下游地区的城市和农村带来巨大的灾难。随着城市人口的减少，城市的商业和手工业也随之出现衰落，原来"邑中九万家，舟车遍天下"的局面一去不复返了，黄河决溢，河道淤塞，舟楫不通，城市商品贸易衰落，许多城镇也因为水陆交通的改变而由盛转衰。

第四，黄河水患导致了城市社会习俗和文化生活发生改变。灾荒严重引起社会的混乱，流民增多，匪患猖獗，社会治安令人惶恐不安。社会风气的恶化，出现了重武轻文、好斗、尚力、赌博等不良社会习气，社会秩序混乱，从而导致了社会矛盾的尖锐化，加速了王朝走向灭亡。

---

① （宋）李焘：《续资治通鉴长编》卷一百〇四，中华书局2003年版，第2416页。

第二节　历史时期黄河的水文特征

黄河，源远流长，历史悠久，是中华民族的衍源地。黄河流域位于北纬 32°—42°，东经 96°—119°，南北相差 10 个纬度，东西跨越 23 个经度，集水面积 75.2 万多平方千米，河源至河口落差 4830 米。流域内石山区占 29%，黄土和丘陵区占 46%，风沙区占 11%，平原区占 14%。各地自然景观差异很大，尤其是世界上最大的黄土高原，土壤侵蚀十分严重。黄河水文观测是黄河治理的重要依据。黄河水文观测已有四千多年的历史，早在大禹治水时期（公元前 21 世纪），就以树木标志水位；殷代（公元前 13 年至前 11 世纪）又开始有描述雨情和占卜预测洪水的记载；战国时期的慎到（公元前 395 年至前 315 年）曾在黄河龙门流浮竹观察水流速度；秦代（公元前 221 年至前 206 年）建立了报雨制度；西汉后期（公元前 77 年至前 37 年）创造了雨量筒，开始对降雨进行定量观测；西汉元始四年（公元 4 年）对黄河泥沙进行过观测论述；隋朝（581—618）设立"水则"观测水位；明万历元年（1573）开展了"塘马报汛"；到了清朝（1644—1911）自兰州以下多处设立水志桩测报水情，并在泺口观测过含沙量。黄河下游传递水情的手段也由快马改进为电话。所以，了解水文工作，做好水文情报，是治理黄河进行防洪防凌的重要一环，也对减少黄河水患起到了重要作用。

一　黄河的水文特征

（一）气候与降水

黄河流域属大陆性气候，南有秦岭阻挡，水汽输送不畅；北邻大沙漠，风沙活动频繁。降水量少、蒸发量大、气候干旱是其气候的总体特征。流域内多年月均气温和年均气温由南向北、由东向西呈递减态势，而蒸发反而相应递增。降水的年际变化较悬殊，降水量越小的地区，年际变化越大。降水量年内分配也极不均匀，7—9 月降水量占全年的比例很高，多年平均降水量 476 毫米，6—9 月降水量占全年降水量的 60%—70%，且多以暴雨为主。多年平均蒸发量为 700—1800 毫米，平均气温上游 1—8℃，中游 8—14℃，下游 12—14℃。其特征主要有以下两点：

1. 汛期长、洪水次数多

一年中有伏、秋、凌、桃四个汛期，包括总历时长达 10 个月。伏、秋汛合称为大汛，由降雨形成。其洪水来源有兰州以上、晋陕区间、龙门至三门峡区间、三门峡至花园口区间和大汶河流域。上游洪水涨落比较缓慢。历时较长，兰州水文站一次洪水历时平均 40 天，最长可达 66 天，最短 22 天；中游洪水涨落较快，尤其是晋陕区间的洪水陡涨陡落，历时较短，干流龙门站洪水历时平均 46 小时，最长 80 小时，最短 20 小时，连续洪水一般为 3—6 天，涨水平均 8 小时，最长 30 小时，最短两小时；支流洪水更是来猛去速；下游干流洪水主要来自中游，其特点与来源有关，但又受高含沙量变动河床和滩区建筑物的影响，往往使洪水演进规律发生异常变化。凌汛主要发生在宁夏、内蒙古和黄河下游两个河段，均出冰塞、冰坝壅水形成。黄河下游的冰情变化极不稳定，约有 1/10 的年份不封河，有的年份则三封三开。

2. 黄河流域属大陆性气候

上游、中游、下游地区由于地理位置不同，其温度和降雨量也存在很大差异。冬季受蒙古高压影响，盛行偏北风，气温低，降水少；春季蒙古高压衰退，西太平洋副热带高压开始北上西移，气温回升，降水增多；夏季大部分地区受西太平洋副热带高压的影响，盛行偏南风，水汽丰沛，是一年中降水最多的时期；秋季西太平洋副热带高压逐渐衰退，蒙古高压向南扩展，降水开始减少，但常发生连阴雨天气。气温的地区分布特点是由南向北、由东向西逐渐降低。多年平均气温最高的地区大于 14℃，最低的地区小于 −4℃。年极端最高气温为洛阳盆地 44.2℃，年极端最低气温为河源地区 −53℃。降水自东南向西北逐渐减少，多年平均年降水量最多的地区为秦岭，局部地区达 900 毫米以上。年降水最多的为泰山顶达 1108.3 毫米；年降水量少的地区为内蒙古杭锦后旗、临河一带，在 150 毫米以下，年降水最少的为内蒙古杭锦后旗的陕坝，只有138.4 毫米。上游降雨强度较小，历时较长，暴雨极少，日降水量很少超过 50 毫米，中下游降雨强度较大，历时较短，暴雨较多。由于气候和地形、地貌等自然地理景观的影响，黄河的水文情况非常复杂。

（二）河流水系

黄河属太平洋水系，干流多弯曲，素有"九曲黄河"之称。支流众多，黄河流域有 220 条面积大于 100 平方千米的一级支流；有 76 条面积大于1000平方千米的一级支流，面积达58万平方千米，占全河集流面积的77%；有11条面积大于1万平方千米的一级支流，面积达37万平方千米，占全河集流面积的50%。

1. 黄河干流

根据河流形成发育的地理、地质条件及水文情况，黄河干流河道可分为上游、中游、下游共11个河段。黄河从河源地至入海口，全流域共有76条支流汇入黄河总河道。其中，上游从河源至河口镇四个河段，共有43条支流汇入黄河，第一段河源至玛多有3条支流，第二段玛多至龙羊峡有24条支流，第三段龙羊峡至下河沿有6条支流，第四段下河沿至河口镇有10条支流汇入。中游从河口镇到桃花峪三个河段，共有30条支流汇入黄河，第一段从河口镇至禹门口有21条支流，第二段禹门口至三门峡有5条支流，第三段三门峡至桃花峪有4条支流汇入黄河。下游从桃花峪至入海口四个河段，共有3条支流汇入黄河，第一段从桃花峪至高村有1条支流，第二段高村至艾山有2条支流，第三段艾山至利津、第四段利津至入海口则没有支流汇入黄河。从黄河河流和各河段来看，黄河上游支流最多，中游次之，下游支流最少，只有3条河流汇入黄河。这些黄河支流流域面积在1000平方千米以上都算作是一级支流。

2. 黄河的主要支流

黄河龙羊峡以上流域面积大于1000平方千米的一级支流有24条，其中大于5000平方千米的有多曲、热曲、白河、黑河、切木曲、曲什安河6条支流。黄土高原地区面积大于1000平方千米的直接入黄支流有48条，其中龙羊峡至河口镇18条，河口镇至龙门21条，龙门至桃花峪9条。水土流失较严重的支流主要有洮河、湟水、祖厉河、清水河、浑河、杨家川、偏关河、皇甫川、县川河、孤山川、朱家川、岚漪河、蔚汾河、窟野河、秃尾河、佳芦河、湫水河、三川河、屈产河、无定河、清涧河、昕水河、延河、汾河、北洛河、渭河、伊洛河等。大汶河是黄河流经黄淮海平原直接入黄的最大支流，流域面积8633平方千米。

（三）黄河各段的水文特征

自河源以下，按照不同河段的河道形态、地质特性和水沙情况等自然条件的显著差异，全河分为11个河段，自西向东分别流经青海、四川、甘肃、宁夏、内蒙古、陕西、山西、河南及山东9个省份，最后流入渤海。全流域按各大支流分为洮河、湟水、窟野河、无定河、汾河、北洛河、渭河、泾河、伊洛河、沁河、大汶河 11 个水系，流入黄河的支流多达 40 多条。

1. 黄河位于亚欧大陆内部，地势西高东低，地形上横跨三个阶梯

根据黄河流域内呈三级阶梯逐级下降的趋势，可以分为青海高原区、宁蒙灌溉区、阿鄂沙漠草原区、山陕峡谷区、山陕甘黄土高原区、汾渭地堑谷地区、太行山区、下游冲积平原和鲁中地垒山岳区九个不同的地区类型。① 又根据河道所流经区域的地貌，可将黄河分作上游、中游和下游三大区域，即青藏高原、黄土高原和华北平原三大区。

（1）黄河上游：从河源的源头至内蒙古自治区托克托县的河口镇，为黄河上游区。上游河道的特征是水多沙少，河水较清，流量均匀，降水量多，峡谷多。该河段的干流分叉，致使堤岸坍塌现象严重。不仅如此，这一地区气温较低，河冰难以解冻，顺流而下的浮冰大量堵塞在河道内，形成凌汛，给上游两岸的区域带来了一定程度的危害。

（2）黄河中游：从内蒙古自治区托克托县的河口镇至河南省郑州桃花峪，为黄河中游区。中游河道的特征是夏秋季水多沙多，冬春季水少沙少，汛期洪峰迅猛，水位陡涨陡落，挟带大量泥沙。黄河穿行在此段的山陕和晋豫峡谷之中，其所处地域为黄土高原，水土流失极为严重；而且含沙量较大的无定河、延水、汾河、北洛河、渭河、伊河、洛河、沁河等主要支流，均在此段汇入黄河。② 正因如此，大量泥沙被带入黄河，泥沙多淤淀，致使水流缓慢，河道左右摇摆不定，堤岸坍塌现象严重。

（3）黄河下游：从河南郑州桃花峪至山东垦利县入海口，为黄河下游区。下游河道的特征是水势平缓，河道宽浅散乱，泥沙淤积严重，河床增高。因下游河道不断被冲击延长，则相应减少河道的坡度，流速也会随之降低，河道淤积现象也因此而严重。历史上，还发生过多次黄河改道现象，致使黄河河床高于堤外平原，一旦决溢，河南、山东、安徽、江苏等省均会受到洪水的威胁。

黄河从其发源至山东入海口，呈"几"字形，流经九省份，黄河流域地域辽阔，"南倚秦岭，北抵阴山，西至乌鞘岭，东抵太行山……一隅

---

① 水利电力部黄河水利委员会编：《人民黄河》，水利电力出版社 1959 年版，第 8—9 页。
② 同上书，第 12 页。

之地"。① 黄河地跨多种类型自然带，受相应的地理位置和地形条件的影响，生态系统结构复杂，黄土高原的大部分地区属于黄河中游地带。其周围环境为荒山秃岭、森林稀少，加上沟壑纵横，植物生长不良，抗御和复原能力低下，呈现出的生态脆弱性尤为突出。② 明代以来，由于人们对自然求索活动的日益频繁，再加上自然力自身的作用，生态环境的空间范围和脆弱程度，都表现出明显的增长。③ 尤其是明代以后，黄土高原生态平衡严重失调，严重影响到黄河下游地区的安危，因此，历史上黄河的多次泛滥，不能说与此毫无干系。④ 王尚义先生对历史时期黄河下游决溢、迁徙及河道湮塞的历史研究证明：黄土高原移民开荒、植被缩减的时期也正是黄河下游改道频繁和淤积的时期，尤其是明清两代为高峰时期。⑤

　　黄河是中华文明的摇篮，在历史上具有举足轻重的地位，作为中国第二大河，由于其自身的特点和原因，黄河不仅承载着中华民族的繁衍和发展史，同时也是一部灾难史。"黄河灾害的历史与人类的历史一样悠久，人类自从诞生之日起，即开始承受各种形态的灾害打击，与此同时，人类的历史是一部人类坚持不懈地与灾害相抗争的历史，伴随着识灾、防灾、减灾、救灾的思想和实践史"。⑥

　　2. 含沙量高并且水沙异源时期突出特征

　　黄河流域是我国土壤侵蚀最严重的地区。尤其是黄土高原地区，由于严重的水土流失以及黄河中游干支流或河道特有的泥沙输移特性，使黄河成为驰名世界的多泥沙河流。黄河上游兰州以上和中游三门峡以下河段水多沙少；黄河中游三门峡以上河段水少沙多，由于黄河流经黄土高原，水土流失，携带大量泥沙进入黄河，支流窟野河温家川水文站每立方米最大含沙量达 1700 千克。干流陕县水文站多年平均输沙量达 16 亿吨，形成了居世界首位的多沙河流，由于河流含沙量高，带来了特殊的

　　① 史念海：《黄土高原历史地理研究》，黄河水利出版社 2001 年版，第 1 页。
　　② 李克煌、钟兆钻：《论中国生态环境脆弱带》，《河南大学学报》1995 年第 4 期。
　　③ 崔永红、张生寅：《明代以来黄河上游地区生态环境与社会变迁史研究》，青海人民出版社 2008 年版，第 23 页。
　　④ 史念海：《黄土高原历史地理研究》，郑州黄河水利出版社 2001 年版，第 300 页。
　　⑤ 王尚义：《历史时期人为活动对黄河水患的影响》，载山西大学黄土高原地理研究所《黄土高原整治研究——黄土高原环境问题与定位实验研究》，科学出版社 1992 年版，第 23 页。
　　⑥ 张建民、宋俭：《灾害历史学》，湖南人民出版社 1998 年版，第 1 页。

产流、汇流、产沙和输沙规律，并造成河槽冲淤游荡，河床剧烈变化，水位变化无常。

水土流失是一种十分复杂的自然现象，由于不同地区的自然环境和人类活动情况的差异，其水土流失类型和程度是不同的。但是，遭受侵蚀的物质被输送外移的多少，还要受流域地貌系统特征及径流等水文因素的影响。

3. 水土流失

水土流失也称土壤侵蚀，是指地球陆地表面的土壤及其母岩碎屑，在水力、风力、重力、冻融等外营力和人为活动作用下发生的各种形式的剥离、搬运和再堆积过程。水土流失是山区、丘陵区一种渐进性灾害，被列为人类目前所面临的十大环境问题之一。黄河流域的水土流失区，在上中游为严重土壤侵蚀的黄土高原和风沙区，在下游为支流大汶河流域的泰沂山区。其水土流失形态，若以形成的外营力为依据，主要有水力侵蚀、重力侵蚀和风力侵蚀三种。土壤及其母质或其他地面组成物质在降雨、径流等水体作用下，发生破坏、剥蚀、搬运和沉积的过程，称为水力侵蚀。水力侵蚀是目前世界上分布最广、危害最为普遍的一种土壤侵蚀类型。在黄河流域，凡有暴雨径流的地方，都不同程度地产生水力侵蚀。水力侵蚀广泛分布于坡面和沟壑，是土壤侵蚀的基本形式。它与降雨量的多少、降雨强度水力侵蚀的大小、地面坡度的陡缓、土壤结构的好坏、地面植被疏密等因素有关。降雨多、强度大、坡度陡、土质松、植被稀，水力侵蚀就严重；反之则轻微。水力侵蚀分为面蚀、沟蚀和潜蚀三种。面蚀是降雨和地表径流比较均匀地对地表土体进行剥离和搬运的一种水力侵蚀形式。主要发生在植被较差、有一定坡度和没有防护措施的坡耕地或荒坡地区。沟蚀是暂时性线状水流对地表的侵蚀作用，是水土流失的主要方式之一。在多暴雨、地面有一定倾斜、植物稀少、覆盖厚层疏松物质的地区，表现最为明显。如黄河流经的黄土高原地区就是典型的沟蚀地区。潜蚀是指水流沿土层的垂直节理、劈理、裂隙或洞穴进入地下，复向沟谷流出，形成地下流水通道所发生的机械侵蚀和溶蚀作用。

（1）黄河泥沙。中国黄河以泥沙多而闻名于世。中国古籍记载，"黄河斗水，泥居其七"。根据近代实测资料分析，进入黄河干流的多年平均年输沙量为 16 亿吨，含沙量为 35 千克/立方米。黄河沙量之多，含沙量之大，为世界大江大河之冠。黄河流域大约70%的面积为黄土高原，其表层覆盖着数十米至数百米的黄土层，土质疏松，抗冲能力低，遇水极易崩解。黄土高原地区年降水量虽然只有400—500毫米，但降雨集中，暴雨强度大。地质和气候特性造成了严重的水土流失，这是黄河多泥沙的根源。[①]

黄河河口镇以上水量占全河水量的54%左右，沙量只占9%，而三门峡以下水量约占10%，沙量仅占2%，这两个河段水多沙少。河口镇至龙门河段水量占14%，而沙量却占55%；龙门至潼关河段水量占21%，沙量占34%，这两个河段水少沙多。上述情况说明，上游是黄河水量的主要来源区，中游是沙量的主要来源区，存在水沙异源的特点。中游地区的黄土分布最广，泥沙粗细分布具有明显的分带性：西北地区的泥沙较粗，东南地区的泥沙较细。粒径大于0.05毫米的粗泥沙占总沙量的比例，各水文测站不同：河口镇为20%，吴堡为37%，龙门为32%，渭河为23%。黄河的粗泥沙对河道的淤积危害最大，其总量中，约有74%来自河口镇至龙门河段。黄河粗泥沙主要来自两个区域：一是皇甫川到秃尾河间各条支流的中下游地区，粗泥沙模数为10000吨/（每年每平方千米）；二是无定河中下游地区及广义的白宇山河源区（无定河、清涧河、延水、北洛河及泾河支流马莲河的河源地区），粗泥沙模数分别为6000—8000吨/（每年每平方千米）和6000吨/（每年每平方千米）左右。在黄河的泥沙和粗泥沙总量中，约有75%来自中下游的10万—11万平方千米的黄土丘陵沟壑区，约有50%来自其中的4万—5万平方千米，泥沙来源地区集中的特点很明显。根据流域来沙多少和泥沙颗粒粗细不同，可把泥沙来源分为三大区：一是多沙粗泥沙来源区，即河口镇至龙门区间、马莲河和北洛河；二是多沙细泥沙来源区，除马莲河以外的泾河干支流、渭河上游、汾河；三是少沙区，河口镇以上、渭河南山支流、伊洛河和沁河。[②]黄河流域不同地区的植被和水土流失情况有很大的不同，而暴雨往往集中在一个较小的地区，单位面积产沙量常有显著差异。往往中游流域面积不大的支流，可以出现沙峰大、洪峰小，或洪峰大、沙峰小的

---

① 中国水利百科全书编委会：《中国水利百科全书》，中国水利水电出版社2006年版，第615—616页。

② 同上。

洪峰与沙峰不同步现象。每年汛前，流域比较干旱，地表物质疏松，土壤易被冲走，因此，汛期第一、第二场洪水的含沙量较大，继之而来的洪水含沙量就较小。一般7—8月洪水含沙量较大，9—10月洪水含沙量较小。不同时间相同流量的含沙量变幅很大，一般达到十倍左右。

（2）河道冲淤特性。大量泥沙进入河道后，使河床发生冲淤变化。黄河上游河段沙量不大，河道冲淤幅度较小。中下游河道特性不同，河口镇至龙门、潼关至小浪底为峡谷河段，冲淤变化不大；龙门至潼关河段和下游河道冲淤变化较大。

龙门至潼关河段是支流北洛河、渭河、汾河的汇流区，河道宽浅散乱，河床随来水来沙条件的变化进行调整，一般表现为6—8月淤积，9月至次年5月冲刷，在年内起着泥沙的反调节作用。其冲淤变化过程与来水来沙周期间变化密切相关。河床演变的基本规律是：当前期河床淤高到一定程度时，河床宽浅散乱，遇高含沙水流，河床发生揭河底现象，冲槽淤滩，形成明显的滩槽高差，河势平而趋于归顺。以后遇一般水沙条件，河床回淤抬高，河槽变为宽浅，河势游荡摆动，新淤滩地不断坍塌，进入坍塌淤槽时期，多年平均处于淤积状态，天然情况下年平均淤积量约为0.5亿—0.8亿吨。

黄河下游是一条强烈堆积性河道。大量泥沙淤积使河床逐年抬高。下游滩面一般高出背河地面3—5米，最大达10米，是世界著名的"悬河"，成为华北大平原的"屋脊"、淮河和海河流域的分水岭。黄河河口1855—1954年造陆面积达1510平方千米，平均每年造陆面积23.6平方千米（实际行水64年），1954—1991年共造陆面积1020平方千米，平均每年造陆面积26平方千米。河口循着淤积、延伸、摆动、改道的规律演变，对近河口段的河床冲淤变化产生一定的影响。泥沙的淤积正是黄河中下游河段发生决口漫堤的主要原因。

二 黄河下游河道变迁

（一）黄河中下游形成了黄河三角洲

其范围以孟津为顶点，北达天津，南抵淮阴，面积达25万平方千米。早在20世纪30年代，我国著名水利学家李仪祉就指出："观黄河者须知孟津、天津、淮阴三角形，直可以三角洲视之，鲁西山地昔海岛也，则此三角形面积中俱黄淮诸流淤积而成也。所以如此之广者，迁徙之功也。"[①] 后来，美国著名地质学家葛利普（A. W. Grabau）也著文申述此观点，并认为，黄河三角洲是世界三角洲中最特殊的一种类型，特称之为"黄河型"。黄河三角洲以最近 5000 年来黄河在海岸带所建造的三角洲为时间界点，它自北至南包括：天津附近的老三角洲，形成于公元前 3000 年至公元 1128 年；废黄河三角洲，1128—1855 年形成；现代三角洲，1855 年以后形成。

黄河虽然是我国的第二大河，而其含沙量之高，输沙量之大，不仅为我国诸大河之冠，而且举世闻名。

黄河流域大部分位于我国半干旱地区，特有的气候条件和自然地理环境，使黄河具有不同于其他大河的三个水文特征。

第一个特征是水少沙多、水沙异源。黄河流域多年平均雨量仅约 400 毫米，水量极小，仅占全国河川径流量的 2%；但黄河泥沙之多，为世界大河所罕见，其多年平均输沙量达 16 亿吨（入黄总沙量），多年平均含沙量高达 37.6 千克/立方米，水少沙多。[②] 此外，在空间分布上，是水沙异源。黄河水量主要来自兰州以上的上游地区，其控制面积为花园口以上控制面积的 30%，水量占 58%，沙量仅占 9%，黄河的 90% 以上泥沙来自中游黄土高原。如头道拐（河口镇）至龙门区间的黄土高原面积为 11 万平方千米，区间径流仅 73 亿立方米，占花园口以上径流的 13%，但该区间的输沙量高达 9.5 亿吨，占全河总输沙量的 57%。显然，黄河水文是上述两个不同的自然地理环境影响的水沙不同组合的过程，使下游和河口的水沙过程更加复杂多变。

第二个特征就是高含沙量输沙。黄河流域属半干旱气候，雨量小，变化又大，沙源集中在黄土高原地区，使黄河输沙主要集中在几个大沙年，甚至集中在几场大洪水过程内。据统计，黄河干支流各站最大年输沙量，占 25 年总输沙量的 10%—20%，最大 6 年的输沙量约占 25 年输沙量的 5%，在一年之中，输沙较径流更为集中，干流站 7—9 月输沙可占全年的 80%，支流站接近 100%。陕县站 1933 年输沙量高达 39.1 亿吨，7—9 月输沙量占全年的 90%，其中 8 月输沙量为 27.8 亿吨，占全年

---

① 侯国本、拾兵：《治黄河论》，海洋出版社 2001 年版，第 145 页。
② 夏秀编：《经济发展后起之秀》，远方出版社 2004 年版，第 6 页。

输沙量的71%。黄河干流主要测站的多年平均水沙相关曲线表明，其时序方向均为顺时针方向，反映了黄河上中下游洪峰和沙峰在时间上出现的同步性。这种同步性反映了黄河输沙在年内分配上的不均匀性。

第三个特征是径流和输沙量年际变率大。黄河流域雨量小，雨区分布不均匀及变化大，再加上水沙异源，因此，径流和输沙量的年际变化均很大，其中，输沙量的年际变化大于径流。大水与大沙，或小水与小沙均不一定出现在同一年，可出现年水沙的不同组合。年水沙的不同组合，对于下游河道的淤积和河口尾闾的演变的影响有所不同，如果是中水大沙年或小水大沙年，则下游河道输沙能力减弱而淤积，尾闾河道淤积，延伸加快。

（二）黄河下游河道变迁

黄河独特的水沙过程，巨量的泥沙和洪水使其下游河道成为强烈堆积性河流，具有善淤、善决、善迁的特性。自第四纪以来，黄河下游地区一直处于地面下沉和泥沙堆积环境之中。第四纪沉积物厚达120—150米，最厚可达400—600米。下游两岸冲积平原是因洪水经常泛滥和决口改道，由泥沙长期堆积而成。据统计，在自公元前602年起至公元1938年的2500多年中，黄河下游河道决、溢、改道达1500多次。洪泛和决迁波及的范围北至天津，南达江淮，面积25万平方千米。自公元前400多年，黄河下游开始筑有堤防，洪水自由泛滥虽有所约束，但由于黄河河道落差小，地势平缓，河水流速缓慢，河道内泥沙不断淤积，致使河床抬高，渐成地上悬河。一旦堤防决口，洪水更是居高临下，势不可当，水沙冲刷及淹没更甚，甚至改道而行。因此，黄河下游河道是在其频繁决口改道的不同历史时期内分段形成的。黄河下游现行河道是1855年铜瓦厢决口夺大清河北徙后形成的。目前下游河道为两堤所束，河道淤积更趋严重。河道淤积的主要原因为：一是河槽宽浅，水流挟沙能力低所形成的沿程淤积；二是河口淤积、延伸，侵蚀基准面抬高所形成的溯源淤积。在1855—1982年的127年内，黄河花园口至利津河段，淤积厚度平均达7.64米，即河床平均每年淤高约7厘米。据统计，1855—1954年年平均淤厚6厘米，1954—1959年为8.3厘米，1965—1982年增加到9.6厘米。河床在逐年抬高，床底与背河地面高差平均为3.75米，最大高差达10.72米。这给下游防洪带来了十分不利的局面。按现在的沉积速率发展下去，一旦洪水超过1958年的22300立方米/秒洪峰流量，甚至出现

46000 立方米/秒特大洪水，黄河下游一旦决口，下游地区人民生命财产和国家经济将遭受巨大损失。因此，黄河下游的防洪与防患是事关国家安危的大事。

黄河下游河道善淤、善决及善徙，从西周至 1855 年，黄河共有 6 次大的改道。

第一阶段改道，共发生三次，在公元前 602 年（周定王五年）至 1128 年（南宋建炎二年）的 1730 年中，黄河下游河道都在现行河道以北流入渤海。这个时期，黄河三次大改道的范围是以河南浚县、滑县之间为顶点，西以漳水为界，东以大清河为界。黄骅、无棣和青县分别是三次大改道的入海点。

第二阶段为公元 1128 年（南宋建炎二年）至 1855 年（清咸丰五年），黄河下游河道改道现行河道以南，夺淮河入黄海。以河南武陟为顶点，河势由北向南发展，约行河 727 年。

第三阶段自公元 1855 年至今，为黄河下游现行河道，是入海最短的流路。清咸丰五年（1855）六月，黄河在兰阳铜瓦厢（今河南兰考附近）决口，在山东寿张县张秋镇穿过运河，携大清河入海，是为第六次大改道。自河南兰考至利津入海河口一段河道，除花园口扒口历时 9 年，暂走淮河入黄海外，实际行水 127 年。决口之初，漫注于封丘、祥符、兰仪、考城、长垣等县，后"复分三股：一股由赵王河走山东曹州府迤南下注，两股由直隶东明县南北二门分注，经山东濮州范县至张秋镇汇流穿运，总归大清河入海"。[①] 从此，黄河下游结束了 660 年由淮入海的历史，又回到由渤海入海的局面。当时翁同铄、李鸿章等代表安徽、江苏地主阶级的利益，不同意堵口。山东巡抚丁宝桢代表山东地主阶级的意见，则要求堵口归故。双方争执不休，而清政府正面临太平天国运动的风暴，"军事旁午，无暇顾及河工"。[②] 因而在二十年间，听任洪水在山东西南泛滥横流，直至光绪元年（1875）始在全线筑堤，使黄河均由大清河入海，形成了今天黄河下游河道。今黄河下游河道形成以后，直至新中国成立前的 70 多年里，河患仍连年不断。1855—1938 年，决口达 124 次，有时向北侵入徒骇河或向南侵入小清河。同治七年（1868）河决荥

---

① 王育民：《中国历史地理概论》（上册），人民教育出版社 1987 年版，第 58 页。
② 同上书，第 59 页。

泽房庄及光绪十三年（1887）河决郑州漫及淮河的两次，危害较大，但都随时堵塞，没有构成河道大的改变。20 世纪内曾发生两次较大的决口：一次是 1933 年遇到特大洪水，在河南境内温县至长垣的决口。另一次发生于 1938 年，国民党政府炸开郑州花园口黄河大堤，逼使黄河改道入淮，又一次造成淮河流域的严重灾难。花园口扒开后，黄河在中牟、开封以下的原道，很快断流。居高临下的滔滔黄水，沿着贾鲁河、颍河泛滥南流，到正阳关汇入淮河，贾鲁河、颍河河漕容纳不了，便在平地泛流，豫东的中牟、尉氏、通许、太康、淮阳、沈丘等 16 个县份尽成泽国，劳动人民被淹死的达 50 万人，被迫外出流亡的达 500 万人。以后，黄泛的水顺着颍河河漕流到安徽，泛滥于颍河和涡河之间，遍及太和、阜阳、颍上以及亳县、涡阳、蒙城、怀远之间，并泛滥于睢水下游以及江苏境内洪泽湖、高宝湖一带，遍及河南、安徽、江苏三省 66 个县（市），1250 万人流离失所，死亡人数达 89 万之多。直到 1946 年花园口重新合龙，黄河又回到开封旧道，仍从山东利津入海为止，黄河泛滥了九年，黄水把近 100 亿吨泥沙带到淮河流域，在地面上留下了 3—5 米不等的黄沙，填塞了淮河干支各流，造成 5.4 平方千米的黄泛区，更破坏了淮河的水系，加重了淮河的创伤。[①]

不同历史时期内，黄河在三次不同的入海点先后建造了三个三角洲，即天津附近的老黄河三角洲、苏北废黄河三角洲和山东的现代黄河三角洲。

黄河河口是一个弱潮强堆积性河口，海域水深小，海洋动力弱，黄河泥沙来量大。特别是在黄河改道入淮以后，在废弃河口，由于沙源补给停止，沙咀、岸滩均有不等量的蚀退。随着停止行河时期增长，蚀退速度逐渐减小。总之，黄河三角洲在因尾闾河道周期性淤积、延伸、出汊改道不断地向海推进过程中，停止行河入海口及附近地区，海岸蚀退、淤进和蚀退同时出现在三角洲不同部位，但蚀退速率小于淤进速率。总体来说，黄河三角洲面积仍在不断增大。

---

① 王育民：《中国历史地理概论》（上册），人民教育出版社 1987 年版，第 84 页。

第三节　黄河水患及原因

　　黄河是一条善决、善徙的河流。据不完全统计，自有文献记载以来，黄河的泛滥、决口、改道有 1500 余次之多，河道明显的改流有 20 余次。洪水和泥沙所波及的地区，北达天津，南至长江。从先秦至新中国成立前的 2500 多年中，黄河大的改道 26 次，其中重大的迁徙 9 次。从西汉文帝十二年（公元前 168 年）到清道光十二年（1832）的 2000 年中，计 316 年有决溢灾害，平均每六年半一次；而在 1841—1938 年的 98 年中，计 52 年有黄河决溢，平均每两年一次。[①] 黄河泛滥，给黄河下游地区人民生命财产造成了巨大损失，成了中华民族的心腹之患。水患所造成的损失也有加重的趋势。[②] 具体洪水灾害情况见表 1 - 1。

表 1 - 1　　　　　　　　　历史时期黄河下游洪水灾害统计

朝代	累计年数	漫溢	决口	改道	合计
秦	14	1	0	0	1
西汉	214	3	7	2	12
新王莽	17	0	0	1	1
东汉	195	2	0	0	2
三国	45	1	0	0	1
西晋	52	1	0	0	1
东晋十六国和南北朝	72	3	0	0	3
隋	38	0	0	0	0
唐	290	23	7	1	31
五代十国	54	6	28	1	35

---

　　① 黄河防洪志编纂委员会等：《黄河防洪志》，河南人民出版社 1991 年版，第 17 页。

　　② 周旗、卫旭东：《影响历史黄河水患因素的综合分析》，《水土保持通报》2003 年第 4 期。

续表

朝代	累计年数	漫溢	决口	改道	合计
北宋、南宋、辽和金	320	68	101	6	175
元	98	77	190	1	268
明	277	138	301	15	454
清	268	83	383	14	480
民国元年到二十五年	25	9	90	4	103

资料来源：转引自周旗、卫旭东《影响历史黄河水患因素的综合分析》，《水土保持通报》2003 年第 4 期。

一 明清以前的黄河水患

明清以前的黄河水患可分为先秦、西汉、魏晋南北朝、隋唐五代和宋元几个历史时期，下面分别进行论述。

（一）先秦时期的黄河水患

中国自古地域辽阔，河流密布，在众多河流中，黄河居于首要地位，对于中华民族的形成和发展产生了重要影响，同时也给人类带来了巨大的灾难。大禹治水，商都迁徙，皆因黄河水患所致。

1. 黄河流域是中华文明的摇篮，孕育了光辉灿烂的中华文化

几千年来，在这块土地上，谁得到中原，谁就可以控制天下，"逐鹿中原"这句成语正是对此的生动写照。但是，这块沃土，却又是黄河洪水危害最严重的地区。先民们为了能在这块土地上安居乐业，与黄河洪水灾害进行了顽强斗争，有效地控制了水害，避免了洪水的任意横流。在我国的古史中，有很多关于洪水泛滥和圣人治水的记述。《庄子·秋水》云"禹之时，十年九潦"；《荀子·富国》谓"禹十年水"；《管子·山权数》曰"禹五年水"；《淮南子·齐俗训》也有"禹之时，天下大雨"之文。这些表明，在大禹时代，正是上古社会洪水盛行的时期。《国语·周语下》云：禹治洪水，"高高下下，疏川导滞；钟水丰物。封崇九山；决汨九川；陂鄣九泽；丰殖九薮；汩越九原，宅居九隩，合通四海"。《孟子·滕文公上》曰："禹疏九河，瀹济、漯而注诸海；决汝、汉，排淮、泗而注之江。然后中国可得而食也。"所谓"九泽""九薮"

"九川""九河"都是指因黄河洪水泛滥而在黄淮海平原大地上形成的诸多湖泊、沼泽及河水漫流形成的多条河道。这证明在远古时期大禹治水之时，黄河就经常产生灾害。大禹治水，不仅意识到黄河洪水的危害，同时也为我们积累了丰富的治水经验，《吴越春秋·吴太伯传》中说："尧聘弃，使教民山居，随地造区。"这说明先民们已经懂得了择"丘陵而处之"的道理，学会了选择地势较高的地方居住。"夫水之趋下，乃其性也。以道治水，则无违其性，可也。如能顺水所向，迁徙城邑以避之，复有何患？虽神禹复生，不过如此。"[1] 即便是后世，黄河附近的居民仍然会修建避水台作为临时的避洪场所，统治者也千方百计地考虑避开黄河水患而选择都城的地址，商朝就是一个很好的例证。

2. 商朝屡迁都城以避水患

距今 3000 多年前的殷商时代，其居地主要在黄河下游，以今天的河南北部、山东西部和河北南部为中心，其民族的主要活动区域在今天的黄河中下游地区，境内数十条大河，受自然地理条件以及气候的影响，频繁发生各类灾害，而黄河水灾危害尤为严重。这种灾患，在殷墟的甲骨卜辞中也有反映。如"河弗蛊我年？"[2]（库 407）；壬寅卜，宾贞，河崇我（金 589）。卜辞中的"蛊、崇"表示灾害，意思是说，希望河神不要再让河水泛滥成灾，以免给收成带来灾害。卜辞还有"年有它""禾亡（无）它"的占卜："庚子卜，㲃贞：年有它？五月。贞：我年有它？辛亥贞：我禾亡它？"[3] "年有它"，实则"禾有它"，意指年成受到损害，犹如今日所谓之"减产"。"禾亡它"即"受禾"的同义语，其结果当然也就是"年无它"了。黄河水患给商代社会发展带来了极大的影响。其中影响最大的就是河患导致都城多次迁徙。从始祖契到商汤建商，史学界称为先商时期。先商时期一共经历了十四代，《史记·殷本纪》记载：这十四个先公的名称是：契、昭明、相土、昌若、曹圉、冥、王亥（振）、上甲微、报乙、报丙、报丁、主壬、主癸和天乙（成汤）。就是自契至汤，共迁徙八次。这八次迁徙分别是：契从亳迁蕃；昭明先迁砥石，后又迁商；相土迁至泰山下，后又迁商丘；上甲微迁于殷，又迁商丘；

①　（元）脱脱等：《宋史·河渠志》卷九十二，中华书局 1977 年版，第 2268 页。
②　陈炜湛：《三鉴斋甲骨文论集》，上海古籍出版社 2013 年版，第 20 页。
③　同上书，第 21 页。

最后汤迁于亳。① 据《尚书序》记载："自契至成汤八迁，汤始据亳，从先王居。"总之，没有出河南、山东、河北一带的地界。成汤定天下后仍有五次迁移，都城直到盘庚迁殷后才算稳定下来。屡次迁都，这不仅在殷商史上而且在以后的历朝发展史都是一个十分值得注意的现象。殷人迁都除摆脱朝廷内乱之外，最主要的原因就是躲避水灾的威胁而迁都。商朝统治的中心位于今天的冀鲁豫以及淮河平原，地势平坦，河水一旦泛滥，便如入无人之境，给商朝带来巨大灾难。所以，在商朝当时的物质条件下，统治者只好选择带领民众背井离乡，寻找下一个居住地。依据这一点，许多历史学家也认为，殷人之所以频频迁都的原因之一在于黄河水患。对于这一点推论，在《尚书·盘庚》篇中可以找到佐证，其中有"古我先王，将多于前功……适于山，用降我凶，德嘉绩于朕邦。今我民用荡析离居，罔有定极，尔谓朕曷震动万民以迁？"的语句，其中的"荡析离居"就是河水泛滥、百姓流离失所的意思。南宋蔡沈的《书集传》注解说："依山，地高水下，则无河圮之患。"所谓"惟涉河以民迁"，即为将都城从原来黄河东岸低处迁往黄河西面的高地。从商朝建立，其都城曾多次迁移，但大多不离黄河左右，这主要是因为在交通不发达的前提下，靠近河流可以保证国家、百姓正常的用水需求。自从商王盘庚迁殷以后"二百七十三年更不徙都"，从今天我们所掌握的史料来看，商王盘庚所迁的殷，也就是今天我们所熟知的河南安阳小屯村附近，作为一国之都，地理位置十分优越，其城址的选择具有相当的科学性。《战国策·魏策》中曾形容道："殷封之国，左孟门而右漳、釜，前带河，后被山。"尽管位于东侧的黄河仍然还有泛滥的可能，但是，殷位于洹水的南面："洹水自西北折而向南，又转而向东去。小屯村位于洹水南岸的河湾处，是商都所在地。"② 这里是自西向东的平缓倾斜之地，只受黄河之利，而无黄河之害。因此，殷也成为商朝最重要、时间最长的国都。由此可见，生态环境的好坏直接对城市的发展产生重大影响。

3. 两周水患与影响

周代存在 800 多年，从公元前 11 世纪到公元前 256 年，是我国历史上存在时间最长的王朝。在这漫长的八百多年间，两周时期的气候就不

---

① 参见王国维《说自契至于成汤八迁》，《观堂集林》卷十二。

② 刘敦桢：《中国古代建筑史》，中国建筑工业出版社 1980 年版，第 32 页。

完全一样。春秋时期，要比西周时期的温度要高，降雨量增大；战国时期，温度比西周时期有所下降，气候异常。因为气候变化，导致水灾的增多。根据《春秋》和《左传》记载：周平王四十一年（公元前730年）"大雨雪"；鲁隐公九年（公元前714年）三月癸酉"大雨霖""大雨雪"；鲁桓公元年（公元前711年）"大水"，十三年（公元前699年）"大水"；鲁庄公七年（公元前687年）秋"大水"；十一年（公元前683年）秋"宋大水"，二十四年（公元前670年）八月"大水"，二十五年（公元前669年）秋"大水"；周定王五年（公元前602年）"黄河大改道"；鲁宣公二十三年（公元前550年）"谷、洛水斗，将毁王宫"，二十四年（公元前549年）"秋七月，鲁大水"；鲁昭公十九年（公元前523年）五月"郑大水"；周敬王四十三年（公元前477年）"宋大水"；周威烈王五年（公元前421年）"晋丹水出"；晋幽公九年（公元前429年）"晋丹水出"；梁惠成王八年（公元前362年）"雨于赤牌"；周赧王五年（公元前310年）"洛入成周，山水大出"，六年（公元前309年）十月"大霖雨"，"河水溢酸枣郡"；魏昭王十四年（公元前282年）"大水"；周赧王四十三年（公元前272年）"河水出为灾"。而在古本《竹书纪年》中记载道：晋襄公六年（公元前622年），"洛绝于沟"；晋定公十八年（公元前494年），"淇绝于旧卫"，二十年（公元前492年）"洛绝于周"，晋出公五年（公元前470年），"浍绝于梁""丹水三日绝，不流"，二十二年（公元前453年），"河绝于扈"。在今天看来，古本《竹书纪年》中的"绝"字可能是上游决口、下游断流的意思。综观文献记载的黄河自然决溢只有四次，一是周定王"五年河徙"[1]；二是晋出公二十二年（公元前453年）"河绝于扈"[2]；三是魏襄王十年（公元前309年）"河水溢酸枣郡"[3]；四是赵惠文王二十七年（公元前272年）"河水出，大潦"。[4] 在两周时期，黄河水患发生的频率明显要高于前代，这当中有前代史料散佚的原因，但也许更重要的是，周代无论是自然原因还是社会原因都更容易促使黄河泛滥，尤其是黄河的改道，危害更加严重。河流决口改道，不仅破坏了已有的河堤，而且对黄河两岸大面积的生命财

---

① （汉）班固：《汉书》，中华书局1962年版，第1697页。

② （北魏）郦道元：《水经注》，上海古籍出版社1990年版，第93页。

③ 同上书，第158页。

④ （汉）司马迁：《史记》，中华书局1982年版，第1821页。

产和农业生产造成严重影响。

春秋战国时期，列国征战、群雄并起，各诸侯国为了能够在激烈的争霸战争中生存下来，必须不断地提高本国的综合国力，其中又以经济实力尤为重要。《管子·度地篇》中说："善为国者，必先除其五害。……五害之属，水最为大。五害已除，人乃可治。"由此可见，在这种激烈的社会动荡危机当中，统治集团中的思想家和有识之士已经清楚地认识到，不能根治黄河水患，就无法从根本上富国强兵，称霸大业则更是无从谈起。为了达到争霸诸侯、强国力的目的，春秋战国时期，对于黄河的治理也提出了进一步的要求，再不能让黄河像以前一样四处泛滥，黄河堤防的建筑不仅比以前更普遍，规模也较大，也为后世治理黄河提供了宝贵经验。

（二）两汉时期的黄河水患

西汉和东汉是我国古代前期发生水患比较严重的一个历史时期。从公元前206年汉朝建立到公元220年曹丕代汉的四百余年间，黄河改道、决溢十余次，给其下游地区的人民造成了严重的财产损失。据《史记》《汉书》记载，两汉时期，黄河改道四次。《汉书·沟洫志》载："其后三十六岁（公元前132年），孝武元光中，河决于瓠子，东南注巨野，通淮、泗。"《汉书·沟洫志》载："自塞宣房不久（公元前109年），河复北决于馆陶，分为屯氏河，东北经魏郡、清河、信都、渤海入海。"《汉书·沟洫志》载："元帝永光五年（公元前39年），河决清灵鸣犊口，而屯氏河绝。"《汉书·王莽传》载："莽始建国三年（11），河决魏郡，泛清河以东数郡。"据《史记》《汉书》《后汉书》及后代地方志记载，两汉时期，黄河下游地区另有决溢事件十一次。《史记·河渠书》载："汉兴三十九年（公元前168年），孝文时河决酸枣，东溃金堤。"《汉书·沟洫志》载："孝成建始四年（公元前29年），河果决于馆陶及东郡金堤，泛溢兖、豫，入平原、千乘、济南。""孝成河平三年（公元前26年），河复决平原，流入济南、千乘。""鸿嘉四年（公元前17年），渤海、清河、信都河水溢溢。"《汉书·沟洫志》载："往六七岁（公元前13年至公元前12年），河水大盛……水留十三日，堤溃。"《宁津县志》卷十一载："东汉延平元年（106）九月，六州大水。袁山松曰六州河、济、渭、洛水盛长，泛溢伤稼。"《后汉书·天文志》载："汉永初元年（107）郡国四十一县三百一十五雨水，四渎溢。"《后汉书·陈忠传》载："汉建光年间（121—122）青、冀之域，淫雨漏河。"《后汉书·五行志》载：
"汉永兴元年（153）秋，河水溢，漂人害物。"《晋书·食货志》载：
"汉永兴元年（153），河泛数千里，流入十余万户。"《宁津县志》卷十
一载："汉永康元年（167）八月，河济大水，渤海溢，没杀人。"通过上
述史料可以看出，两汉时期，水患频繁发生，还突出表现以下三个特点。

第一，水患频繁。西汉时期的黄河水患明显比东汉时期严重。两汉
黄河的十五次水患中，西汉就占了九次。而且，黄河的四次改道均发生
在西汉时期，其中汉武帝时期两次，汉元帝和王莽时期各一次。自从王
景治河以后，整个东汉一朝，黄河再未发生改道现象。这也从一个侧面
反映出王景治河策略的正确性。

第二，黄河水患有明显的阶段性。两汉时期的水患有三个频发期，
即武帝时期、成帝时期以及东汉和帝之后。究其原因，这是和当时的历
史背景分不开的。汉武帝时期，黄河水患才刚刚出现，当时的人们对黄
河水患的治理还没有经验，只能采取堵塞决口的方法。治河方法的不当，
是造成汉武帝时期水患严重的重要原因。到汉成帝时期，三公九卿皆经
学大儒，把黄河治理拘泥于经学思想领域。更有人把黄河水患和王道的
兴衰联系起来，正如谷永曰："河，中国之经渎，圣王兴则出图书，王道
废则竭绝。今溃溢横流，漂没陵阜，异之大者也。修政以应之，灾变自
除。"① 事实证明，依经治水是错误的，这也是导致汉成帝时黄河水患严
重的症结。东汉和帝之后，宦官外戚专权，再加上党锢之祸，造成政局
动荡，当政者也无心关注黄河的治理。这也许是造成这一时期水患频发
的重要原因。

第三，黄河水患的发生时间大多在夏秋时节。这正反映出黄河是一
条季节性河流这一特性。

（三）魏晋南北朝时期黄河的安流时期

这一时期，北方发生水灾较多的地区是河南、河北、山东等地，主
要集中在黄河中下游地区。北魏献文帝皇兴二年（468），"十有一月，州
镇二十七水旱"②；北魏孝文帝延兴三年（473），"是岁，州镇十一水旱，

---

① （汉）班固：《汉书》卷二十九《沟洫志》，岳麓书社 1993 年版，第 757 页。
② （北齐）魏收：《魏书》卷六《显祖纪》，中华书局 1974 年版，第 129 页。

相州民饿死者两千八百四十五人"[1]；北魏孝文帝太和元年（477），"州郡八水旱蝗，民饥"。[2] 太和九年（485），"是年，京师及州镇十三水旱伤稼"。[3] 北魏宣武帝永平元年（508），"是夏，州郡十二大水"；[4] 北魏宣武帝永平三年（510），"秋，州郡二十大水"；[5] 北魏宣武帝延昌二年（513），"是夏，州郡十三大水"。[6] 受灾范围多为十几个州郡，甚至达到二十几个州郡。这些具体地点不明的水灾基本上集中在黄河中下游地区。南朝刘宋文帝元嘉十七年（440），"徐、兖、青、冀四州大水"；[7] 刘宋文帝元嘉二十四年（447），"徐、兖、青、冀四州大水"。[8] 北魏文成帝和平五年（464），"和平五年二月，诏曰：州镇十四去岁虫、水"。[9] 北魏孝文帝太和二年（478），"南豫、徐、兖州大霖雨"；[10] 北魏孝文帝太和六年（482）八月，"徐、东徐、兖、济、平、豫、光七州，平原、枋头、广阿、临济四镇大水"；[11] 北魏孝文帝太和二十三年（499）六月，"青、齐、光、南青、徐、豫、兖、东豫八州大水"；[12] 北魏宣武景明元年（500）七月，"青、齐、南青、光、徐、兖、豫、东豫、司州之颍川、汲郡大水，平隰一丈五尺，民居全者十四五"；[13] 北魏宣武帝正始二年（505）三月，"青、徐州大霖雨，海水溢出于青州乐陵之隰沃县，流漂一百五十二人"[14]；北魏宣武帝延昌元年（512）三月，"甲午，州郡十一大水"。[15] 北齐废帝乾明元年（560）四月，"诏河南、定、冀、赵、瀛、

---

① （北齐）魏收：《魏书》卷七《高祖纪上》，中华书局1974年版，第40页。

② 同上书，第145页。

③ 同上书，第156页。

④ （北齐）魏收：《魏书》卷一〇五之四《天象志四》，中华书局1974年版，第2435页。

⑤ 同上书，第2433页。

⑥ （北齐）魏收：《魏书》卷八《世宗纪》，中华书局1974年版，第213页。

⑦ 《宋书》卷五《文帝纪》，中华书局1974年版，第87页。

⑧ 《南史》卷二《宋本纪中·文帝纪》，中华书局1974年版，第50页。

⑨ （北齐）魏收：《魏书》卷五《高宗纪》，中华书局1974年版，第122页。

⑩ （北齐）魏收：《魏书》卷一百一十二上《灵征志上》，中华书局1974年版，第2902页。

⑪ 同上。

⑫ 同上。

⑬ 同上书，第2903页。

⑭ 同上。

⑮ （北齐）魏收：《魏书》卷八《世宗纪》，中华书局1974年版，第211页。

沧、南胶、光、青九州，往因蠡水，颇伤时稼，遣使分涂赡恤"①；北齐武成帝河清三年（564），"是岁，山东大水，饥死者不可胜计"②；北齐武成帝河清四年（565）三月，"诏给西兖、梁、沧、赵、司州之东郡、阳平、清河、武都，冀州之长乐、渤海遭水潦之处贫下户粟，各有差"③；北齐后主天统三年（567），"是秋，山东大水，人饥，僵尸满道"④；北齐后主武平六年（575）八月丁酉，"冀、定、赵、幽、沧、瀛六州大水"。⑤ 这些有明确地点记载的水灾也包括黄河中下游地区的一些州郡，可见，魏晋南北朝时期，水灾基本是在河北、河南、山东、江苏北部、安徽北部等地，大范围的水灾基本发生在北方，南方较少。

（四）隋唐五代时期的黄河水患

从《黄河水利史述要》一书《西汉以后黄河主要决溢统计表》可知，魏晋南北朝360多年，黄河只决溢9次，平均每40年一次；唐代河决21次。⑥ 隋唐五代时期，随着大运河的开发，屯田的开垦以及战争的破坏，黄河水患日益严重。但从刘洋所收集的史料看，在唐代290年的历史中，黄河共决溢24次，平均约每12年一次，其中，上游4次，中游5次，下游14次，另有1次决溢地点不明。⑦ 据史料记载：唐大顺二年（891）二月，"河阳河溢，坏人庐舍"。⑧ 景福二年（893），河徙，山东河口段厌次县境内溃决改道。⑨ 乾宁三年（896）四月，"河泛于滑州，朱全忠决其堤，因为二河，散漫千余里"。⑩ 后梁贞明四年（918），梁谢彦章攻杨刘城（山东东阿），决河"弥漫数里"；⑪ 龙德三年（923）八月，"梁主命于滑州决河，东注曹濮及郓"。⑫ 后唐同光二年（924）七月，"梁所决河

① （唐）李百药撰：《北齐书》卷五《废帝纪》，中华书局1974年版，第75页。
② （唐）李百药撰：《北齐书》卷七《武成帝纪》，中华书局1974年版，第93页。
③ 同上。
④ （唐）李百药撰：《北齐书》卷八《后主纪》，中华书局1974年版，第100页。
⑤ 同上书，第108页。
⑥ 《黄河水利史述要》编写组：《黄河水利史述要》，黄河水利出版社2003年版，第34页。
⑦ 刘洋：《唐代黄河流域的屯田与河患》，《中国水土保持SWCC》2003年第11期。
⑧ 河南省地方史志编纂委员会编纂：《河南省志·黄河志》，河南人民出版社1991年版，第58页。《旧唐书·昭宗本纪》20上。
⑨ 转载《黄河变迁史》，第321页。
⑩ （宋）欧阳修、宋祁撰：《新唐书·五行志》计昭宗时事，中华书局1975年版。
⑪ （宋）司马光编撰：《资治通鉴》卷二百七十，中华书局2009年版。
⑫ 同上。

连年为曹濮患，娄继英督汴兵塞之，未几复坏"①；同光二年（924）八月，"河水溢漫，流入郓州界"；同光三年（925）六月，"江河崩决，坏民田"，九月，"巩县河堤破，坏廒仓"；长兴二年（931）四月，"郓州上言，黄河水溢岸，阔三十里东流"，十一月，"郓州上言，黄河暴涨，漂溺四千余户"②；后晋天福元年（936）九月，"滑州河决，溢酸枣（延津）"，十月，"河决滑、濮、郓、澶诸州"③；天福二年（937），"河决郓州"（自东阿决而南）④；天福四年（939）八月，"河决博平、甘陵大水"（甘陵今山东清平县南）⑤；天福六年（941）九月，"河决滑州一溉东流……兖州、濮州界皆为水所漂溺……兖州又奏河水东流阔七十里"。⑥开运元年（944），"滑州河决，漫汴、曹、单、濮、郓五州之境，环梁山合于汶"；⑦开运元年（944）六月，"黄河洛河泛滥，坏堤堰""郑州、原武、荥泽县河决"⑧；开运三年（946），"河决杨刘，西入莘县"，六月，"河决鱼池"（滑州界），九月，"河决澶、滑、怀州"，十月，"河决卫州（汲）又决原武"⑨；开运三年（946），"黄河自观城县界楚里村堤决，东北经临潢、观城两县"。⑩后汉乾祐元年（948）四月，"河决原武"，五月，"州言河决鱼池"⑪；乾祐三年（950）六月，"河决原武"。后周广顺三年（953）七月，"诸州皆奏大雨，所在河渠泛溢害稼"，十二月，"河决郑滑"；广顺三年（953）八月，"河阴新堤坏三百步"，"澶州河溢"。显德二年（955），"阳谷境内决口，分出一个支河，叫赤河"；显德六年（959），"郑州奏河决原武"。也正是从唐代开始，结束了东汉王景治河以来黄河安流几百年的历史，黄河泛滥渐趋频繁。唐代之所以会出现这种转折性的变化，是与唐代在黄河流域进行过度屯垦密不可分的。

① （宋）司马光编撰：《资治通鉴》卷二百七十，中华书局 2009 年版。
② （后晋）刘煦等撰：《旧五代史·五行志》，中华书局 1997 年版。
③ 转载《禹贡半月刊》四卷六期。
④ 顾祖禹：《读史方舆纪要》125，商务印书馆 1937 年版。
⑤ （后晋）刘煦等撰：《旧五代史·五行志》，中华书局 1997 年版。
⑥ 《五代会要》十一。
⑦ 顾祖禹：《读史方舆纪要》一百二十五。
⑧ 《五代会要》十一。
⑨ 转载《禹贡半月刊》四卷六期。
⑩ （北宋）王钦若编：《册府元龟》四百九十七，中华书局 1960 年版。
⑪ 河南省滑县地方史志编纂委员会：《重修滑县志标注本》（中册），1987 年，第 726 页。

（五）宋元时期的黄河水患

继五代之后，进入宋金时期，然而，黄河水患并没有随着北宋的短暂统一而有所缓解，反而更加严重了。两宋时期，黄河决溢达数百次之多，仅北宋一朝，黄河及其支流即发生规模不等的决溢、泛滥154次，平均每年0.92次。[①] 两次改道发生在宋代：一次为北宋庆历八年（1048），黄河决堤改道后形成的北流与东流局面；一次为南宋建炎二年（1128），宋朝人为决河后形成"由泗入淮"的南流局面。究其原因，这与黄河流经区的自然地理环境、黄河中游地区大规模开垦荒地、植被破坏所引起的水土流失致使下游河道淤积、河床抬高及缺乏好的治河策略等众多因素有关。

黄河河道在金代以前，皆由东流或北流入海。而进入金代以来，开始南流夺淮入海，开辟了黄河最南的河道，这在黄河变迁史上占有重要地位。金太宗天会六年（1128），宗翰南下攻北宋的开封，北宋东京留守杜充在淮州（今山东淮县东）西南决开黄河，导河水入清河以阻金军南下。《金史》卷二十七《河渠志》记载："金始克宋，两河悉界刘豫。豫亡，河遂尽入金境。数十年间，或决或塞，迁徙无定。"刘豫伪齐政权废于天会十五年（1137）。《金史·河渠志》到大定八年开始有黄河记事。在金世宗大定年间，河患日趋频繁。大定八年（1168）六月，黄河在李固渡决口，在单州境内分流，河水离开北流河道，南流趋势日益增强。除在大定八年决口以外，在大定十一年、十七年、二十年、二十六年、二十七年数次决堤。特别是金章宗明昌五年（1194），黄河又在阳武故堤决口，灌封丘县城东流，至寿张入梁山泊，然后分南、北道由原北清河故道入海，南道则由泗水入淮，侵夺淮阳以下的淮河河道，北流完全断绝。从此以后，黄河虽然局部又有几次决口，但河道基本没有变动，保持了几百年之久，直到1855年铜瓦厢河决为止。

黄河自从金代夺淮入海后，成为整个元代时期黄河下游的基本流势，河患不但没有减轻，反而更加严重，它多次决溢和改道，给元代人民造成了巨大的灾难。《元史·河渠志》说："至元九年（1272）七月，卫辉路新乡县广盈仓南，河北岸决五十余步。八月，又崩一百八十三步。"《元史·五行志》说："九月，南阳怀、孟、卫辉、顺天等郡，掐、磁、

---

① 石涛：《宋时期自然灾害与政府管理体系研究》，社会科学文献出版社2010年版，第44页。

泰安、通滦等州阴雨，河水并溢，圮田庐，害稼。"《元史·五行志》《元史·世祖本纪》《元史·成宗本纪》《元史·武宗本纪》《元史·仁宗本纪》《元史·文宗本纪》记载，黄河中下游地区河决泛滥成灾。据以上资料统计，元代在不到百年的时间内，其河患之频繁，决溢年份、地点之多，都是以前各个朝代所未曾有过的，更因决口大、决口宽和泛滥时间长，导致灾情十分惨重。特别是白茅堤决口，这次决溢泛滥，历时七年未加堵复。《河渠纪闻》说："涨水更迭交浸，荡析天时，民穷于转徙，官穷于智计。"使黄淮两地人民蒙受洪水浩劫，灾情极为惨重。严重的河患，使黄河中下游广大地区的农业生产遭到很大破坏，灾区人民颠沛流离，成为元王朝的一个很大的社会问题，因而元王朝也不得不进行一些修治河堤等活动，如至元二十三年（1286）黄河决口后，冬十月，"调南京民夫二十万四千三百二十三人，分筑堤防"；元成宗大德元年（1297）五月，发民夫三万人堵塞汴梁决口；大德十年（1306）正月，发河南民夫十万筑堤防；泰定二年（1325）三月，役民夫一万八千五百人修曹州济阴县河堤；三年（1326）十月，又役丁夫六万四千人修汴梁路乐利堤；至正四年（1344）正月，役民夫一万八千五百人修筑曹州河堤。较大的修治固堤活动，至大二年（1309）河决归德、封丘后，当时任仁发主持的工役，《新元史·任仁发传》载："仁发缚蘧蒭凤扫滨河口，筑堤五百余里，以御横流，河防始固。"征发数量如此之多的役工修筑河堤，影响农业生产，也给国家和百姓带来了巨大的经济负担。河患日益加重人民的苦难，加速了元王朝的灭亡。

二　明代的黄河下游水患

自古"中国之水非一，而黄河为大。其源远而高，其流大而疾，其质混而浊，其为患于中国也，视诸水为甚焉"。[1] 在历史上的 2500 年间，见诸史料记载的黄河河道下游共决溢 1590 多次。[2] 而明代，黄河水患不仅没有减轻，反而日趋加重。据统计，明代黄河决口 301 次，漫溢 138 次，迁徙 15 次。[3]

---

[1]　（清）顾炎武：《天下郡国利病书》卷五十四《河南五》，光绪二十七年敷文阁刻本，第18 页。

[2]　水利电力部黄河水利委员会治黄研究组：《黄河的治理与开发》，上海教育出版社 1984 年版，第 51 页。

[3]　郑肇经：《中国水利史》，商务印书馆 1939 年版，第 104 页。

（一）决溢改道

黄河泛滥改道主要集中在洪武朝、永乐朝、正统朝、弘治朝和万历朝。据《黄河志》《河南省志·黄河志》《山东省志·黄河志》《安徽省志·黄河志》《江苏省志·黄河志》统计，明代黄河决溢情况如表 1 - 2 所示。

表 1 - 2　　　　　　　　　　　　明代黄河决溢情况

时间	河决地点
明洪武八年（1375）正月	河决开封大黄寺
明洪武十一年（1378）十月、十一月	河决兰阳县河溢封丘县
明洪武十四年（1381）七月	河南原武、祥符、中牟诸县河决为患
明洪武十六年（1383）六月乙卯	河溢荥泽、阳武二县
明洪武十七年（1384）八月	河决开封东月堤，又决杞县入巴河
明洪武二十年（1387）	河决原武黑羊山
明洪武二十二年（1389）	河溢，没仪封
明洪武二十三年（1390）春、秋	决归德凤池口；决开封、西华诸县
明洪武二十四年（1391）四月	河水暴溢，决原武黑羊山
明洪武二十五年（1392）	河复决阳武县
明洪武二十九年（1396）	河决怀庆等府州县
明洪武三十年（1397）八月	决开封，城三面受水
明永乐二年（1404）九月	河决开封，坏城
明永乐三年（1405）	河决温县堤四十丈
明永乐五年（1407）七月丁卯	黄河泛滥河南
明永乐七年（1409）	河决，冲毁陈州城
明永乐八年（1410）秋	河决开封，坏城二百余丈
明永乐九年（1411）	河决阳武中盐堤
明永乐十二年（1414）八月辛亥	黄河溢，坏河南土城二百余丈
明永乐十四年（1416）	河决开封州县十四
明永乐十六年（1418）十月	河南溢，决埽座四十余丈
明永乐二十年（1422）	河南开封府、归德、睢州……黄河泛滥
明永乐二十二年（1424）九月庚辰	河南黄河泛滥
明宣德元年（1426）	河溢开封州县十

续表

时间	河决地点
明宣德三年（1428）九月	河决开封府之郑州、祥符等十县
明宣德六年（1431）七月	开封、祥符、中牟等八县河溢
明正统元年（1436）七月	河决开封府
明正统二年（1437）九月	河南开封府阳武、原武、荥泽三县河决堤岸30多处
明正统三年（1438）	河复决阳武
明正统八年（1443）七月	黄河、汴水泛滥，坏堤堰甚多
明正统九年（1444）七月	河溢开封
明正统十年（1445）	九月，决封丘金龙口；十月，睢州、祥符、杞县、阳武、原武、封丘、陈留等县河决
明正统十二年（1447）	河决原武黑羊山
明正统十三年（1448）	河决新乡八柳树和荥泽孙家渡口
明景泰六年（1455）六月	河决河南开封高门堤
明景泰七年（1456）夏	河决开封
明天顺元年（1457）六月	黄河泛原武、荥泽二县
明天顺二年（1458）	河溢开封府祥符等四县
明天顺四年（1460）六月	河决开封等府
明天顺五年（1461）七月	河决汴梁土城，又决砖城，城中水丈余
明成化十三年（1477）	河南黄河水溢
明成化十四年（1478）九月	河水溢，冲决开封护城堤
明成化十八年（1482）五月	开封府州县黄河水溢
明弘治二年（1489）五月	河决开封及金龙口
明弘治四年（1491）十月	兰阳黄河溢
明弘治五年（1492）七月	河溢汴梁之东，兰阳、郓城皆被水患，复决杨家、金龙等口
明弘治九年（1496）	河决中牟、兰阳、仪封、考城四县
明弘治十一年（1498）	河决归德小坝子等处
明弘治十三年（1500）	河决归德丁家道口
明弘治十五年（1502）	河圮商丘旧治城
明正德八年（1513）六月	河复决仪封黄陵岗
明嘉靖十三年（1534）	河决兰阳赵皮寨和夏邑大丘、回村等地
明嘉靖十九年（1540）	河决睢州野鸡冈

续表

时间	河决地点
明万历十五年（1587）	河决封丘、东明、长垣等县
明万历十七年（1589）	河决祥符刘兽医口月堤
明万历二十九年（1601）	河决商丘萧家口
明万历四十四年（1616）六月	河决开封陶家店、张家湾
明万历四十七年（1619）九月	河决阳武陴沙岗
明崇祯四年（1631）	河决原武胡村铺、封丘荆隆口
明崇祯五年（1632）六月壬申	河决孟津口
明崇祯十五年（1642）	河决开封朱家寨和马家口

此表仅仅是反映出明代黄河决溢的情况，而决溢地点主要集中在黄河下游地区。明代，黄河决口和改道共有 456 次，平均约七个月就有一次。其中较大的改道有七次。[1]

据《明史·河渠志》载，七次较大的改道分别为：

（1）洪武二十四年（1391），河水暴溢，决原武黑洋山，东经开封城北五里，又东南由陈州、项城、太和、颍州、颍上，东至寿州正阳镇，全入于淮。[2]

（2）永乐十四年（1416），决开封州县十四，经怀远，由涡河入于淮。[3]

（3）正统十三年（1448），河南开封府原武县和郑州荥泽县决口。改流为二，一自新乡入柳村，由故道东经延津、封丘入沙湾。一决荥泽，漫流原武，抵祥符、扶沟、通许、洧川、尉氏、临颍、郾城、陈州、商水、西华、项城、太康。[4]

（4）弘治二年（1489），河南开封府州县上源决口，水入南岸者十三，入北岸者十七。南决者，自中牟杨桥至祥符界析为二支：一经尉氏等县，合颍水，下涂山，入于淮；一经通许等县，入涡河，下荆山，入于淮。又一支自归德州通凤阳之亳县，亦合涡河入于淮。北决者，自原

---

[1]　张含英：《明清治河概论》，水利电力出版社 1986 年版，第 11 页。

[2]　（清）张廷玉等：《明史·河渠一》卷八十三，中华书局 1997 年版，第 2014 页。

[3]　同上书，第 2015 页。

[4]　同上书，第 2017 页。

武经阳武、祥符、封丘、兰阳、仪封、考城，其一支决入金龙等口，至山东曹州，冲入张秋漕河。去冬，水消沙积，决口已淤。因并为一大支，由祥符翟家口合沁河，出丁家道口，下徐州。河流南北分行大势也。合颍、涡二水入淮。①

（5）正德四年（1509），山东兖州府曹州曹县杨家口和良靖口一带决口。兰阳、仪封、考城故道淤塞，故河流俱入贾鲁河，经黄陵冈至曹县，决梁靖、杨家二口。② 正德三年又北徙三百里，至徐州小浮桥。四年六月又北徙一百二十里，至沛县飞云桥，俱入漕河。③

（6）嘉靖十三年（1534），河南开封府兰阳县赵皮寨。是岁，河决赵皮寨入淮，谷亭流绝，庙道口复淤。天和役夫十四万浚之。已而河忽自夏邑大丘、回村等集冲数口，转向东北，流经萧县，下徐州小浮桥。④

（7）嘉靖三十七年（1558），山东兖州府曹县东北地区。七月，曹县新集淤。新集地接梁靖口，历夏邑、丁家道口、马牧集、韩家道口、司家道口至萧县蓟门出小浮桥，此贾鲁河故道也。自河患亟，别开支河出小河以杀水势，而本河渐涩。至是遂决，趋东北段家口，析而为六，曰大溜沟、小溜沟、秦沟、浊河、胭脂沟、飞云桥，俱由运河至徐洪。又分一支由砀山坚城集下郭贯楼，析而为五，曰龙沟、母河、梁楼沟、杨氏沟、胡店沟，也由小浮桥会徐洪，而新集至小浮桥故道二百五十余里遂淤不可复矣。自后，河忽东忽西，靡有定向，水得分泻者数年，不至壅溃。⑤

由此可知，明代的七次改道多发生在山东和河南境内，具体在开封府和兖州府内四处为患。终明一代，黄河不仅频繁决溢，泛滥面积也极为广阔，且分支众多，造成黄河紊乱的现象。总结明代黄河决溢和改道的发展趋势大致为：

（1）分三股入淮，相互迭为主次。明洪武二十四年（1391），河决原武黑羊山（今原武县西北），河流改道"折南循颍入淮，称'大黄河'，

---

① （清）张廷玉等：《明史·河渠一》卷八十三，中华书局1997年版，第2021页。
② 同上书，第2026页。
③ 同上。
④ 同上书，第2034页。
⑤ 同上书，第2037页。

贾鲁河式微，称'小黄河'"。① 此后便南北摆动，三股并存，黄河下游的南、北、中三个分支一直并存，迭为干流，极其紊乱。

（2）南徙北徙不定。明孝宗弘治二年（1489），黄河大决于开封及以上沿河各地，此次是由于河南境内黄河众多支流在同一时间严重淤塞所致，导致河水向南、北、东三面分流，局面是"洪水横流于天下"。

（3）多股演变为单股，明代后期，决口最多的地方在徐州以上至山东曹县一带，这是由于河道的固定不变，泥沙大量堆积不泄，河床淤高过度，黄河下游出现的"悬河"所致。明嘉靖二十五年（1546），黄河下游多股分流的局面基本结束，"南流故道始尽塞"，"全河尽出徐、邳，夺泗入淮"，河势为之大变，黄河由此演变为单股汇淮入海。

在明王朝长达 276 年的统治时间内，黄河下游究竟发生了多少次河患，在明清两代留下的河史文献中是难以见到现成的统计数字的。邱成希先生根据傅泽洪辑录的《行水金鉴》和岑仲勉先生的《黄河变迁史》，粗略地进行统计，"凡明初八十二年，患三十七次，明中、后期一百九十四年，患九十次"。② 而明代黄河下游的河患的危害程度也更加厉害。河患的后果，一是给人民的生命财产造成巨大的损失。据《明史·河渠志》记载：永乐八年（1410）河决开封，民被患者万四千余户，没田七千五百余顷③；永乐十三年（1415），山东、河南泛滥，被害者九万九千二百余户；宣德六年（1431），开封等八县河溢，淹没官民田五千余顷；正统十三年（1448），黄河决，泛溢二十余府县，没田数十万顷；万历二年（1574），河淮并溢，坏庐舍一万两千五百间，溺死一千六百余口；崇祯十五年（1642）九月，明军决朱家寨堤，谋淹围城起义军，水灌开封城，死者三十五万余人。④ 二是淹没了下游不少城镇。景泰三年（1452），有原武县治；弘治十五年（1502），有归德府治；嘉靖五年（1526），有丰县治；万历五年（1577），有萧县城等。下游当时的大城市开封，遭河患破坏次数多，损失大。以崇祯十五年河患而言，全城被淹，高处的建筑物相国寺被泥沙淹没，仅露出丈余殿脊在外；明王府门前石狮高八尺有余，大水淹后，没入土中，仅有狮耳数寸露出。清人高懋功数十年后过

---

① 政协河南省杞县委员会文史资料委员会：《杞县文史资料》1993 年第 7 辑，第 43 页。

② 邱成希：《明代黄河水患探析》，《南开大学学报》1981 年第 4 期。

③ （清）张廷玉等：《明史·河渠一》卷八十三，中华书局 1997 年版，第 2014 页。

④ 邱成希：《明代黄河水患探析》，《南开大学学报》1981 年第 4 期。

开封，问及这次大水情况，馆人还告诉他，至今城中尚有人掘至丈许始及屋极，由此可见河患后泥沙堆积的深厚。三是河床淤高，决口改道频繁，引起下游河道的紊乱。从洪武元年至二十二年（1368—1389），黄河入海已分两路，一路合淮入海，一路不合淮入海。合淮入海的又分两途。到洪武二十四年（1391），黄河决原武黑羊山，又合颍入淮至于海。造成三十年（1397），黄河又决口夺流，十一月由河南徙入陈州。此后永乐十四年（1416），河决开封十四州县，又夺涡入淮。至正统二年（1437），颍州黄流始绝。但在正统十三年（1448）七月河决时，又分由颍、涡入淮。到弘治八年（1495），刘大夏筑断黄陵冈、荆隆口等，绝河北流之道后，黄河仍分四股入淮。下游这种分支过多、水系紊乱的局面，直到万历中期，全河尽出徐、邳，夺泗入淮，才算基本扭转过来。四是河工花费巨大，加重了人民的负担。据邱成希先生统计，弘治年间的河工治理，用银二万到二十五万不等，仅刘大夏治理张秋河，明政府就拨了二百万两白银。万历年间，潘季训主持的两项河工，用银六十九万余两；分淮、导淮工程用银六十八万余两，开王家口工程用银八十万两；等等。可见，明政府在河工治理上的花费是巨大而又惊人的。诸如通过加征加派、苛扣河工银等办法把政府的财政压力转嫁到人民身上。

（二）明朝黄河泛滥的原因

明朝时期，黄河中下游泛滥成灾，究其原因，主要从自然因素和社会因素两个方面予以考虑：

在自然因素方面，主要是黄河中下游流域的自然环境发生了变迁。

第一，陕甘晋高原地形发生了变异。在黄河中游河道，以及渭、泾、汾、涑、洛、伊、沁等十多条支流的周围，分布着面积达十八万平方千米、黄壤层厚达数百米的黄土高原地带。这里的黄土层是第四纪中期的堆积，土壤既肥沃，又极易受水力侵蚀，使原地形发生变迁。《明一统志》记载了不少原的名称：西安府属的有乐游原、少陵原、细柳原、毕原（咸阳原）、五丈原等；凤翔府属的有周原、西平原、积石原等；庆阳府属的有彭原、长厚原等；平凉府属的有卧龙原、和戎原等。山西省黄河中游境内也有不少的原。《禹贡》说的"既修太原"，便是其中的一个大原，古属冀州，在"山西太原府太原县"，地处汾河中游。在晋西南，面积大的有峨眉原，小的有闲原。如此多的原的名字尚存，但是，由于长期水土失治，不少原遭到水力的严重侵蚀，已被千沟万壑所切割，变成梁、峁，原也就徒有虚名了。据史念海先生考察，著名的周原在西周是相当广阔的，按今制计算，东西长七十多千米，南北宽二十余千米，现在已被沟壑分成不少条块，原面的宽处只不过十三千米了。在今甘肃庆阳县西南的董志原，唐代叫彭原，曾是沃野千里的陇东太原的一角。唐时南北长八十里，东西宽六十里①，还算得上一个大原，后来经历不断变迁，至今最宽处只有十八千米，最窄处只有半千米了。山西的闲原面积不大，北宋时南北长十二里，东西宽七里②，经元、明两朝以后的演变，南北被几条深沟割开，已不成其为原的地形。陕甘晋高原发生的这种变化，是普遍现象。原上流失的大量泥土，便随水而去，汇入中游各分支流，输进黄河中游河道。

第二，中游各支流由清变浊的增多。黄河中游的支流以汾、渭、洛、沁、泾河为最大，由清变浊极其明显。泾河在西周春秋时期还是相当清澈的，到汉武帝时，关中民谣便说"泾水一石，其泥数斗"了，迟至秦汉时期，这种变化就已发生。渭河在唐代是一条很繁盛的航道，从江南可以通过渭河直达西安。当时渭清泾浊非常分明，唐人李频《东渭桥晚眺》诗云："秦地有吴洲，千樯渭曲头。人当反照立，水彻故乡流。"唐代以后，渭河逐渐浑浊起来，与泾河的浑浊程度难以区分了。到明代，它的一些支流，如葫芦河、清水等也变浊了，这又给渭河增加了几分浊度。洛水携伊水入黄，唐代不少诗人，常以"清洛"来表达对洛水清澈的赞美。刘禹锡写的"洛水桥边春日斜，碧流清浅见琼沙"的诗句，便是其中之一。到宋代以后，洛水逐渐变浊了。但伊水还是清的，在洛、伊入黄处，清浊异流的景象十分明显。汾河在唐代以"素汾"著称。到宋大中祥符三年，汾河尚未完全变浊，至少与黄河浑浊的程度还有相当的区别。到明代，李梦阳的过汾河诗却说："太行西半浊汾流"了。沁河源出山西沁源县太岳山东麓，这条流入黄河中游尾部的支流，在历史上非常重要。隋开永济渠、元开广济渠都涉及利用沁河的清水资源问题。直到明初徐贲过沁水时，也还说它是清的。但至万历十五年，沁口沙淤，沁水不能入黄河，自木栾店决，冲入卫河，抵临清附近运河，携带的泥

① （唐）李吉甫：《元和郡县志》三《宁州》，广雅书局元绪二十五年版。
② （宋）乐史：《太平寰宇记》六《陕州》，中华书局 2008 年版。

沙把运河也淤塞了一段。①

第三，黄河中游的湖泊已基本淤涸。据《水经注》记载，古代中游上的汾、沁支流各有五六个湖泊；渭、洛之流上也有十多个湖泊。下游太行以东向南有 40 多个湖泊；鸿沟以东，泗、济以西，长、淮以北，黄河以南又有 140 个湖泊。其中，下游大的湖泊在今河南的有荥泽、圃田、孟主；在今河北南部的有大陆泽；在今山东的有巨野（大野）、雷夏、菏泽。这些湖泊经历黄河的变迁，泥沙的淤积，湖水自身的渗漉、蒸发，至五代后已渐次干涸或淤成平陆，到明代再也没有什么可称道的湖泊了。巨野泽在唐、宋时期还不算小，《元和郡县志》十说：它的南北水面有三百里，东西水面有百里。施耐庵《水浒传》中的梁山泊就是巨野泽的又一称呼，书中言及梁山泊方圆八百里，虽有些夸张，但与宋朝时期的实际情况相去不会太远。但是，经唐宋以后黄河的多次灌入，到至正四年黄河再入巨野，下游这个大泽"遂涸为平陆"。②

第四，黄河中游森林植被遭到严重破坏。在西周时期，中游境内森林植被十分茂密。以关中、伊洛、汾涑平原和沁阳盆地的情形来说，森林繁茂首推关中地区，到处都有大片森林。《诗经》里泛称为"平林""中林"的很多。在这些规模不等的森林里，如诗中描绘的那样：生长着巨材③，栖息着许多野鸡和飞禽④，生活着鹿群和野兔⑤，呈现出一派生机盎然的景象。这里著名的森林有械林和桃林，都是以树种为名的，规模很大。桃林传说是周武王克殷休牛的地方，曾长期充当要塞。⑥ 在丘陵地区，如渭河上游、洮河中游等都广布着森林。《诗经》云："阪有漆，隰有栗"，"阪有漆，隰有杨"。⑦ 当时中游的不少山地也有不少森林，诸如研山、岐山、终南山、华山、崤山、熊耳山、吕梁山、太岳山、中条山、六盘山、陇山、子午岭等都有大片森林覆盖，树种也很多。但是，经历西周至明两千三百多年的变迁，特别是汉代、唐代的开发，黄土高原不断地遭到人力和自然力的破坏，这个地区的森林境况已经与以前大

---

① （清）顾炎武：《天下郡国利病书》册十三引《卫辉府志》，上海古籍出版社 2012 年版。
② 《巨野志》。
③ 《诗经·正月》卷五，第 39 页。
④ 《诗经·车牵》卷五，第 115 页。
⑤ 《诗经·商柔》卷七，第 13 页；《诗经·兔罝》卷一，第 11 页。
⑥ （北魏）郦道元：《水经注》卷二，凤凰出版社 2011 年版，第 9 页。
⑦ 《诗经·车辖》卷三，第 75 页。

不一样了。平原、高原地区的森林大部分消失殆尽。丘陵地区只剩下规模不大的残林，山地部分的林区也遭到破坏，林区明显缩小，有的甚至荡然无存。

除自然因素以外，社会因素也是造成明代河患严重的主要原因。首先，是明代河政政策的失误造成的。明代推行"治黄先顾运"的方针，导致治黄与顾运、治黄与护陵、治黄与安民相互间的矛盾，治黄以保运、护陵为中心，这就迫使治河者往往逆河流规律办事，致使明代二百多年的治河过程中，始终围绕保运、护陵疲于奔命，处境十分被动。其次，明代对黄河的治理仅仅局限于黄河下游地区，始终是治标不治本，并且在与黄河治理关系十分密切的一些政策上，相互抵触、牵制、失误甚多，不利于黄河的治理。主要表现有四：

一是西北边关林禁松弛瓦解问题。明初，西北边关地区还保存了一定规模的森林，其中不少林区就在黄河中游境内。明王朝没有颁布过全国性的保护森林的法令。但是，唯独在朱元璋洪武年间，从国防需要出发，对西北边关林区曾下令封殖为禁山，这一禁令一直持续至正统年间，使"延袤数千里，山势高险，林木茂密"。[1]但是，从明宪宗朝开始，西北森林遭到破坏。有的官员一再要求重申禁令，保护西北边关林区，对砍伐林木者绳之以法。如马文升上疏："大同宣府规利之徒，官员之家，专贩伐木，往往雇觅彼处军民，纠众入山，将应禁树木任意砍伐"，单是贩去北京的，一年就有百十余万。这样砍伐下去，"再待数十年，山林必为之一空"。[2]……对于此种情形，嘉靖二十年曾把伐边树作望敌楼的兵部侍郎胡守中斩于西市，晋王也曾杖毙盗砍禁山的校尉等措施，但为时已晚，曾经在唐朝时期森林茂密的静乐县芦芽山，是吕梁山北段的支脉，明初还是"林木参差，干宵蔽日，遮障烟尘，俨然天堑长城"的大林区，到了明中叶以后，却成了"砍伐殆尽，道路四达，敌骑无遮"无限可守的区域了。不仅如此，曾经森林茂密的六盘山、岐山、贺兰山到明中后期以后，树木也所剩无几了。

二是明代在西北盲目屯田的失误。明朝建立以后，在全国广泛推行屯田政策。政府对此予以支持和鼓励，当时的军屯、民屯、商屯的垦田

---

① （明）陈子龙：《明经世文编》卷六十三，中华书局1962年版，第528页。

② 同上。

数量大增，全国达到八十九万九千多顷。① 其中以西北屯田为最多，据记载：在雁门三关以南防区的山西镇，屯田数为三万三千七百余顷；在陕西都司的为十六万八千四百余顷②；在延绥镇的为四万八千一百余顷。③ 这么多的屯田来源有二：一是长期荒芜的土地；二是开垦相当数量的生荒地，这些生荒地中不少就是伐林后开垦出来的。明朝中叶，庞尚鹏去边关清理屯田时说，他在宁武关"见锄山为田"；在永宁州见屯田"俱错列万山之中，冈阜相连"；从永宁西渡黄河至延绥一路，见"山之悬崖峭壁，无尺寸不耕"。④ 永宁就在吕梁山中，由原来的林木变为屯田。此外，宣德以后，一大批遇到灾荒移居边地的流民，他们也是砍伐森林，自行开垦土地。明朝政府一边在边关实行林禁政策，一边又盲目地推行屯田政策，结果林禁中道废弛，林地让位于耕地。明代西北的屯田政策，并没有达到广屯田以足军食的预期目的，尽管开垦耕田不少，但是，抛荒的也很多。据明中叶记载：大同荒田，"何啻万顷"，三关地区抛荒更多；延绥、榆林"芜秽强半"；固原、靖房、宁夏等卫不少屯田连年抛荒；甘肃自金城起的几万顷屯田亦多弃置。⑤ 如此一来，不仅开出来的田土废弃了，而且随着这些地区森林植被遭受破坏，接踵而至的便是黄河流域中游的水土流失加剧，沙漠蔓延扩展，给中下游地区的水利和农业生产带来严重危害。

三是明代养马业经营不善，给黄河治理带来一些问题。王晋溪的《马政类序》说："国朝马政，其在陕西及辽东者，畜于监苑其数少，畿内及山东河南者，养于民间其数多。"在甘肃、陕西之地的养马苑，有许多都设在黄河支流靠近林区的地方。如固原的开城县和黑城镇，在临近六盘山北段的林区就设有好几个养马苑，这种举措对于这段山林的消失是有一定关系的。至于南北直隶、河南、山东地区，经明初兵荒之后，大量土地荒芜，草木丛生，明朝政府在这里实行民养官马政策，把农田变成了牧场。之后，随着养马业的衰落，不少牧地长期废置，田中沟洫

---

① （明）陈子龙：《明经世文编》卷三百六十六，中华书局1962年版，第3955页。

② （明）李东阳等敕撰：《大明会典》十八《户部》五。

③ 《明经世文编》卷四百四十八，涂宗浚：《奏报阅视条陈十事疏》，江苏广陵古籍刻印社1989年版。

④ （明）陈子龙：《明经世文编》卷三百五十九，中华书局1962年版，第3870页。

⑤ 同上书，第360页。

普遍受到破坏，这对黄河下游的防治也产生了一定的影响。

四是明代的生产、生活都要以木材作为主要材料和燃料，明政府对木材的开源节流没有具体措施，仅仅依靠局部地区的林禁法令是难以阻止森林不遭破坏的。山西著名的芦芽山林区遭受破坏，即与此有关。据顾炎武《天下郡国利病书》说，参与毁坏林区的人很多，有借称王府势官砍伐者，假托寿木桥梁采取者，贫民小户盗贩圈板者，近邻地区砍伐薪柴者，致使芦芽山林区附近居民都弄不到薪柴，不得不南资阳曲，北资玄冈，运来石炭作为燃料。这种情况不仅静乐县存在，其他地区同样存在。此外，在陕甘黄河中游支流上的一些近邻地区，至少从西周起，由于木材易得，居民习用木材建筑住宅。在汉代的天水陇西，仍循旧习，"民以板为屋室"。① 直到明清时代也没发生多大的变化。但是，与百姓相比，明代统治阶级耗费木材更多，明神宗重修三大殿，仅采木一项就花费了 420 多万两银子。大量森林被毁，对于水土流失造成极大的影响，特别是黄河中上游地区，这就给黄河下游的水患提供了不可抵挡的便利条件，也成为明代黄河下游水患严重的重要原因之一。

三　清代的黄河下游水患

清朝从顺治入京到宣统退位，历经 267 年。黄河水患与清王朝如影随形，鉴于此，康熙帝就曾把"三藩、河务、漕运"写在柱子上，足见清朝统治者对河患的重视。

（一）清代河患综述

清代，黄河下游决溢泛滥的情况，就《清史稿·河渠志》所记载，对其进行粗略统计。

顺治元年（1644）秋，决温县。

顺治二年（1645）夏，决考城，又决王家园。七月，决流通集，一趋曹、单及南阳入运，一趋塔儿湾、魏家湾，侵淤运道，下流徐、邳、淮阳亦多冲决。

顺治三年（1646），流通集塞，全河下注，势湍激，由汶上决入蜀山湖。

顺治五年（1648），决兰阳。

顺治七年（1650）八月，决荆隆朱源寨，直往沙湾，溃运堤，携汶

---

① （东汉）班固：《汉书》二十八《地理志》，中华书局 1962 年版。

由大清河入海。

顺治九年（1652），决封丘大王庙，冲圮县城，水由长垣趋东昌，坏平安堤，北入海，大为漕渠梗。是年，复决邳州，又决祥符朱源寨。

顺治十一年（1654），复决大王庙。

顺治十四年（1657），决祥符槐疙瘩。

顺治十五年（1658），决山阳柴沟姚家湾，旋塞。复决阳武慕家楼。

顺治十六年（1659），决归仁堤。

顺治十七年（1660），决陈州郭家埠、虞城罗家口，随塞。

康熙元年（1662）五月，决曹县石香炉、武陟大村、睢宁孟家湾。六月，决开封黄练集，灌祥符、中牟、阳武、杞、通许、尉氏、扶沟七县。七月，再决归仁堤。河势既逆入清口，又携睢、湖诸水自决口入，与洪泽湖连，直趋高堰，冲决翟家坝，流成大涧九，淮阳自是岁以灾告。

康熙二年（1663），决睢宁武官营及朱家营。

康熙三年（1664），决杞县及祥符阎家寨，再决朱家营，旋塞。

康熙四年（1665）四月，河决上游，灌虞城、永城、夏邑，又决安东茆良口。

康熙六年（1667），决桃源烟墩、萧县石将军庙，逾年塞之。又决桃源黄家嘴，已塞复决，沿河州县悉受水患，清河冲没尤甚，三汊河以下水不没骨干。黄河下流既阻，水势尽注洪泽湖，高邮水高几二丈，城门堵塞，乡民溺毙数万，遣官鬻赈。

康熙八年（1669），决清河三汊口，又决清水潭。

康熙九年（1670），决曹县牛市屯，又决单县谯楼寺，灌清河县治。

康熙十年（1671）春，河溢萧县。六月，决清河五堡、桃源陈家楼。八月，又决七里沟。

康熙十一年（1672）秋，决萧县两河口、邳州塘池旧城，又溢虞城。

康熙十三年（1674），决桃源新庄口及王家营，又自新河郑家口北决。

康熙十四年（1675），决徐州潘家塘、宿迁蔡家楼，又决睢宁花山坝，复灌清河治，民多流亡。

康熙十五年（1676）夏，久雨，河倒灌洪泽湖，高堰不能支，决口三十四。漕堤崩溃，高邮之清水潭，陆漫沟之大泽湾，共决三百余丈，扬属皆被水，漂溺无算。是岁，又决宿迁白洋河、于家冈，清河张家庄、王家营，安东邢家口、二铺口，山阳罗家口。

康熙二十一年（1682），决宿迁徐家湾，随塞。又决萧家渡。

康熙三十五年（1696），大水，决张家庄，河会丹、沁逼荥泽，徙治高阜。

康熙三十六年（1697），决时家马头。

康熙四十六年（1707）八月，决丰县吴家庄，随塞。

康熙四十八年（1709）六月，决兰阳雷家集、仪封洪邵湾及水驿张家庄各堤。同年，徐州及其属县境内连续降雨五个月。小麦颗粒无收，民众逃荒流离，甚至有相聚为伙，铤而走险的。据乾隆本《徐州府志》记载："康熙四十八年，淫雨凡五月，无麦，徐属民饥。"乾隆本《沛县志》亦记："春正月，迅雷；三月，大雨六十日；五月，无麦；六月，大水；民多流亡，或群聚为盗。"乾隆本《江南通志》曰："是年，赈给徐属州县并徐州卫被灾饥民；十一月，以徐州水灾重，除本年钱，粮全免。"水灾引起疾疫流行。1709 年 7—8 月，徐州境内流行疾病；11 月间，全省亦流行疾病。据《清史稿·灾异志》记载："康熙四十八年六月（1709 年 7 月 7 日至 8 月 5 日），铜山大疫；十月（11 月 1—30 日），江南大疫"。

康熙五十一年（1712），沛县、睢宁县发生水灾。据乾隆本《徐州府志》记载："康熙五十一年，沛、睢宁大水。"乾隆本《沛县志》亦记："五十一年，沛大水。"康熙五十七年本《睢宁县志》亦载："五十一年、五十二年，睢宁又大水。"

康熙五十二年（1713）夏，睢宁县境内又遭水灾。乾隆本《徐州府志》记载："康熙五十二年夏，睢宁大水。"康熙五十七年本《睢宁县志》亦载："是年夏，大水。"

康熙五十四年（1715）秋，沛县、睢宁境内发生水灾。乾隆本《徐州府志》记载："康熙五十四年秋，沛、睢宁大水。"乾隆本《沛县志》亦记："五十四年秋，沛大水。"康熙五十七年本《睢宁县志》："秋，睢宁大水。"

康熙五十五年（1716），邳州、宿迁境内发生水灾。乾隆本《徐州府志》记载："康熙五十五年秋，蝗抱草死；邳、宿有水，秋有蝗。"同治本《徐州府志》亦记："邳、宿水；秋有蝗，不入睢宁界，入徐境，不食禾，皆抱草死。"民国本《江苏通志稿》记曰："康熙五十五年十一月，免江南邳州等州县水灾额赋有差。"

康熙五十六年（1717），沛县境内水灾。乾隆本《江南通志》曰："康熙五十七年，蠲免沛县上年被灾地丁并湖租银三千二百余两。"民国本《江苏通志稿》则记："五十七年七月，免沛县上年水灾额赋有差。"诸本《沛县志》皆记："沛饥"。

康熙五十九年（1720），丰县黄河水涨漫溢，泛滥成灾。据民国本《沛县志》转载《南河成案》所记："康熙五十九年六月（1720年7月5日至8月3日），丰泛，河决，入微山湖，并入邳宿运河。"

康熙六十年（1721）八月，决武陟詹家店、马营口、魏家口，大溜北趋，注滑县、长垣、东明，夺运河，至张秋，由五空桥入盐河归海。

康熙六十一年（1722）正月，马营口复决，灌张秋，奔注大清河。六月，沁水暴涨，冲塌秦家厂南北坝台及钉船帮大坝。时工家沟引河成，引溜由东南会荥泽入正河，马营堤因无恙。鹏年复于广武山官庄峪挑引河百四十余丈以分水势。九月，秦家厂南坝甫塞，北坝又决，马营亦漫开；十二月，塞之。

雍正元年（1723）六月，决中牟十里店、娄家庄，由刘家寨南入贾鲁河。七月，决梁家营、詹家店。九月，决郑州来童寨民堤，郑民挖阳武故堤泄水，并冲决中牟杨桥官堤，寻塞。

雍正二年（1724）六月，决仪封大寨、兰阳板桥，逾月塞之。

雍正三年（1725）六月，决睢宁原朱家海，东注洪泽湖。

乾隆本《江南通志》及《续行水金鉴》俱载："雍正三年六月（1725）河决，睢宁、宿迁被水。"

雍正四年（1726）四月，黄河在宿迁境内决口，河水外溢泛滥成灾。据《续行水金鉴》记载："四月函，宿迁河决，夏溢。"

雍正四年（1726），塞未竣，河水陡涨，冲塌东岸坝台，睢宁、虹、泗、桃源、宿迁悉被淹。

雍正五年（1727）秋，黄河在清水套决口，沛县境内遭到水灾。据乾隆本《沛县志》记载："雍正五年秋，清水套决，淹护城堤，坏民庐舍，塞城门乃免；自是连三年大水。"

雍正七年（1729）九月，过境黄水淹睢宁，造成水灾。据光绪本《睢宁县志》转引《灵璧志》载："雍正七年九月函，黄水自毛城铺流入睢宁。"

雍正八年（1730）秋，徐州及所属丰县、沛县、邳州及所属睢宁、宿迁皆遭受水灾。道光本《铜山县志》记载："雍正八年秋，大水，多淹没。"乾隆本《丰县志》记曰："是年，县大水。"民国本《沛县志》转引乾隆本《江南通志》曰："雍正八年，大水无麦。秋岁大歉，次年春大饥。"同治本《徐州府志》记载："八年，邳、宿、睢大水，河复溢睢宁。"民国本《邳志补》又记："八年夏，邳州大水，田庐多漂没。"乾隆本《江南通志》又载："赈徐属州县饥民。"《清史稿·世祖本纪》也录："雍正九年春正月，诏拨扬州盐义仓积谷二十万石，加赈上年邳、宿被水灾民。"

雍正八年（1730），决宿迁及桃源沈家庄，旋塞。以封丘荆隆口大溜顶冲开黑堽口至柳园口引河三千三百五十丈。

雍正九年（1731），徐州及所属丰县、沛县等地区有水灾发生。据乾隆本《江南通志》记载："雍正九年秋，徐州等县及徐州卫水灾，发粟赈恤。十年，以上年徐州秋灾，蠲免所属县及徐州卫地丁银四千一百七十余两；十一年，又以九年徐州秋灾，蠲免所属县及徐州卫地丁银四千一百七十余两。"民国本《江苏通志稿》亦记："雍正十一年二月辛未，免江南徐州、丰县等六州雍正九年水灾额赋有差。"

乾隆元年（1736）四月，河水大涨，由砀山毛城铺闸口汹涌南下，堤多冲塌，潘家道口平地水深三五尺。

乾隆二年（1737）秋，铜山、丰县境内发生水灾。据乾隆二年闰九月二十日庆复奏折，曰："本年江苏各属被水较重者其如砀山、兴化八县……其被水稍重之萧县、铜山甚等八县……其被水稍轻之……丰县、海州等一十五州县，应请普赈。"

乾隆三年（1738）年入秋，铜山及丰、沛地区地势低洼地带积水，庄稼被淹，据乾隆三年七月二十七日江苏布政使许容奏曰："徐州府禀称，今岁雨泽调匀。六月以来汛水骤涨，铜、萧、丰、砀、沛等属，低洼地亩间有被淹，亦历来如此，从不告勘。"《清史稿·文高宗本纪》："三年十一月乙丑，免江南淮安、徐州二府湖滩额赋。"

乾隆四年（1739），徐州府所属铜山、丰县、沛县、萧县、砀山、邳州、睢宁等州县，连续遭受暴雨、山洪、黄水等袭击，造成洪涝灾害。六月初八月，江苏布政使徐士林奏曰："据徐州府禀报，五月十八、十九等日（公历6月23日、24日）昼夜大雨，山水陡发，黄水漫溢，致铜山之北、沛县之南洼下田庐多有被淹之处。砀、丰沿河滩地亦有被淹等语。"六月初九日，张渠奏曰："徐州府属，五月间（公历6月6日至7月5日）雨水过多，山水齐发，且因黄水陡涨，天然闸开放汇水，引河不能容纳，以致铜山、丰县、沛县、萧县、砀山一带沿河低洼滩地均被水淹。未收之晚麦、甫种之秋粮亦多伤损。"①

乾隆七年（1742），决丰县石林、黄村，夺溜东趋，又决沛县缕堤，旋塞。

乾隆十年（1745），决阜宁陈家浦。时淮、黄交涨，沿河州县被淹。

乾隆十六年（1751）六月，决阳武。

乾隆十八年（1753）秋，决阳武十三堡。九月，决铜山张家马路，冲塌内堤、缕、越堤二百余丈，南注灵、虹诸邑，入洪泽湖，夺淮而下。

乾隆二十一年（1756），决孙家集，随塞。

乾隆二十三年（1758），秋七月，决窦家寨新筑土坝，直注毛城铺，漫开金门土坝。

乾隆二十六年（1761）七月，沁、黄并涨，武陟、荥泽、阳武、祥符、兰阳同时决十五口，中牟之杨桥决数百丈，大溜直趋贾鲁河。

乾隆三十一年（1766），决铜沛厅之韩家堂，旋塞。

乾隆三十九年（1774）八月，决南河老坝口，大溜由山子湖下注马家荡、射阳湖入海，板闸、淮安俱被淹没，寻塞。

乾隆四十三年（1778），决祥符，旬日塞之。闰六月，决仪封十六堡，宽七十余丈，地在诸口上，掣溜湍急，由睢州、宁陵、永城直达亳州之涡河，入淮。

乾隆四十五年（1780）六月，决睢宁郭家渡，又决考城、曹县，未几俱塞。十一月，张家油房塞而复开。

乾隆四十六年（1781）五月，决睢宁魏家庄，大溜注洪泽湖。七月，决仪封，漫口二十余，北岸水势全注青龙冈。十二月，将塞复蛰塌，大溜全掣由漫口下注。

乾隆四十九年（1784）八月，决睢州二堡。

乾隆五十一年（1786）秋，决桃源司家庄、烟墩，十月塞。

乾隆五十二年（1787）夏，复决睢州，十月塞。十二月，山西河清

---

① 赵明奇等编著：《徐州自然灾害史》，气象出版社1994年版，第230页。

二旬，自永宁以下长千三百里。

乾隆五十四年（1789）夏，决睢宁周家楼，十月塞。

乾隆五十九年（1794），决丰北曲家庄，寻塞。

嘉庆元年（1796）六月，决丰汛六堡，刷开运河余家庄堤，水由丰、沛北注山东金乡、鱼台，漾入昭阳、微山各湖，穿入运河，漫溢两岸，江苏山阳、清河多被淹。

嘉庆二年（1797）七月，河溢曹汛二十五堡。

嘉庆三年（1798）八月，溢睢州，水入洪泽湖。

嘉庆六年（1801）九月，溢萧南唐家湾，十一月塞。

嘉庆八年（1803）九月，决封丘衡家楼，大溜奔注，东北由范县达张秋，穿运河东趋盐河，经利津入海。直隶长垣、东平、开州均被水成灾。

嘉庆十一年（1806）七月，决宿迁周家楼。八月，决郭家房。先后塞之。

嘉庆十二年（1807）六月，漫山、安马港口、张家庄，分流由灌口入海，旋塞。七月，决云梯关外陈家浦，分流强半由五辛港入射阳湖注海。

嘉庆十六年（1811）四月，马港复决。五月，王营减坝蛰陷。七月，决邳北绵拐山及萧南李家楼。十二月，王营减坝塞。

嘉庆十八年（1813）九月，决睢州及睢南薛家楼、桃北丁家庄。

嘉庆二十三年（1818）六月，溢虞城。

嘉庆二十四年（1819）七月，溢仪封及兰阳，再溢祥符、陈留、中牟，武陟缕堤决，观潮连堵沟槽五。又决马营坝，夺溜东趋，穿运注大清河，分二道入海。仪封缺口寻涸。

嘉庆二十五年（1820）三月，马营口塞；是月，仪封又漫塌。

清宣宗道光元年（1821），徐州府属大部分地区遭暴雨；夏秋时节，黄水暴涨，漫溢泛滥，田亩民居皆遭灾害。据七月二十一日两江总督孙玉庭启奏："铜山县境天然闸及十八里屯，坐落黄河南岸，以及睢宁境内峰山闸河，均为减泄黄流要津。本年六月内，黄水盛涨，由道厅察看情形，已逾定志，次第启放各闸坝，以资宣泄。……嗣据铜山县……先后禀报，该县因夏令黄水异涨，启放宣泄，水势汹涌，两岸民堰甚形危险。……旋于六月二十三日（7月21日）夜水势陡长，十八里屯闸门之水，由虎山腰冲入天然闸河，直注西埝，水势腾涌，兼值大雨倾盆，风狂浪激，人力难施，以致六乡彭家台地方，漫缺民埝二十余丈，直趋萧县坊一等里，现在积水二三尺，秋粮不免被淹，房屋间有坍塌。"

道光二年春，因上年水灾，徐州府属之铜山、丰县、沛县、宿迁、睢宁等县饥荒；秋季，各州县又遭洪涝。据三月十九日江苏巡抚魏元煜奏曰："据徐州府属之铜山、丰县、沛县、宿迁、睢宁等县暨徐州卫先后禀报，该处熟田与灾区毗连，民力拮据，新旧粮赋难于输纳？……并据阜宁县请将上年被淹次重各区补请口粮。……查明山阳、阜宁、清河、桃源、安东、盐城、铜山、丰县、沛县、宿迁、睢宁、海州十二州县，并淮安、大河、徐州三卫，共十五州县卫，熟田均与灾区毗连，民力拮据；……阜宁县上年（1821）被灾次重各区，现在民情亦属拮据，补请一月口粮。""……又淮安府属之桃源，扬州府属之江都、甘泉、宝应，徐州府属之铜山、丰县、砀山、宿迁，海州属之沭阳等九县，因夏秋大雨频仍，河湖泛涨，山水骤发，坝水漫淹，均系收成歉薄，勘不成灾。"十月十八日，河东河道总督严良启奏："微山湖水势，截至九月初旬（10月15日至11月13日）积水一丈八尺六寸八分，较嘉庆二十一年（1816）异涨更大。东境减水各路久经全启，总未见消，湖堤既行吃重，民地复多被淹。……并准南河来咨，丰、沛、铜山等县，滨湖田亩被淹过多，该处一带灾民望启蔺坝为迫切。"道光三年（1823）二月十九日，新任江苏巡抚韩文绮上奏曰："上年（1822）江苏省海州等州县卫被灾歉收……将海州成灾八分极次贫民展赈一月。其成灾五分及勘不成灾之铜山、沛县、萧县、邳州、睢宁五州县乏食贫民，并徐州卫坐落各县屯军，再加赏一月口粮。丰县之辛村襄田等里，宿迁县之北一、仁二等图，及铜山县之乔家湖等庄，沛县之泗一等里，邳州之请庄、姚隆等营社，均赏给一月口粮，以资接济。"咸丰本《邳州志》记载："道光二年，蠲免银百六十两，赈银一万三千余两。"

道光四年（1824）十一月，大风，决高堰十三堡，山盱周桥之息浪庵坏石堤万一千余丈。

道光十一年（1831）七月，决杨河厅十四堡及马棚湾，十二月塞。

道光十二年（1832）八月，决祥符。

道光十三年（1833）正月，于家湾塞。

道光二十一年（1841）六月，决祥符，大溜全掣，水围省城。

道光二十二年（1842）七月，决桃源十五堡、萧家庄，溜穿运由六塘河下注。

道光二十三年（1843）六月，决中牟，水趋朱仙镇，历通许、扶沟、太康入涡会淮。

道光二十九年（1849）六月，决吴城。

咸丰元年（1851）闰八月，决丰北下汛三堡，大溜全掣，正河断流。

咸丰五年（1855）六月，决兰阳铜瓦厢，夺溜由长垣、东明至张秋，穿运注大清河入海，正河断流。

同治二年（1863），复省兰仪、仪睢、睢宁、商虞、曹考五厅。六月，漫上南各厅属，水由兰阳下注，直、东境内涸出村庄，复被淹没。菏泽、东明、濮、范、齐河、利津等州县，水皆逼城下。

同治五年（1866）七月，决上南厅胡家屯。

同治七年（1868）六月，决荥泽十堡，又漫武陟赵樊村，水势下注颍、寿入洪泽湖。

同治十年（1871）八月，决郓城侯家林，东注南旺湖，又由汶上、嘉祥、济宁之赵王、牛朗等河，直趋东南，入南阳湖。

同治十二年（1873）夏秋，决开州焦丘、濮州兰庄，又决东明之岳新庄、石庄户民埝，分溜趋金乡、嘉祥、宿迁、沭阳入六塘河。

光绪五年（1879），决历城滗沟。明年，复决。

光绪八年（1882），决历城桃园，十一月塞。

光绪九年（1883），决利津十四户。

光绪十年（1884）闰五月，决历城河套圈、霍家溜，齐河李家岸、陈家林、萧家庄，利津张家庄、十四户。

光绪十一年（1885），萧家庄涵沟再决，又决齐河赵庄。

光绪十二年（1886）六月，再决河套圈，又决济阳王家园、惠民姚家口、章邱河王庄、寿张徐家沙窝。

光绪十三年（1887）六月，决开州大辛庄，水灌东境，濮、范、寿张、阳谷、东阿、平阴、禹城均以灾告。八月，决郑州，夺溜由贾鲁河入淮，直注洪泽湖，正河断流。

光绪十五年（1889）六月，决章邱大寨庄、金王庄，分溜由小清河入海。又决长清张村、齐河西纸坊，山东滨河州县多被淹浸。

光绪十六年（1890）五月，决齐河高家套，旋塞。

光绪十八年（1892）六月，决惠民白茅坟，夺溜北行，直趋徒骇入海。又决利津张家屋、济阳桑家渡及南关、灰坝，俱汇白茅坟漫水归徒骇河。七月，决章邱胡家岸，夹河以内一片汪洋。迁出历城、章邱、济阳、齐东、青城、滨州、蒲台、利津八县灾民三万三千三百余户。

光绪二十一年（1895）六月，决寿张高家大庙、齐东赵家大堤。未几，决济阳高农纸坊、利津吕家洼、赵家园、十六户，是冬次第塞。

光绪二十二年（1896）六月，决利津西韩家、陈家。

光绪二十三年（1897）正月，决历城小沙滩、章邱胡家岸，随塞。十一月凌泛，决利津姜家庄、扈家滩，水由沾化降河入海。

光绪二十四年（1898）六月，决山东黑虎庙，穿运东泄仍入正河。又决历城杨史道口、寿张杨家井、济阳桑家渡、东阿王家庙，分注徒骇、小清二河入海。

光绪二十六年（1900），凌泛，决滨州张肖堂家。六月，决章邱陈家窑、惠民杨家大堤。

光绪二十八年（1902）夏，决利津冯家庄。秋，决惠民刘旺庄。

光绪二十九年（1903）六月，决利津宁海庄，十二月塞。

光绪三十年（1904）正月，凌泛，决利津王庄、扈家滩、姜庄、马庄、随塞。六月，河溢甘肃皋兰，淹没沿滩村庄二十余。又决山东利津薄庄，淹村庄、盐窝二十余。

宣统元年（1909），决开州孟民庄。

由此可见，清代黄河水患更趋严重，从清初到道光末的200多年中，黄河大的决溢有83次，平均每两年多一次。从嘉庆到清末的61年中，大的水患共56次，几乎是每年一次。

顺治元年（1644）夏，黄河归入故道，此后，黄河即固定在一定的河道内，从顺治初到咸丰五年（1855）虽决溢泛滥连接不断，但未发生大的改道。

康、雍、乾三代号称治世，百废俱举，然在其统治的133年间，黄河大的决溢即有41个年份，平均约每三年一次。康熙元年（1662）至十五年（1676）13个年份黄河共18次决口，平均不到一年一次而且每次决口之后，流经之处就淤为平地。如康熙元年（1662）至四年（1665）黄河连年决口，仅1662年一年之中就决口3次，五月，河"决曹县石香炉、武陟大村、睢宁县孟家湾"。六月，"决开封黄练集，灌祥符中牟、阳武、杞通许、尉氏、扶沟七县"。七月，"再决归仁堤"。从此淮阳水灾不断。

这一时期，河南山东和南直隶境内均有决溢，河南约占 1/3。省内的武陟、郑州、阳武、中牟、祥符、兰阳、仪封、睢州、考城等地曾多次受灾。南直隶受灾次数约占 2/3，其中砀山、丰县、沛县、铜山、睢宁、宿迁、桃源、清河、阜宁等地为决溢重点，尤其是睢宁、铜山两县决溢最为严重。每次决溢，沿河州县均被淹没。如乾隆十八年（1753）秋天，黄河又接连在阳武和铜山两处决口，冲塌河堤 200 余丈，大溜入洪泽湖，夺淮而下。这次河决之后，清政府连年治理，不曾停止。但直至乾隆末年，黄河决口几未停止。

嘉庆、道光时期，黄河形势继续恶化。这一时期，黄河河道的淤塞情况十分严重。时时发生黄水倒灌现象。决溢地点先是集中在睢宁上下，后又逐渐上移到河南境内。如嘉庆二十四年（1819）七月，河溢仪封及兰阳，再溢祥符、陈留、中牟，不久"陈留、中牟、祥符俱塞"。这一时期，由于连年决溢攒积，河床迅速升高，引起了有识之士的忧虑。嘉庆二十五年（1820），御史王云锦回家途中路过黄河，见到河南境内的原武、阳武一带，河堤高如山岭，堤内甚是低下，河堤高出河滩约有一丈八尺仅过了一年时间，到了道光元年（1821），河堤高于河滩就剩下 8—9尺。河滩的淤积速度实在令人吃惊。河道越淤，河身越高；河身越高，决溢次数越多。道光末年，黄河下游河道已无法治理。黄河南流不畅，只好向北摆动，终于导致了咸丰五年（1855）的铜瓦厢大改道。

铜瓦厢决口之后，黄河主流先是向西北漫流淹没河南的封丘、祥符两县，又转而流向东北，淹没兰阳、仪封、考城及北直隶（今河北省）的长垣等县。即分为几股漫流，至山东张秋镇会合入海。当时，由于统治阶级只顾派兵镇压太平天国及捻军等农民起义，无暇顾及治河，致使决口不断扩宽，给河南、河北、山东三省的一些州县带来了巨大的灾难。山东的菏泽县首当其冲，"平地陡涨水四、五尺，势甚汹涌，郡城四面一片汪洋，庐舍田禾尽被淹没"。[1] 濮州、范县、寿张等县也相继淹没。在此后的一个时期，河南的考城，河北的开州、东明、长垣等县，山东的菏泽、淮州、范县、齐河、利津等县就成了经常蒙受水患的地方，这种情况一直持续到清朝灭亡。

---

[1] 《菏泽市水利志》编纂委员会编：《菏泽市水利志》，济南出版社 1991 年版，第 57 页。

(二) 清代河患的影响

黄河一旦决口，浩瀚奔腾，一泻千里，所到之处，劫夺人畜生命，吞没庄稼、农田，冲毁城池、民宅、道路、桥梁，破坏运堤，对当时的社会造成了极大的破坏和影响，给广大人民造成了巨大的灾难，破坏了正常的社会秩序，加剧了社会动荡，使社会矛盾更加激化，水灾带来的直接后果是对生命的劫夺和对财产的破坏。在清代的奏折上谕中，黄河决口后类似"淹毙人口甚重"；"居民村庄，尽被水淹"；"庐舍被淹，居民迁徙"等的记载屡见不鲜。据估计，仅道光二十一年至二十三年的连续三次大决口，死亡人数不下百万。且"膏腴之地，均被沙压，村庄庐舍，荡然无存"。十年后，河南祥符至中牟一带"地宽六十余里，长逾数倍，地皆不毛，居民无养生之路"。① 其中，祥符决口水围省城八个月之久，城墙久泡酥损而坍塌一百二十余丈，城内水深数尺至丈许，"难民暂栖城垛之上"。② 皖北民歌描述咸丰年间黄河水灾的情况云："咸丰坐殿闰八月，大雨下够两个月，黄河两岸开口子，人死大半显不着。"③ 铜瓦厢决口黄流一泻千里，"大溜浩瀚奔腾，水面横宽数十里至百余里不等，致河南、直隶、山东被淹四十余州县之多"。④ 此后，山东濮州城沦于水底十余年。

铜瓦厢改道后，山东民众赖以为生的盐场"间被淹没"，或者产盐不旺。位于产盐要区利津县的永阜盐场，自黄水改道以来，大溜由该场附近奔腾而下，"以致滩池节年被淹，堤坝冲决，且复顶托纳潮，卤气不升"⑤，致使产盐短少。郑州决口为祸惨烈与铜瓦厢改道不相上下，黄流"所至人民庐舍多被沉沦，有幸而获生者，率迁移高阜，栖息树枝，以待拯援"。⑥ 黄祸不仅夺去了千百万人的生命，破坏了社会生产力，而且吞没了农田民舍，使"黎民不能复业"。这样势必造成大量饥民流亡，成为社会的不稳定因素。

清代因黄河决口泛滥所形成的流民有三种形式。其一，水患直接造

---

① 《清文宗实录》卷二十六，中华书局 1986 年 12 月影印。

② 《清宣宗实录》卷三百五十四，中华书局 1986 年 12 月影印。

③ 安徽省科学所历史研究室：《关于捻军的几个问题》，安徽人民出版社 1960 年版，第 93 页。

④ 转引自李文海等编《近代中国灾荒纪年》，湖南教育出版社 1990 年版，第 159 页。

⑤ 《光绪朝东华录》（一），中华书局 1958 年版，总第 257 页。

⑥ 《光绪朝东华录》（二），中华书局 1958 年版，总第 2331 页。

成的大量流民。如光绪八年至九年，山东黄河数决，泛滥数百里，14 州县受灾，75 万人口流离，就食省垣者就有十余万口，"归耕无期，日日待哺"。① 这种形式的流民人数最多。其二，每次决口堵筑工程，需要征用大量民力来挑挖引河，修筑堤坝，大工成则遣散，造成新的流民。"光绪十四年，河工成，遣散夫役近数万。"② 河南祥符，聚集着饥民数万之多，开工之时，以工代赈，比较安定。一旦大工告竣，这些饥民无所糊口，必然加入流民的行列。其三，漕运制度衰落后，以此为生者成为流民。清代漕运虽以军运为主，但也雇用民船以为补充，特别是康熙年间，清廷对原有的军运制度进行了较大调整，将原每船运军十名改为一名，其余九名选募水手充之。这样，就使清代漕运人员中雇佣劳动者大量存在，"民之食其力者不可数计"。③ 漕运制度遭破坏后，以漕运为生者加入了流民的队伍。

这些因黄河水患而形成的大批流民，或者四处流亡，或者聚众抢劫，或者揭竿起义，激化了社会矛盾，加重了社会的动荡不安。"黄河漫溢，游民乘间聚众为匪。"④ "咸丰初年，河徙漕停，粤氛猖獗，无业游民听其遣散，结党成群，谋生无术，势不得不流而为贼。"⑤ 铜瓦厢改道后，直隶、山东境内黄运两河之间的地区因长年积水不消，形成大面积的沼泽地带，这就是当时人所说的"水套"，这里常年聚集着一批流民组成的所谓的"水套匪"。⑥ 山东"年来水患频仍，盗贼滋炽"，"闲民日多，弱者坐受饥困，黠者流为剽窃，是以曹州、东昌等属，历年多盗，诛不胜诛"。⑦ 漕运制度衰落后，以此为生者，除一部分加入起义的行列外，余者聚集到两淮盐场一带，组织青帮，贩私盐，行劫掠。可见，黄河水患对清代社会的影响是巨大的，促使清政府的漕运制度最终走向衰亡，导致了沿运河经济带的萧条。大运河在中国封建社会占有举足轻重的地位，是封建王朝南北物资运输特别是南粮北运的重要通道。清代每年北上南

---

① 转引自李文海等编《近代中国灾荒纪年》，湖南教育出版社 1990 年版，第 448 页。

② （清）赵尔巽等：《清史稿·蒋东才传》卷四百五十七，中华书局 1977 年版，第 1266 页。

③ 《光绪朝东华录》（一），中华书局 1958 年版，总第 699 页。

④ 《清宣宗实录》卷三百七十九，中华书局 1986 年 12 月影印。

⑤ 丁显：《请复河运当言》，《皇朝经世文续编》卷 41。

⑥ 参见李文海等《近代中国十大灾荒》第二篇《大河改道》，上海人民出版社 1994 年版。

⑦ 《光绪朝东华录》（五），中华书局 1958 年版，总第 5275—5276 页。

下的漕船有六七千艘，最多时一万余艘，平均每年运输漕粮 40 万石左右，以供京师驻军和皇室百官食用。

漕运制度最终走向衰亡，原因很多，诸如"屯丁长运"制本身的弊病所造成的严重的社会经济问题、太平天国定都天京（南京）切断了河运通道、海运业的兴起对河运的冲击等，但黄河泛滥对运河的破坏也是漕运制度日趋没落的一个重要因素。首先，黄河决口直接阻碍了当年北上或南下漕船的正常运行。桃北决口使"回空漕船阻于宿迁以上"。① 丰工决口未能及时合龙，造成了当年漕行迟误。郑州黄河决口，以下正河断流，河去沙停，使山东运河积淤日宽，阻碍了南下的回空漕船。其次，黄河所带泥沙使运河淤垫日浅，行船困难。康熙年间，河道总督靳辅对黄河进行了全面治理，卓有成效，此后黄河决口次数明显减少，运河得以畅通。嘉庆以后，吏治敝坏，河工松弛，黄河决口频繁。以致"运道梗阻"，"军船行走诸多不便"。铜瓦厢决口后，黄流穿运，夺淮入海，又将山东段运河淤浅，难以通航。

早在道光二十六年（1846），由于运河阻塞严重，漕粮岁额逐年减少，海运兴起，形成两种水路运输方式并存的局面。道光二十八年（1848），海运逐渐取代河运，河运作为一种补充手段而存在。至咸丰初年，黄河决于丰工，河运漕粮梗阻，继因太平军攻陷南京，切断漕路，江南六省河运被迫全停。直至同治四五年间，始以江北漕粮十余万石雇用民船由河运京。但运河一线微流，几于湮废。光绪二十七年（1901）诏令各省河运海运全部停止，自当年起一律改征折色。可见，漕运制度最终走向衰亡与黄河决口泛滥对运河的破坏密切相关。

河运漕粮日趋没落，导致沿运河经济带的萧条。运河曾使两岸经济十分繁荣。清政府规定，凡漕粮出运，除装载正耗米外，尚可附带一定数量的免税货物。

运丁水手将所带的南北货物大部分在沿途销售，促使了运河沿岸的市场繁荣和商品经济的发展，也促使运河沿岸城市的兴起，如扬州、淮安、济宁、临清、德州等，每当漕船北上南下时，商贾云集，形成了沿运河经济带。河运漕粮没落后，"漕运改道，商贾去而他适"，商业凋敝，市场萧条。向以"漕运咽喉"著称的江苏淮阴、以煤炭生产闻名的山东

---

① （清）赵尔巽等：《清史稿》卷三百八十三，中华书局 1977 年版，第 2829 页。

峰县和被称之为"漕运史雷以中枢"的济宁等城市伴随着漕运的没落而衰落了。

引发了多次黄河改道之争。道光二十二年,江苏桃北黄河决口后,即出现了改道之议。朝廷因"议堵议改,骤难决议",令户部尚书敬徵微、工部尚书廖鸿荃会同麟庆就改道问题勘查进折。根据他们的意见,朝廷认为:"改河之议,有碍运道。择其利漕便民,惟有堵筑漫口,挽复故道,尚属宗经不易之法。"[1] 时隔不久,御史雷以诚奏称:"南河漫口,无庸堵筑。请改旧为支,以通运道。"[2] 要求减水分流。河督潘锡恩抵任查勘后称:"灌口非可行河之地,北岸无改河之理,不敢轻议更张,请仍堵筑决口。"[3] 此后,改道之议遂罢。

咸丰五年(1855),黄河决于河南铜瓦厢,引发了晚清历史上经咸丰、同治、光绪三朝 30 余年的黄河流向之争。或主张顺水之性保持北流,或主张挽复淮徐故道而令其南流,或主张减水分流,使晚清重臣数十人参与讨论。尽管这些人参与讨论的出发点不尽相同,但他们都有一个共同的目的,即将治河与治运紧密地联系在一起。

自然灾害的发生带有很大的偶然性,是不以人的主观意志为转移的。但人们通过防灾、减灾、赈灾等主观活动,可以大大降低自然灾害的危害程度。

(三)清代河患的原因

清代黄河水患严重,除气候等客观因素外,与清政府及其各级官吏的治河思想、治河方法及治河态度等主观因素有极大的关系。

治河思路:治标不治本,即只治下游,不治中上游。历来黄河"患"在下游,而"祸"在中上游,黄河中上游为黄土分布区,土质松软,易于侵蚀,致使黄河携带了大量的泥沙。而下游河面宽阔,水速减缓,河水携带的泥沙一路上大量沉积,使下游特别是豫东段成为高出地面的"悬河",动辄溃溢。历代封建统治者只在下游增筑堤坝,疏浚河道,减水分流,没有注意到中上游的水土流失,而进行上中下游并治。历代治河名家如西汉的贾让、东汉的王景、元代的贾鲁、明代的潘季训、清代

---

① 《清宣宗实录》卷三百八十二,中华书局 1986 年 12 月影印。

② 《清宣宗实录》卷三百八十八,中华书局 1986 年 12 月影印。

③ 同上。

的靳辅等治理黄河的基本思路，都是增筑堤坝，疏浚河道，减水分流，虽能收一时之效，却没有长远之功。结果造成了河床与堤坝竞相抬高的恶性循环，这就必然造成黄河的频繁决口。这种历史惯性一直延续到晚清，而且由于吏治败坏、外患日棘等原因，即便是"筑堤""疏浚""分减"，也几近无暇顾及。《清史稿》中的一段话，可谓切中要害："河患日棘，而河臣但岁庆安澜，即为奇迹，久未闻统全局而防永患，求治难矣。……皆足收一时之效，然徒治标，非治本也。"①

清朝统治者的治国政策发生变化。到了清朝晚期，由于内外交困的局面，导致了清政府重国计、轻民生的政治原则。道光以后，清朝进入了多事之秋，列强接踵而至，相继出现了1840—1842年的英国入侵；1856—1860年的英法联军入侵；19世纪七八十年代，俄国、日本、英国入侵所形成的边境危机；1883—1885年的法国入侵；1894—1895年的日本入侵；1900年的八国联军入侵等重大事件。同时，反清力量此起彼伏，先后爆发了1851—1864年的太平天国起义、捻军起义、西北、西南各族人民大起义，1898—1900年的义和团运动，以及资产阶级革命派领导的反清斗争等。这一切使清政府穷于应付而无力过多地顾及河务。清政府的财政也因此陷入困境，出现了"帑藏空虚，迥异往昔，中外用款，支绌日甚"②的局面。19世纪60—90年代，清政府又投入巨资兴办洋务，使本已空虚的财政更显拮据，用于河防的经费微乎其微。由此可见，晚清特殊的政治环境和经济状况决定了河工的悲剧命运。

吏治败坏，河工积弊丛生。历史表明，但凡封建王朝政治清明，官吏忠于职守，勇于任事，加强对黄河的治理和对河患的预防，黄河决口必然会明显减少，甚至在一般时期内不致为灾。如清代靳辅治河，"广疏引河，大修堤坝"，"创开中河，以避黄河一百八十里波涛之险"③，终于取得成效，此后康、雍、乾三代黄河决口次数明显减少；反之，黄河决口泛滥则会明显增多。清中叶以后，吏治败坏，河工积弊丛生是黄河多灾的重要原因之一。

第一，玩忽职守。光绪朝一位吏部官员曾指出："近年国家眷念东

---

① （清）赵尔巽等：《清史稿》卷四百五十《列传》二百三十七"论曰"，中华书局1977年版。

② 《光绪朝东华录》（一），中华书局1958年版，总第87页。

③ 《清圣祖实录》卷二百二十九，中华书局1986年12月影印。

邦，屡伤司农筹款，大吏督修，无如历任督修不得其人，如于文格之搪塞，周恒祺之废弛，而河患遂成；继以任道镕之铺张，陈士杰之巧滑，而河患更剧。"① 祥符决口，河督文冲与河南巡抚牛鉴虽同在一省，却专搞摩擦，且"视河工为儿戏，饮酒作乐，厅官报置不问，至有大决"。② 河决后，大水直冲省会开封，文冲一味议迁省会于洛阳，而未能及时堵口，口门逐渐刷宽。郑州决口之所以未能及时合龙，是因为参与堵口工程的诸臣如成孚、李鸿藻、倪文蔚等督率无方，意见不合，争论不休，以致开工太迟，在汛期到来前，未能及时堵筑决口。直隶东明石庄户决口后，署山东巡抚文彬为了驱河南流，移祸于人，没有及时堵筑决口，在一番拖延之后"仅就山东酌修堤工以防漫水"③，结果使口门竟成全河直下之势。起初，东河总督开封、济宁并设行署，自咸丰时，常驻开封，山东河事由巡抚专治。光绪二十一年（1895），复改议河督驻济宁，而河南巡抚兼治河。河道总督任道镕以"官吏不相属，则令难行，不如仍旧便"为由加以反对。因当时山东河患较多，河督移驻济宁，则事繁责重；驻开封，事简。地方督抚玩忽职守，遇事避繁就简是晚清黄河多灾的重要原因之一。

第二，侵蚀官款。清初以来，黄河岁修银呈阶段性上升趋势，然而，实用之工程者少之又少，大部分被各级官吏以各种方式挥霍或中饱私囊。首先，中央财政部门官员乘机勒索。山东委员赴户部领款50万两，被户部史春泉任意勒索，每万两回扣200两。其次，地方督抚借机蒙销。署山东巡抚、布政使李元华办理黄河南岸堤工，实用银2.8万两，但上报奏销5.1万两，浮多银2.2万两挪作他用。④ 河督宴客，任意挥霍，一席宰杀三四只骆驼，50余头猪乃是常事，至于鹅掌、猴脑不计其数，即便是豆腐，也需费数百金。其花费全部在河款中开销。再次，具体经办河工的各级官员中饱私囊。因为可以借险工领取巨款，营私肥己，所以出现了沿河厅官不以险工为忧，"转以险工为得计"的现象。一些官员贪污官款更加重了河患，郑州决口原来不过是一个小小的灌洞，当时费银不多即可堵塞，但经办人李竹君将经费"扯为己用，不费分文，假称堵筑，仅

① （清）武同举等：《再续行水金鉴》卷一〇八，商务印书馆1936年版，总第2833页。
② 袁英光、童浩整理：《李星沅日记》上册，中华书局1987年版，第280页。
③ （清）武同举等：《再续行水金鉴》卷一〇二，商务印书馆1936年版，总第2649页。
④ 《光绪朝东华录》（一），中华书局1958年版，总第697页。

以浮土掩盖,致令大溜由此穿溃,流毒千里"。① 官款被大量侵蚀,造成了河工岁修经费短缺,必然加重黄河水患的严重程度。

第三,虚于河务。腐败已经侵蚀到晚清王朝官僚机构自上而下的整个肌体,所以,具体经办河工者视河务为儿戏,不能尽责办理。岁修工程的弊端名目繁多,以下所述只是其中之一二。筑堤则削洪增顶。虽然堤岸增高,但拦御洪水的能力大为降低,汛期极易溃溢。挑河则垫崖贴腮。以挑出之土,用来培垫河崖,这样所挑之河,虽然看起来很深,实则较浅。丰北工程所挑引河,量深有三丈,其实仅只三分之一,而且上宽下窄,中高边洼,结果造成堵口的合而复决。买料则虚堆假垛。买料之前,多方贿赂,巧取豪夺,以求派买。一旦取得派买差事,则与夫头、料贩沆瀣一气,欺骗上司,从中渔利。所购物料堆置岸上,被称为"料垛"。从外表看,料垛高耸,好像物料很多,而实际上中间是空的,仅有五成或六成。验收官员不过远处一望而已,并不近前检查,给买料者以可乘之机。堵口随意改名,泛滥成口。承修官员常常借口水盛,无法堵筑,一味拖延,直到秋末冬初水落涨消,才不负责任地随意堆堵,即报合龙。等到次年汛涨之时,堵口必然再次冲决。对于泛滥成口,为了推卸前次堵口责任,于是取旧口邻近之村名任意更换。② 验收官员也从不前往查核,而照察入奏。河工积弊如此深重,河防工作必然极差,黄河水患自然加重。

综上所述,由于处于"内外交困"局面下的晚清政府采取了"重国计""轻民生"的政治原则和治标不治本的治河方略,加之吏治败坏,河工积弊丛生,导致了晚清黄河水患的频仍和灾难的深重。河患不仅夺去了千百万人的生命,破坏了正常的社会生产秩序,加重了社会的动荡不安,而且摧毁了基础设施,吞没了社会财富,导致清代经济的进一步衰落。同时,作为清政府京师生命线的漕运业也最终走向衰亡。

四 历史时期黄河水患的原因分析

灾害是指一切对自然生态环境、人类社会的物质和精神文明建设,尤其是人民的生命财产等造成危害的天然事件和社会事件。古代,人们

---

① (清)武同举等:《再续行水金鉴》卷一百三十五,商务印书馆 1936 年版,总第 3556 页。

② 《光绪朝东华录》(四),中华书局 1958 年版,总第 3834 页。

已普遍认为，灾害是一种自然现象。《春秋左传·宣公十五年》云："天反时为灾。"[①] 在先民看来，反常的自然现象就是灾，风调雨顺、月柔日丽就不会出现灾害。应当承认，引起灾害的原因是多方面的，既有自然的因素，也有社会因素。自然因素包括与人类关系最密切的所有自然变异，社会因素则包括一切人类活动对自然生态环境的影响。应该说，自然灾害的发生，都是通过自然变异过程和社会人文系统的相互作用而发生和实现的。从历史发展的角度来看，黄河水患发生频率高，主要取决于自然、人为和政治三大因素：

（一）自然因素

自然因素主要包括地形地貌状况、季风气候、水文因素，以及各种灾害之间的互动作用等。

第一，黄河中下游流经黄土高原，由于森林被破坏，水土流失严重，导致下游水域落差小，泥沙沉积严重，雨季来临之时，河水暴涨，突发水灾。

第二，黄河中下游水量和含沙量发生变化。黄河中下游位于季风气候带，黄河中下游水量的变化，主要由中游的生态环境变化决定，尤其是气候决定的。我国气候学家竺可桢先生在《中国近五千年气候变迁的初步研究》一文中详细分析了中国气候的变化，他将中国气候划分为四个温暖期和四个寒冷期。第一个温暖期在公元前3500年至公元前1000年左右；第二个温暖期在公元前850年至公元初年；第三个温暖期在600—1000年；第四个温暖期在1200—1300年。第一个寒冷期在公元前1000年至公元前850年左右，第二个寒冷期在公元初年至600年，第三个寒冷期是在1000—1200年，从1300年以后进入第四个寒冷期。根据中国季风气候区暖湿冷干的对应关系，中国气候的干湿变化也应该具有相应的变化。黄土高原及其毗邻地区近2000年经历了两个相对干旱时期和三个相对湿润期：1—150年、700—1100年和1600年以后为三个湿润期；150—700年以前和1100—1600年分别为两个干旱期。干旱期水旱变化幅度较大，湿润期水旱变化幅度较小。中国历史上几个大的统一时期，都是属于湿润期，气候发生异常的情况较少，而分裂时期都处于干旱期，水旱变化较大。由此可见，黄河从东汉到隋的安流时期和南宋水患相对低频

---

① 顾馨、徐明校点：《春秋左传·宣公十五年》，辽宁教育出版社1997年版，第134页。

期，对应的是中国气候干冷期，水量自然比暖湿期要少。[1] 明清时期处于湿润期，水量自然比其他时期要多。特别是受季风气候的影响，随着季风的进退，降水量和干湿状况也有显著的季节性变化。夏季降雨量多，河水量大，冬季寒冷，降雨量少，河水量小。季风一方面为黄河中下游区域带来丰沛的雨量，为农业发展提供了条件；另一方面季风引起的降水变化较大，而且雨量的时空分布很不均衡，结果造成水患灾害频繁发生。

第三，伴随着气候的变化，黄河不仅在水量上做出反应，而且在来水含沙量上也有所反映。公元前 2 世纪至公元 1—2 世纪、10 世纪末至 12 世纪末、13 世纪中至 15 世纪初和 15 世纪中至 19 世纪中，这几个时段黄河下游来沙相对增多，河床加积沉积物颗粒明显细化，来水来沙有过几次间歇式波动，但是，总趋势是变化加剧，来沙量增多。来沙量增加期基本上与黄河流域气候暖湿期相对应。

第四，水文因素。黄河中游有众多的支流，中游从河口镇到桃花峪三个河段，共有 30 条支流汇入黄河，夏秋降水量过于集中，暴雨时期，河水易出现猛涨而排泄不及的状况，使之常常泛滥成灾。

（二）人为因素

自然灾害的发生，既是自然环境自身变异的结果，也深受自然环境与人类社会互动的影响。"灾害如此频繁"的原因并不完全是自然因素造成的，也有人为活动的因素。"是人祸，不是天灾，是自然生态平衡被破坏的结果。即森林被砍伐，荆棘榛莽被铲除、荒原草野被开垦，造成植被覆盖率迅速减少，大地裸露日益严重，水土流失和日益沙漠化，于是旱则赤地千里，黄沙滚滚；潦则洪水横流，浊浪滔天。这才是灾害频仍、饥馑荐臻的根本原因。"[2] 灾害发生的人为因素主要是指人类活动破坏了地表结构，促使灾害更加频繁地发生或加剧灾害的破坏力。

第一，人口增加与土地垦殖面积的扩大，加剧了水患的肆虐程度。据确切记载，从始皇帝三十五年（公元前 212 年）至汉元鼎六年（公元前 111 年）历时 101 年里有 6 次大规模的农业人口迁入黄土高原，迁移人

---

① 钮春燕等：《近两千年我国黄土高原湿润状况变迁》，《山西大学师范学院学报》（综合版）1991 年第 1 期。

② 傅筑夫：《中国经济史论丛》（续集），人民出版社 1988 年版，第 80—81 页。

口总数达 178 万，占汉代黄土高原 18 个郡人口总数的 27%。人口数量的急剧增长，不仅导致中原地区人口密度迅速加大，也势必促使大量人口迫于持续不断的生存压力而由密集地区向地广人稀的地区源源不断地迁移和扩散。随着人口密度的迅速增加和人口扩散的规模扩大，人类对环境的破坏也越来越大。魏晋南北朝时期，是我国动乱历时最长的时期，也是黄河安流的核心时期。由于战争的破坏和影响，除大批军民死于战乱外，原居住在华北平原的大批官僚士绅和平民，为躲避战乱而纷纷向南方迁移，人口数量大幅度下降。北方的游牧民族由于政治、经济等多方面原因南迁而逐渐占据黄土高原，使西汉时期开垦的大部分耕地恢复成草原。植被的恢复抑制了土壤侵蚀，加上冷干期水分偏少，从而减少了流入黄河的泥沙量。黄土高原土地利用方式由农耕转为畜牧业是黄河安流的重要原因。

随着隋唐暖期的来临，进入唐代以来，黄土高原进入农业发展的第二个高潮期，人口迅速增多，唐代黄土高原人口已达 868 万，到了清代人口更达到 3120 万。巨量的人口使黄土高原人地矛盾非常尖锐，人口的急速增长给农业生产带来了巨大的压力，为缓解这种生产生活压力，人们往往需要大量地垦殖土地。开垦耕地越来越多，自然植被越来越少，生态环境恶化，黄河泥沙增多，水土流失严重，水患加重。原来弃耕荒芜的土地和改农为牧的土地，又被大量开垦成为耕地，农耕经济的发展，又大大降低了水土保持能力。而此时又恰为湿暖期，雨水相对较多，配合黄土高原农垦的发展，黄河下游河水泥沙含量增加，河道淤积，严重堵塞，而造成以唐代开始黄河水患剧增的局面。

第二，河道的防洪能力也决定了黄河中下游是否发生水灾。河道的防洪能力不仅取决于河堤的高度和稳固程度，而且还取决于河道的淤塞程度。后者与河水的泥沙含量密切相关，然而河水含沙量，又是由其上中游流域的水土保持好坏所决定的。因此可以认为，黄河洪水灾害都是多种因素共同作用的结果。黄河下游自东汉以来长期安流不能不提到西汉王景对黄河的治理。王景依靠数十万人的力量，一方面修筑了 500 千米的黄河大堤以及其他相应的工程；另一方面又治理了汴河渠道，新建了汴渠水门，经过治理的新河，自济阴以下流经于西汉大河故道与泰山北麓之间的低地中，距海较近，地形低下，行水比较浚利。[①] 自王景治河以后，河道稳定少变。魏晋南北朝时期，自孟津以下至海，全线可以通航；黄河下游河床低于两岸地面，尚未形成悬河。公元 2—6 世纪黄河下游处于安流期，尾闾没有发生太多变化。但是，在不加高河堤高度的情况下，河道防洪能力会随着泥沙的淤积而降低。从唐南宋以后，随着黄土高原人口的增加，土地的开发，森林资源遭到破坏。众所周知，森林植被具有涵养水源、调节气候、保护下游农田等作用。一旦森林植被遭到破坏，天然屏障撤去，土地暴露，就难免被风化侵蚀，导致水土流失，黄河水中的含沙量就会不断增加，必然导致河道底床泥沙的堆积。不同的历史时期，黄河下游河道淤积抬升的速度在不断提高。徐海亮依据历史文献和钻孔资料，估算出不同时段黄河下游河道抬升的速度，其中，豫北故道（滑县至濮县段）西汉初至北宋初的平均淤积速率为 0.26—0.34 厘米/年，北宋初至 1194 年为 1.92—2.14 厘米/年。贾鲁大河（虞城至夏邑段）在元末至 1558 年的平均淤积速率是 2.18—3.13 厘米/年。明清故道不同的河段淤积速率整体较高，差别很大。如开封河段在 1450—1642 年和 1642—1855 年平均淤积速率分别为 1.56 厘米/年和 3.99—4.93 厘米/年。兰考段在 1495—1781 年和 1781—1855 年的河道平均淤积速率分别为 2.45—3.49 厘米/年和 8.33—12.50 厘米/年。[②] 可见，在王景治理黄河后，由于黄河下游河水的泥沙含量相对较低，所以，其河床的平均淤积速率较低。这既是黄河下游河道防洪能力得以保持的重要原因，也是黄河下游湖泊沼泽相对稳定的原因，更是魏晋南北朝时期黄河安流的一个重要原因。另外，天然森林植被还因采薪烧炭、修筑宫殿、林木买卖等原因频遭破坏。自永乐改建北京以来，宫殿、皇陵及王府官邸等工程次第修建，工程浩繁、耗资巨万。营建工程的木材也多取自黄土高原和周围区域的天然森林，由于长期过量、掠夺性地采伐，具有调蓄作用的天然森林大量消失，改变了当地气候循环的形式，违背自然本身的运行规律，所以，必然导致黄河中游的自然灾害发生频次提高。

---

① 水利部黄河水利委员会：《黄河水利史述要》编写组：《黄河水利史述要》，水利出版社 1982 年版，第 79—80 页。

② 徐海亮：《历史上黄河水沙变化与下游河道变迁》，载《黄河流域环境演变与水沙运行规律研究文集》第四集，地质出版社 1993 年版，第 68—76 页。

（三）政治因素

黄河水患导致的自然灾害的发生还受社会政治因素的影响，它们能使小灾变成大灾，大灾变成严重灾害。社会政治因素包括很多因素，如政治腐败、统治者的残酷剥削与苛敛、战争，等等。

第一，吏治腐败。吏治腐败对灾害影响的一个重要表现便是对防灾工程弃而不管。就水灾而言，除暴雨、连续阴雨成灾外，大多是由河堤溃决造成的。水利的失修、河防的废弛，必然使一定时期内的防灾减灾能力降低，甚至成为一些水旱灾害的诱因，这是灾害深重的重要原因之一。

第二，战争的影响。战争也是导致水患的重要原因，长期战争往往会加剧或制造灾患。战争对黄河水患的影响主要体现在以下三个方面。

一是战乱对生态环境的影响。战乱的影响之一便是对生态环境的破坏。而生态环境遭到破坏，又是许多自然灾害发生的重要原因或直接原因。明清时期，中国大地经历了元末农民战争、明初帝位之争引起的战争、明末清初的农民战争、清初统一全国的战争等一系列的战争，生态环境因战乱遭到前所未有的破坏。

二是战乱对社会生产尤其是对防灾设施的破坏。战争期间，为了战胜对方，不惜以水代兵，以达到取胜的目的，比如，明朝崇祯十五年（1642），"流贼围开封久，守臣谋引黄河灌之。贼侦知，预为备。乘水涨，令其党决河灌城，民尽溺死。"[1] 黄河堤坝的破坏，直接使开封城失去了防御能力，从而加重了灾害的破坏性。

三是战争大量耗费引起灾后赈济的救援能力的降低与灭失。灾害发生后的赈济并非来自国家财政预算，尤其是战争期间，防灾预算更是微乎其微。诚如魏丕信所说："作为一种在时间上无规律的事业，赈济不属于政府的日常例行职能，不被列入国家的财政预算，它们的支出只能出自财政预算之外的剩余。因此，它们只能与其他的例外开销进行竞争，特别是战争和大水利工程。"[2] 而大量战争的发生之时，使战争耗费过多，运用于防灾预算的财政资金大量缩减，必然使区域内防灾救灾工作失去能力，使黄河水患灾情雪上加霜。

---

① （清）张廷玉等：《明史·河渠志一》卷八十四，中华书局 1997 年版，第 2073 页。

② 魏丕信：《18 世纪中国的官僚制度与荒政》，江苏人民出版社 2003 年版，第 239 页。

第二章　黄河水患与下游城市形态变迁

黄河除了其母亲河的角色，还由于它是一条洪灾频仍、难以驾驭的河流，其水患对下游城市的影响巨大。黄河泛滥，给人民生命财产带来了巨大的损失。司马迁当年就曾感叹道："甚哉，水之为利害也!"① 为了治理洪水，炎黄子孙进行了艰苦卓绝、长期不懈的顽强斗争，积累了丰富的治水经验，发展了水利工程技术，并在水文测量、修筑围堰、堤坝和兴修水利的过程中，推动了地理学、数学、力学、建筑、交通运输及农业、金属冶铸技术的进步。

城市是人类社会的高级聚落形态，是其时代文明的标志，而水是生命活动的物质基础，是城市赖以生存的生命线。古今中外，大多数城市都建在靠近河湖水面的地方，水给城市的发展带来了便利，促进了城市政治经济文化的发展。同样，城市也深受水灾的影响。自古及今，水患湮灭了城市，迫使城市不得不迁移，破坏了城市的空间结构，也导致城市毁而重建。

第一节　水患与城市湮灭

黄河孕育了沿岸城市，推动了城市的发展，给沿岸城市的发展带来了营养。一方面，提供了物质、人力等方面的便利，尤其是其灌溉之利及其泥沙为农业提供了丰富的养料。另一方面，黄河的河水又是一把"双刃剑"，它在创造沿岸城市文明的同时，也在不时地毁坏这些城市并一次次地改变和重组着城市的形象。黄河水患的屡次发生，大大改变了沿岸城市原有的生态面貌和地理特征，或将城市掩埋、湮没地下，或迫

---

① （汉）司马迁：《史记·河渠书》，中华书局1987年版，第1415页。

使城市进行或近或远的迁址。

一　明清以前洪水淹没的城市

从秦汉至明清以前，黄河中下游地区被洪水淹没的城市不计其数。根据历史文献资料记载，汉成帝鸿嘉四年（公元前17年），"渤海、清河、信都河水漫溢，灌县邑三十一，败官亭民舍四万余所"。汉代魏郡繁阳县（今河南内黄县）位于今河南省北部，西汉黄河主河道从此经过，处于黄河决溢的多发区。三杨庄遗址的发现正是对西汉河水淹没其城的一个地下资料的佐证。汉文帝十二年的河决酸枣，汉武帝时期"河复北决于馆陶（今属河北）"，新莽始建国三年，"河决魏郡，泛清河以东数郡"。① 始建国三年的决口就发生在魏郡当地，直接导致三杨庄一带遭受洪水灾害。当时西汉魏郡领"县十八，邺、馆陶、斥丘、沙、内黄、清渊、魏、繁阳、元城、梁期、黎阳、即裴、武始、邯会、阴安、恩、邯沟、武安"。② 查历史沿革，今河南内黄县境"战国属魏，一名黄，一名繁阳"。西汉"高祖时始置内黄县，又分置繁阳县，并隶魏郡"。考古工作者在三杨庄第二处庭院遗址的"二进院内西部地面初步清出三枚'货泉'铜钱等"③ 为我们提供了重要的信息。据文献资料，"货泉"是新莽时的钱币。天凤元年（14），"罢大小钱，改作货布……其文右曰'货'，左曰'布'，重二十五铢，值货泉二十五。货泉径一寸，重五铢，文右曰'货'，左曰'泉'，一枚，值与货布二品并行"。④ 可见，"货泉"是王莽天凤元年开始流行的货币。由此可见，三杨庄庭院被黄河水淹没应发生在新莽始建国三年的河决魏郡之后。史称："莽恐河决为元城冢墓害。及决东去，元城不忧水，故遂不堤塞。"⑤ 王莽为了一己之利，不筑堤堵塞决口，任凭洪水泛滥，从而给黄河下游地区人民造成了极大的灾难，三杨庄也从此被洪水泥沙掩埋于地下，该遗址的发现为我们重温魏郡洪灾的严重程度提供了可靠证据。

元朝时期，黄河水灾也异常严重，湮没了众多城市。《元史·世祖本纪》载：至元二十四年（1287）"三月……汴梁河水泛滥。役夫七年修完

① （汉）班固：《汉书》卷九九《王莽传中》，中华书局1962年版。
② （汉）班固：《汉书》卷二八上《地理志上》，中华书局1962年版。
③ 河南省文物考古研究所、河南省内黄县文物局：《三杨庄汉代遗址》，第15、50、62页。
④ （汉）班固：《汉书》卷二四下《食货志下》，中华书局1962年版。
⑤ （汉）班固：《汉书》卷九九《王莽传中》，中华书局1962年版。

故堤"。二十五年,癸丑,"河决汴梁太康、通许、杞三县,陈、颍二州,皆被害"。《元史·五行志》载:元贞二年(1296),"九月,河决河南杞、封丘、祥符、宁陵、襄邑五县。十月,河决开封县"。"大德元年(1297)三月,归德、徐州,邳州宿迁、睢宁、鹿邑三县,河南许州临颍、郾城等县,睢州襄邑、太康、扶沟、陈留、开封、杞等县,河水大溢,漂没田庐。"这说明众多郡和城市均被洪水侵害,农田和房舍也被破坏。《元史·武宗本纪》载:至大二年(1309),"七月癸未,河决归德府境"。"己亥,河决汴梁之封丘。"《元史·五行志》载:"佑二年(1315)六月,河决郑州,坏杞水县治。"元朝后期,山东多地多城遭遇水灾。《元史·泰定帝本纪》载:泰定元年(1324)七月戊申,"奉元路朝邑县,曹州楚丘县,大名路开州濮阳县河溢"。二年(1325)五月,"汴梁路十五县河溢"。七月,"睢州河决"。八月,"卫辉路汲县河溢"。三年(1326)二月,"归德府属县河决,民饥"。七月,"河决郑州、阳武县,漂民万六千五百余家"。《元史·五行志》载:"至正十六年(1356),河决郑州河阴县,官署民居尽废,遂成中流。"《元史·五行志》载:二十三年(1363),"七月,河决东平寿张县,圮城墙,漂屋庐,人溺死者甚众",二十五年(1365)秋,东平须城、东阿、平阴三县河决小流口,达于清河,坏民居,伤禾稼。黄淮两地人民蒙受洪水浩劫,灾情极为惨重。从这些文献史料中可以看出,元代不到一百年的时间里,其河患之频繁,决溢年份、地点之多,都是以前各个朝代所未曾有过的。从河南到山东、安徽、江苏多地多城市遭受黄河洪水灾害,要么城毁,要么房舍冲塌,要么城市附近的农田被洪水淹没,损害程度可见一斑。

二 明清时期洪水淹没的城市

明清时期,黄河水患频仍,淹没城市,毁坏城市原有的建筑设施,城市赖以发展基本条件受到破坏,城市被毁,给以后的重建和发展带来极大的障碍。今郑州市西北邙山,古称广武山,山北有大片滩地,唐时置河阴县,县有河阴仓,开元后江淮经汴河运来的粮食存贮于此,以便转输。宋时黄河正溜趋向南岸,金代以后,县塌入河中。元迁县治于广武山北一里,至正十四年(1354)河决,河阴县"官署民居尽废,遂成中流"。① 到明代,不得不再迁治广武山南的今荥阳东北广武镇。黄河夺

---

① (明)宋濂:《元史·五行志》卷五十一,中华书局 1976 年版,第 1096 页。

淮后，黄淮在今江苏淮阴市交汇，因黄强淮弱，淮河排水不畅，河水倒灌，将原来的零星湖泊洼地连成洪泽湖。明永乐初，在洪泽湖东岸筑高家堰，防御淮河东侵，万历时又加以增筑，以抬高洪泽湖的水位，用来蓄清刷黄，使黄淮汇合处的河口段不致淤塞，因而湖面更为扩大。洪泽湖边的泗州城，唐宋时期为南北交通要隘，金代时置榷场于此，明清两代曾几次被淮河所淹，康熙十九年（1680），整个泗州城被沉入湖底。其他如元代的巨野（今山东巨野南），明代的定陶（今县西北）、鄄城（今县北）、洧川（今河南尉氏西南）、仪封（今兰考东）、荥泽（今郑州市古荥北）、商丘（今县南），清代的考城（今兰考东北）等，都曾因黄河泛滥，城为洪水所坏，大部分被迫移治。至于受到一般破坏的城市更是不胜枚举。

像安东县就是一个很好的例子。安东县今涟水县，宋景定三年（1262），南宋置安东州，后沿袭。明洪武二年（1369）正月，降安东州为安东县，属淮安府。明万历七年（1579），安东县大水，田与海连，百里无烟，舟行城市，复有废县之议。① 《明史·河渠志》载：桂芳奏言："黄水抵清河与淮合流，经清江浦外河，东至草湾，又折而西南，过淮安、新城外河，转入安东县前，直下云梯关入海。近年关口多壅，河流日浅，惟草湾地低下，黄河冲决，骎骎欲夺安东入海，以县治所关，屡决屡塞。去岁，草湾迤东自决一口，宜于决口之西开挑新口，以迎埽湾之溜，而于金城至五港岸筑堤束水。语云'救一路哭，不当复计一家哭'。今淮、扬、凤、泗、邳、徐不啻一路矣。安东自众流汇围，只文庙、县署仅存椽瓦，其势垂陷，不如委之，以拯全淮。帝不欲弃安东，而命开草湾如所请。八月，工竣，长万一千一百余丈，塞决口二十二，役夫四万四千。帝以海口开浚，水患渐平，赉桂芳等有差。"② 由此可见当时安东水患的严重程度，而且我们可以从材料中知道，商议废县之事已并非一次了。

临淮县也是被黄河洪水淹没的一个城市。洪武三年（1370），因县城北临淮河，将中立县改为临淮县。③ 临淮县城因壕水环其西，淮水冲其

① （清）吴昆田等纂：《光绪安东县志》卷二《建置》，江苏古籍出版社1991年版。
② （清）张廷玉等：《明史·河渠二》卷八十四，中华书局1997年版，第2048页。
③ 光绪《凤阳县志》卷一《舆地志》。

北，长期遭受水患，城屡修屡塌。明正德十二年（1517），大水冲塌北城，官民房屋倾倒过半。万历二十五年（1597），于滨淮一带创修石堤，垣如长虹，北面赖以无恐。但是，淮水常从东西二面破坝入城。万历三十二年（1604），西城一带倾颓，知县贾应龙修筑完固。清顺治六年（1649）五月，阴雨八昼夜，淮壕二水夹冲，石堤倾废，河身南移，冲倒东城数十余丈，知县徐必达督修。康熙七年，水灌城，地大震，城崩塌甚多，康熙九年、十一年两次大水，城复倾圮数十丈，至雍正年间城已残破而不可修。乾隆十九年裁县并入凤阳，即为临淮乡。①

河南仪封县多次受水灾之害。《郑注》云："仪，盖卫邑也。"《释地续》云："仪邑城乃卫西南境，距其国五百余里。"元置仪封县，在今兰封县东北六十五里。据《明史·河渠志》载，在明朝仪封县就遭遇洪水三次冲决淹没。明洪武二十二年（1389），"河没仪封，徙其治于白楼村"。② 明弘治九年（1496），河冲决仪封。正德八年（1513），复决仪封。清朝时期，仪封也多次被黄河洪水淹没。清嘉庆二十四年（1819），河淹仪封。道光五年（1825），将仪封并入兰阳，称兰仪县。宣统元年（1909），因避帝讳，改称兰封县。③ 从以上仪封县的变迁过程不难看出，黄河水患是导致仪封县迁徙、改置的主要原因。

万历二十年，大水淹没了虞城县，刑科给事中（朝廷谏官）杨东明回虞城老家探亲，目睹了家乡被洪水淹没的惨象，绘出了《饥民图说》④（见图2-1）十四幅进呈神宗朱翊钧赈灾。十四幅图分别为《水淹田野》《房倒屋塌》《饥民逃荒》《男奔女追》《母溺子丐》《卖儿鬻女》《弃子逃生》《人食草木》《全家自缢》《刮食人肉》《饿殍满路》《杀死亲女》和《盗贼夜火》《伏阙上疏》。那真是"《饥民图说》谏官写，呈与朝廷泣血闻"。⑤ 大水过后的城市景象惨不忍睹。

明弘治十五年（1502）六月，睢阳城（商丘古城前身）被黄河洪水灌城冲毁，淹没于水而不可再用。明弘治十六年（1503）九月，紧邻原址于北侧高地依托旧有建筑，修建归德府城（商丘古城），旧城废弃为湖。

---

① 凤阳县文史资料研究委员会：《凤阳文史资料》第2辑，第235页。
② （清）张延玉等：《明史·河渠一》卷八十三，中华书局1997年版，第2041页。
③ 国民《仪封县志》卷三《建置志》。
④ 月人：《月人词集2》（1993—1996），西安地图出版社2000年版，第315页。
⑤ 同上。

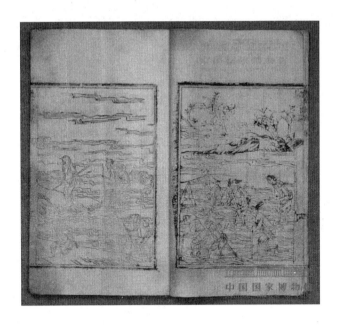

图 2 - 1　明杨东明《饥民图说》

　　山东西南的虹县，也深受黄河水灾淹没而发生变迁。泗州自康熙十九年（1680），虹县旧治淹没，无城池者数十年。乾隆二十四年（1759），建署于盱山之麓。① 乾隆四十二年（1777），巡抚闵公，以治隔淮湖，控驭不便，虹最近泗，请裁虹归泗，版图、民赋一并于泗，并以城为州治，上从其请。乃将州治由盱山迁于虹县，把虹县降为虹乡，仍辖盱眙、天长、五河三县。② 新泗州北枕屏山，南襟长淮，重冈东拱，灵璧西环，盘龙、朱山障其左，鹿鸣、阴灵绕其右，扼徐淮之门户，通兖豫之舟车。虽原野平旷之区，而风水结聚，自然昌明，东南大都会也。③

　　苏北地区多个城市被水淹没。1729 年 10—11 月，清世宗雍正七年九月，过境黄水淹睢宁，造成水灾。据光绪本《睢宁县志》转引自《灵璧志》载："雍正七年九月，黄水自毛城铺流入睢宁。"1733 年，清世宗雍正十一年，黄河泛滥，侵入睢宁境内。据光绪本《睢宁县志》转引自《灵璧志》载："雍正十一年，黄水入睢，田禾被淹。"1799 年，徐州府

---

　　① （清）方瑞兰修：《泗虹合志》卷二《建置志》，成文出版社 1963 年版。
　　② 同上。
　　③ 光绪《凤阳府志》卷十一《建置考》。

洪涝，多个城市被淹没。清仁宗嘉庆四年夏，徐州府辖境及周邻地区连日大雨，河湖水位盛涨；8月1日，黄水在砀山漫溢，冲刷槽沟多处，淹浸下游广大地区，致使徐属州县均遭水灾。据《南河成案续编》记载："嘉庆四年八月，河决砀山，萧县和邳州皆水。"又据七月十一日江苏巡抚宜兴奏报曰："徐属之萧县、铜山、砀山三县，因六月初旬黄水盛涨……开放毛城铺减坝并天然闸分泄水势，该县各乡均有被闸坝注水淹没之处。适六月下旬连日大雨，积水不能消退。七月初一日（公历8月1日）黄水复涨，毛城铺减坝口门宣泄不及，水漫溢西大堤。萧县高低各乡，并铜山县之西乡，砀山县之东乡，民田庐舍均被漫淹，水势汪洋不能消退。其余丰、沛、邳、睢等州县，及淮安府属之清河县，因六月内雨水较多，亦有因闸坝泄水漫入，低洼田地间有积水之处。"七月十二日两江总督费谆亦奏曰："徐州、海州、凤阳三府州属，雨水过多，低田间有积水，兼以黄、淮并涨，经……启放毛城铺减坝分泄大河水势，唐家湾引河下注之水极为畅顺，至六月二十七、八等日（公历7月29日、30日）大雨频仍，各处沟河盈溢，又兼黄水叠次加长，汪洋浩瀚，河滩普面漫淹，唐家湾倒沟河出槽泛溢，以致毛城铺减坝宣泄不及，于七月初一日（8月1日）坝尾土堤被漫水刷塌，砀山、萧县、铜山三县，均有被淹之区，幸未损伤人口。惟庐舍不无倾塌，盖藏不免冲失。"1800年清仁宗嘉庆五年十至十一月间，睢宁县境内黄水外溢，泛滥成灾。据道光本《铜山县志》记载："嘉庆五年正月（公历1月25日至2月23日），大雨雪。"又据光绪本《睢宁县志稿》记曰："嘉庆五年九月（公历10月18日至11月16日），河泛成灾。"

黄河泛滥、决口、改道，使河南豫东各县在明清两代几乎都被黄河洪水淹没过。其中以开封城最为严重。据文献记载，从元初至清末，开封城曾七次被河水所淹，以至于城址垒叠，从而造成"城摞城"的奇观。封丘城从金代至清初曾六次为河水所淹，全县土地沙居其六。黄河下游沿河其他城市被黄河水淹的例子不胜枚举。

开封邻近黄河，致使开封城多次被淹没、淤积，但是，开封都是在原址上重建，形成城上城的特点。自南宋建炎二年（1128）黄河改道向南，夺淮河，东入黄海。黄河屡屡向南决口泛滥，开封城被水冲沙淤，地面逐渐抬高。至明代初年，东京已被泥沙淤积三米左右。明洪武九年（1376），遂在宋城基础上重新修建明代开封城，这便是洪武开封城。但黄河的威胁仍未解除。仅在明代，就有洪武二十年（1387）、天顺五年（1461）和崇祯十五年（1642）三次黄河洪水冲入开封城的水灾发生。城内沙淤将近三米。清代康熙元年（1662），在明城原址重建开封城。道光二十一年（1841），黄河又在张湾决口，大水淹城达八个月之久，水患过后，淤沙高至七尺有奇，开封"城之西北皆圮，西及南间段圮，其袤六百丈有奇"。① 开封府知事邹鸣鹤在其《城工善后管见》中这样描述开封被毁的情景："省城自六月内被水后。西北西南一带城墙，非间断坍塌，即大半膨裂。女墙拆卸殆尽。东北东南虽较完整，而雉堞十去三四，膨裂亦居其半。且沿城淤垫，城墙低而不及丈，高亦只一丈有余。此后虽未必即有水患，而御寇御盗，必应思患预防。今残缺低矮若此，所为保障者安在。此城垣之不可不急修也。"② 这次洪水对开封毁坏的洪水过后又在原城基础上重筑新城，就是今天的开封城。③ 重新修筑的开封城墙，周长二十二里七十步，高三丈四尺，女墙高六尺，上宽一丈五尺，底宽两丈，城墙外壁用一色青砖砌筑，里侧护坡用灰土夯筑。全城共有马面八十一座，四角各建一座角楼。城外有深一丈、宽五尺的护城河。城门有五，名字与明代相同。除开封以外，河南被水淹没的城市数不胜数。明宣德三年（1452）九月，河决开封府之郑州、祥符等十县。明宣德六年（1431）七月，开封、祥符、中牟等八县河溢。明弘治十五年（1502），河圮商丘旧治城。明代黄河决溢，在河南最是频繁。崇祯十五年（1642）九月，明军决朱家寨堤，谋淹围城起义军，水灌开封城。就连下游不少城镇也惨遭淹没，像景泰三年（1428），有原武县治；弘治十五年（1502），有归德府治；嘉靖五年（1526），有丰县治；万历五年（1577），有萧县城等。

徐州地区的水灾数量和频率从金元时期开始上升，明朝时激增，至清朝时甚至达到隔年一水灾或年年有灾。对于历史时期徐州水灾频次，《徐州府志》有非常贴切的描述："徐方河患，始汉瓠子，横溃于宋，糜烂于元明。"④ 据《明史·河渠志》载：明朝时期，黄河对徐州造成毁灭

---

① 鄂顺安：《重修河南省城碑记》，道光二十四年十月，现存开封市博物馆。

② 中国水利水电科学研究院水利史研究室编校：《再续行水金鉴》，《黄河》卷七，转引自《邹鸣鹤世忠堂文抄》，湖北人民出版社 2004 年版，第 3065 页。

③ 刘树坤：《全民防洪减灾手册》，辽宁人民出版社 1993 年版，第 112 页。

④ 赵明奇：《徐州府志》，中华书局 2001 年版，第 790 页。

性破坏的水灾有三次，分别是明神宗万历十三年（1585）、十八年（1590），明熹宗天启四年（1624）。徐州城被黄河洪水冲毁数次，但是都是在原址上重建。万历十八年（1590），河大溢徐州，水积城中者逾年，众议迁城改河，潘季驯极力反对，疏浚魁山支河以通之。① 明天启四年（1624）六月，河决徐州魁山堤，东北灌州城，徐民苦淹溺，议集资迁城，给事中陆文献上徐州不可迁六议，遂暂迁州治于云龙山东。② 此次突变因素造成徐州城淤沉，黄沙堆积物陡增1—5米，城中建筑物有的被冲垮倾覆，有的被浸泡腐朽，有的被沉沙掩埋，荡然无存。崇祯三年（1630），兵备道唐焕"修复旧城"，他在旧址上按照原洪武城的规模与布局重建徐州城，这便是崇祯徐州城。新城建设基本上是原址原建，城上起城，公私用地一仍其旧。前后用了八年时间，至崇祯八年（1635）才恢复了原貌。除改西门为武安门，南门为奎光门，其他均如洪武故城。这次黄水淹灌徐州城是造成徐州城摞城的直接原因，也是大家共同认识到的一个主要原因。③ 进入清朝后，黄河水患一直不断，但徐州城因加固外围护城大堤而免遭灌城之灾。使徐州城发生一次突变的原因，不是洪水，而是地震。康熙七年（1668），大地震使徐州城墙损毁较大，雍正二年（1724），在原址上修建的新城竣工。④ 嘉庆二年（1797），知县福庆修葺好康熙七年因地震而损坏的徐州城，当时城池周长"一千五百五十九丈有奇"，面积约一点七平方千米。规模远超过明代的洪武城。清政府于1855年黄河改道北去开始，历经四年，在徐州城外建筑外城墙，周长达十千米。外城有东西南北关城，其中，南关、西关规模较大，东关、北关因濒临废黄河，建造受限，规模较小，以致不得不在废黄河东北岸建造坝子街土城以做备用。直至民国初年，徐州城保存完好再也没有遭到破坏。

清代时期，开封城依然为黄河受害最大的城市。开封正处于黄河的下游区，开封城离黄河由以前的四十里而变为仅剩五里之远。⑤ 频繁的水

---

① 乾隆《徐州府志》卷一《建置·沿革》。
② （清）张廷玉等：《明史》卷八十四《河渠志》，中华书局1997年版，第2071页。
③ 程必定、魏捷主编：《淮河文化新探"第三届淮河文化研讨会"论文选编》，合肥工业大学出版社2006年版，第294页。
④ 乾隆《徐州附志》卷一《建置、沿革》，中华书局1997年版，第2071页。
⑤ 开封市计划生育委员会编：《开封市人口志》，中州古籍出版社1991年版，第7页。

患给开封府带来了深重灾难。据《清史稿·河渠志》记载，顺治十八年统治中，黄河就有十年决口，而在开封市境内决口的就有五年。顺治五年（1648），河决兰阳南岸，洪水四出漫溢，使开封城市周围的农田、道路交通和水系受到严重破坏。康熙时期，清政府虽然比较重视黄河的治理，河患有所减轻，但是，依然在开封市附近有四次决口，康熙元年（1662）六月，河决开封黄练集，河水灌祥符、中牟、阳武等县。① 三年（1664）又决杞县及祥符阎家寨。康熙四十八年、五十二年和五十九年三个年头都在兰考境内决溢。这些决溢的黄河水，给开封城市附近的农业生产造成了极大的危害，给开封城市的经济发展带来了巨大的困难。

雍正年间，黄河洪水对开封城市境内侵害比较严重的决溢也有两次，雍正元年（1723）六月，开封西的中牟县十里店和娄家庄的堤坝决口，滚滚黄河洪水冲决大堤，使贾鲁河暴涨漫溢，泥沙沉积，洪水淹淤开封市外港朱仙镇、尉氏、通许等地，且使贾鲁河河道淤塞，舟楫不通，对开封市的对外经济联系造成了严重影响。乾隆二十六年（1761）七月十七日至十九日，黄河与沁河同时暴涨，发生特大洪水，当时开封市附近的祥符、兰阳南北两岸决口十五处，其中开封城西的中牟杨桥决口，宽达数百丈。在开封郊区境内黑岗口、时和驿等处决口后，乾隆皇帝赋诗记事：“……七月十七八，阴雨日夜继。黄水处处涨，茭楗难为备。遥堤不能容，子堰徒成弃。初漫黑岗口，复漾时和驿。侵寻及省城，五门填土闭。乘障如戒严，为保庐舍计。吁嗟此大灾，切切吾忧系……”② 这次河患遍及开封城市郊区及所辖五县。从乾隆四十三年至四十八年三月，开封城市境内受害达五年之久，对开封城市腹地经济的发展造成了巨大的破坏。而黄河洪水直接袭击开封城是发生在嘉庆二十年（1815），河决祥符青堌堆（今属中牟），水到达开封城护城堤内，城壕皆满，旋经堵塞。是年仅封三堡决口为害近一年半才堵闭。③ 道光二十一年（1841），黄河水涨异常，六月十六日，黎明河决祥符县下泛三十一堡之张家湾，

① （清）赵尔巽等：《清史稿·河渠志·黄河》卷一百二十六，中华书局1977年版，第3718页。

② 开封市郊区黄河志编纂领导组编：《开封市郊区黄河志》，豫内资料准印通字新出发第95008号，1994年版。

③ （清）黄舒昺、沈传义修：《祥符县志·河渠志·黄河》卷六，清光绪二十四年（1898）刻本。

十七日，水至开封城，官民大哗，五门齐闭，南门却为回溜所冲开，水倾门入。到二十三日，水越大，环城巨浪澎湃声若雷鸣，人们震骇。"二十四日，大溜全移，而城遂在巨浸中。水灌五昼夜，城内低处尽满，形如巨湖。"[1] 城内积水深及丈余，"庐舍淹没，人皆露居城上。肆市尽闭，物价腾贵，有力者买舟逃去，然遇树梢而覆溺者极多。"[2] 河南巡抚牛鉴日夜驻城上抢护，并奏请设宣防局，以司道首府领之，遴选各官分司储峙。同时，"觅雇大小船百余只，分置城外，济渡灾民，及接运食用等物进城"。[3] 然后又飞调南北官营兵到省城修守。城下集兵夫数千人拆城上垛墙、孝严寺、铁塔寺、校场、贡院之砖以加固城墙；还掘公寓、假山、石棚、板街石板，抛城下堵之，不足则收买民间砖石或毁小巷民房，但均不能胜。自立秋以后，天云阴惨，大雨滂沱，"城内沟塘尽溢，街市成渠"。[4] 开封城墙浸久坍塌，动逾数十丈，危机时，巡抚牛鉴"跪泥淖中吁天号泣，大呼百姓助我，众见之皆泣"。[5] 河督文冲以城已残破，主张放弃堵口，奏请将省治迁徙他所，但是，牛鉴及钦差大学士王鼎、理藩院侍郎慧成则认为，人心涣散，迁城有可能使民众生变，驳斥了河督文冲的请求，要求全力防守。召集全城万余人，各携苇箔、秫杆、布袋、蒲包各物极力堵塞，城始获全。道光二十三年（1843）六月，河又决中牟，溢入祥符朱仙镇，"数十里田舍涝没，贾鲁河亦淤，商贾舟楫不通"，水落以后淤积越甚，"境内沃壤悉变为沙卤之区"。[6] 这次洪水不仅造成开封城内官署民舍倒塌无数，而且使开封府郭村庄十无一二。清代时期，经过几次严重的水患之后，开封城在水患中遭受严重破坏。尽管开封城又进行了修复重建工作，但其日益衰落趋势已不可逆转，道光二十一年（1841）的水灾成了开封城由盛转衰的转折点。

---

① 中国水利水电科学研究院水利史研究室编校：《再续行水金鉴》，《黄河》卷七，转引自《将湘南七楼文抄》，湖北人民出版社 2004 年版，第 3056 页。

② （清）黄舒昺、沈传义修：《祥符县志·河渠志·黄河》卷六，清光绪二十四年（1898）刻本。

③ 中国水利水电科学研究院水利史研究室编校：《再续行水金鉴》，《黄河》卷七，转引自邹鸣鹤《城防汴城·防守汴城情形略》，湖北人民出版社 2004 年版，第 3061 页。

④ 中国水利水电科学研究院水利史研究室编校：《再续行水金鉴》，《黄河》卷七，转引自《将湘南七楼文抄》，湖北人民出版社 2004 年版，第 3058 页。

⑤ （清）黄舒昺、沈传义修：《祥符县志·河渠志·黄河》卷六，清光绪二十四年（1898）刻本。

⑥ 同上。

第二节　水患与城址变迁

江苏、山东、河南、安徽四省是黄河和淮河流域的几个重点省份，自黄河南下夺淮入海以来，成为黄淮地区的主要组成部分，长期遭受黄河决溢之害。洪涝灾害频仍，不仅推屋伤稼，造成人口大量损失，而且地形地貌改变，河流湖泊消失。黄河决溢、黄淮并涨致使汹涌的洪水挤占在狭窄的数股河道中，致使它们纷纷漫流决溢，从而影响到沿河城市。为了规避水患，明清两朝的地方官员频频灾后修葺，乃至迁城避水，可以说，整个黄淮平原城市莫不受水患之苦。城市被水冲毁，如若受损不重仍可修葺，城毁人亡及至荡然无存者唯有重新建城。对于应对城市水患威胁，宋神宗赵顼就认为，迁城避河患即治河良策："元丰四年，帝谓辅臣曰，河之为患久矣，后世以事治水，故常有碍。夫水之趋下，乃其性也。以道治水，则无违其可也。如能顺水所向，迁徙城邑以避之，复有何患虽神禹复生，不过如此。"① 于是有为规避水灾而迁徙城址者，有因水灾后降级乃至撤销建置者，也有因其他因素而在原址上重建者。

一　明代以前被淹城市城址的变迁

黄河中下游地区，频繁的黄河水灾，使一些地区的行政区划及其治所不断地迁移。像宋元时期，河南东部和山东西部，有很多城市遭遇洪水的淹没，便不得不迁移。梳理历史文献，据史料记载，发生行政区划改变和迁移的城市主要有：

郓州，据《太平寰宇记》卷十三载："原领县十。今七：须城，寿张，中都，平阴，东阿，卢县，阳谷。二县割出：巨野（入济州）、郓城（入济州）。一县废：东平（并入须城）。"② 据《宋会要辑稿》五之十七载，"郓州"言"咸平三年（1000），因水灾以地卑下，移治旧州东南十里"。③ 其所辖"阳谷县"，据《太平寰宇记》卷十三"阳谷县"载，"皇朝开宝六年（973），又河水冲破县城，至太平兴国四年（979），移于上

---

① （元）脱脱：《宋史》卷九十三《河渠志》。
② （宋）乐史：《太平寰宇记》卷十三，中华书局 2007 年版，第 248 页。
③ （清）徐松辑：《宋会要辑稿》五之十七，中华书局 1957 年版，第 7391 页。

巡镇，即今县理"。① 《宋会要辑稿》五之十七载，"阳谷县，旧顺昌县地，景德三年（1006），徙治孟店"。② 其所割至"济州"之"郓城"，据《续资治通鉴长编》"景祐元年（1034）七月己亥条"载，"徙济州郓城县于盘沟店"。③ 可见，郓州、阳谷、巨野等地，均因河患而多次迁徙。

卫州，据《太平寰宇记》卷五十六载，"卫州领县四：汲县、新乡、卫县、共城"。④ 又《元丰九域志》卷二"卫州"条载，"天圣四年（1026），以怀州获嘉县隶州，以卫县隶通利军。熙宁三年（1070），废通利军，以卫县、黎阳县隶州。六年，省卫县为镇入黎阳县，新乡县为镇入汲"。⑤ 又言黎阳监，"熙宁七年（1074）置，铸铜钱"。⑥ 据《金史》卷二十五"卫州"条载，"卫州，下，河平军节度"。宋汲郡，天会七年（1129）因宋置防御使，金章宗明昌三年（1192）升为河平军节度，治汲县，以滑州为支郡。金世宗大定二十六年（1186）八月以避河患，徙于共城。二十八年复旧治。贞祐二年（1214）七月城宜村，三年五月徙治于宜村新城，以胙城为倚郭。正大八年（1231）"以石甃其城"。⑦ 而"胙城本隶南京，海陵时割隶滑州，泰和七年（1207）复隶南京，八年以限河来属。贞祐五年（1217）五月为卫州倚郭。兴定四年（1220）以修武县重泉村置县，来隶"。⑧ 可见，卫州曾为"避河患"而"徙共城"，胙城也为"限河"而来属"卫州"。

济州，据《太平寰宇记》卷十四载："今领县四：巨野（郓州割到）；郓城（郓州割到）；任城（兖州割到）；金乡（兖州割到）。"⑨ 据《元史》卷五十八载："济州，金迁州治任城，以河水淹没故也。"⑩ 据《金史》卷二十五载："济州，旧治巨野，天德二年（1150）徙治任城

① （宋）乐史：《太平寰宇记》卷十三，中华书局 2007 年版，第 256 页。
② （清）徐松辑：《宋会要辑稿》五之十七，中华书局 1957 年版，第 7391 页。
③ （宋）李焘：《续资治通鉴长编》，中华书局 1992 年版，第 2690 页。
④ （宋）乐史：《太平寰宇记》卷五十六，中华书局 2007 年版，第 1151 页。
⑤ （元）王存：《元丰九域志》卷二，中华书局 1985 年版，第 82 页。
⑥ 同上。
⑦ （元）脱脱等：《金史》卷二十五，中华书局 1975 年版，第 607—608 页。
⑧ 同上书，第 608 页。
⑨ （宋）乐史：《太平寰宇记》卷十四，中华书局 2007 年版，第 278 页。
⑩ （明）宋濂：《元史》卷五十八，中华书局 1976 年版，第 1367 页。

县，分巨野之民隶嘉祥、郓城、金乡三县。"① 而"郓城，大定六年
（1166）五月徙治盘沟村以避河决"。② 济州这次因避河患徙治，致使巨野
县三分其民。此外，据乾隆《大清一统志》卷一百五十四载：归德府
"穀熟故城，宋开宝五年（972）汴水决，迁治城南"。③ 乾隆《大清一统
志》卷六十九亦载：徐州府萧县故城，也因"宋时河决，乃改筑，南徙
治焉"。④

宋代河患的发生在导致行政区划变迁的同时，也引起了治所的频繁
迁徙：

（1）开封府封丘县。《元史》卷五十九载："金大定中，河水淹没，
（封丘）迁治新城。"⑤

（2）胙城县于大定二十六年（1186），因河决卫州堤，而"徙胙城
县，河势泛滥及大名"。⑥

（3）兴仁府（曹州）。据《金史》卷九十七载，大定二十七年
（1187），河决曹、濮间，而"迁曹州城于北原"。⑦

（4）齐州临邑县。据《宋史》卷八十五《地理志一》载："临邑县，
建隆元年（960），河决公乘渡口，坏城。三年，移治孙耿镇。"⑧ 其所辖
"长清县"，据《宋会要辑稿》五之十五载："至道二年（996），徙治刺
榆店。"⑨

（5）邢州巨鹿县。据《宋史》卷六十一《五行志一上》载："（大
观）二年（1108）秋，黄河决，陷没邢州巨鹿县。"⑩ 另外，乾隆《大清
一统志》卷二十"顺德府条"亦载"巨鹿故县，在今巨鹿县南。大观二
年（1108）河决，陷巨鹿县，诏迁于高地。"⑪ 这次河患将整个县城埋入
地下，以后该城址被发现，其发掘的屋基内器皿尚存，当时淹毙的尸骨

---

① （元）脱脱等：《金史》卷二十五，中华书局1975年版，第614页。

② 同上。

③ 乾隆《大清一统志》卷一百五十四，商务印书馆2005年版，第215页。

④ 乾隆《大清一统志》卷六十九，商务印书馆2005年版，第546页。

⑤ （明）宋濂：《元史》卷五十九，中华书局1976年版，第1402页。

⑥ （元）脱脱等：《金史》卷九十七，中华书局1975年版，第194页。

⑦ 同上书，第2159页。

⑧ （元）脱脱等：《宋史》卷八十五，中华书局1977年版，第2108页。

⑨ （清）徐松辑：《宋会要辑稿》五之十五，中华书局1957年版，第7390页。

⑩ （元）脱脱等：《宋史》卷六十一《五行志一上》，中华书局1977年版，第1328页。

⑪ 乾隆《大清一统志》卷二十"顺德府条"，商务印书馆2005年版，第173页。

亦存。

（6）安利军（浚州）。据《宋史》卷九十三《河渠志三》载："八月己亥，都水监言：'大河以就三山通流，正在通利之东，虑水溢为患。乞移军城于大伾山，居山之间，以就高仰。'从之。"①

（7）大名府馆陶县。据《宋会要辑稿·方域》五之十二载："熙宁六年（1073）六月十八日，北京留守司、河北都运司言：'馆陶县在大河南堤之间，欲迁于高囤村以避水，公私以为便。'从之。"② 其所辖"博平县"，据《宋史》卷八十六《地理志二》载："熙宁二年（1069），割明灵砦隶北京清平。"③ 又乾隆《大清一统志》卷一百三十六"东昌府清平故城条"亦载，"旧治在县西四十里清平镇。元丰间，漯河决坏城，徙治明灵砦，即今治也"。④ 乾隆《大清一统志》卷二十二"大名府德胜故城条"载："州初治南城。熙宁十年（1077），南城圮于水，移治北城，唯以濮阳县为治。"⑤《续资治通鉴长编》卷四百一十九载："元祐三年（1088）闰十二月癸卯朔，迁大名府南乐县于金堤东曹节村。"⑥ 可见，大名府及其所辖州县，均备受河患之苦而频繁徙治。

（8）沧州。据《元丰九域志》卷二"沧州条"言，"熙宁二年（1069），徙乐陵县治咸平镇"。⑦ 又乾隆《大清一统志》卷一百三十九"武定府乐陵旧城条"载："在今县西北二十五里，盖即宋时所徙咸平镇。"⑧《宋史》卷六十一《五行志一上》载："熙宁二年（1069）八月，河决沧州绕安，漂溺居民，移县治于张为村"⑨，政和七年（1117）"瀛、沧州河决，沧州城不没者三版，民死者百余万"。⑩可见，沧州及其所辖州县，不仅因河患被迫徙治，其人口死亡之巨，也骇人听闻。

---

① （元）脱脱等：《宋史》卷九十三《河渠志三》，中华书局1977年版，第2313页。
② （清）徐松辑：《宋会要辑稿·方域》五之十二，中华书局1957年版，第7389页。
③ （元）脱脱等：《宋史》卷八十六《地理志二》，中华书局1977年版，第2123页。
④ 乾隆《大清一统志》卷一百三十六，商务印书馆2005年版，第71页。
⑤ 乾隆《大清一统志》卷二十二，第198页。
⑥ （宋）李焘：《续资治通鉴长编》卷四百一十九，中华书局1992年版，第10143页。
⑦ （宋）乐史：《元丰九域志》卷二"沧州条"中华书局2007年版，第65页。
⑧ 乾隆《大清一统志》卷一百三十九，商务印书馆2005年版，第118页。
⑨ （元）脱脱：《宋史》卷六十一，中华书局1977年版，第1327页。
⑩ 同上书，第1329页。

（9）博州。据《宋会要辑稿·方域》五之二十八载："淳化三年（992），河决，移州治于李武渡西，并县迁焉。"[①] 其所辖东昌府，据乾隆《大清一统志》卷一百三十二载："东昌府堂邑故城，在今堂邑县西十里。宋熙宁中，圮于水，因东徙今治焉。"[②] 此外，棣州据《宋史》卷二百九十九《李仕衡传》载，"棣州污下苦水患，仕衡奏徙州西北七十里，既而大水没故城丈余"。[③] 临清州，据乾隆《大清一统志》卷一百四十七"临清州东武城故城条"载："宋大观间，卫河决，徙今治，在旧治东十里。"[④]

（10）冀州。河北冀州古为号称富庶，所谓"天下之上国"，"膏壤千里，天地之所会"。唐时，"河北殷实，百姓富饶，衣冠礼乐，天下莫敌"。但自宋代以后，黄河、海河水系在这一平原上不断泛决改徙，水患连年，土地皆"斥卤不可耕"，农业生产显著衰落。今天，华北平原上很多城镇都曾为黄水所吞没。冀州巨鹿县1108年一次黄河决口，泥沙将整个县城埋入地下，1919年民间掘井才发现宋城在今城底下六米。

黄河河道在金代以前，皆由东流或北流入海而入金以来，开始南流夺淮入海，开辟了黄河最南的河道，这在黄河变迁史上占有重要地位。金代黄河多患，河道发生重大变迁，是由多重因素造成的，既有历史的、自然的原因，也有社会的原因。黄河水患问题也给当时社会带来了很大的影响。

金朝面临黄河水患，始于天会六年（1128）宗翰南下攻北宋的开封，北宋东京留守杜充在淮州（今山东淮县东）西南决开黄河，导河水入清河以阻金军南下。这也使河水南移的趋势更加加剧。

《金史》卷二十七《河渠志》记载："金始克宋，两河悉界刘豫亡，河遂尽入金境。数十年间，或决或塞，迁徙无定。"刘豫伪齐政权废于天会十五年（1137），《金史·河渠志》大定八年始有黄河记事。在金世宗大定年间，河患日趋频繁。大定八年（1168）六月，黄河在李固渡决口，在单州境内分流，河水离开北流河道，南流趋势日益增强。除在大定八年决口以外，在大定十一年、十七年、二十年、二十六年、二十七年数次决堤。特别是章宗明昌五年（1194），黄河又在阳武故堤决口，灌封丘

① （清）徐松辑：《宋会要辑稿》五之二十八，中华书局1957年版，7397页。
② 乾隆《大清一统志》卷一百三十二，商务印书馆2005年版，第70页。
③ （元）脱脱：《宋史》卷二百九十九《李仕衡传》，中华书局1977年版，第9937页。
④ 乾隆《大清一统志》卷一百四十七"临清州东武城故城条"，商务印书馆2005年版，第67页。

县城东流，至寿张入梁山泊，然后分南、北道由原北清河故道入海，南道则由泗水入淮，侵夺淮阳以下的淮河河道，北流完全断绝。明昌五年的河道变化在黄河变迁史上具有重要地位，在这以后黄河虽然局部又有几次决口，但河道基本没有变动，保持了几百年之久。

二 明清时期被淹城市城址的变迁

明清时期，因为黄河洪水灾害而被迫迁移城市或者在旧址重建新城的也不在少数。据文献记载，从元初至清末，开封城曾七次被河水所淹。考古学家估计，宋代开封城地面在今城地下十米左右，地下三四米见明代屋顶，地下二三米为清代地基。封丘城从金代至清初曾六次被河水所淹，全县土地沙居其六。其他黄河下游沿河城市均有黄水之祸，不胜枚举。据正史河渠志和明清方志统计，明清两代因规避水灾而迁址重建的城市主要有：

兰阳：兰阳县城于元至正十七年（1357），被黄河淹没，因迁于韩陵，规模偏僻。明洪武元年（1368），知县胡公忠又迁于马村，在旧城基之上建新城，即今城址，城周围四里一百一十三步，高八尺，池深三尺，阔五尺。[①]

曹州：金世宗大定八年（1168），因黄河水泛滥，州城被水淹没，曹州迁到乘氏城。明洪武二年（1369），州判阎本徙州治于磐石镇，四年降州为县。明英宗正统十二年（1447），知县范希正又把治所迁到了乘氏城。[②]

东阿：旧志载，东阿榖城古分二邑，东阿城在今之阿城，榖城即今治也。自北齐榖城并入东阿，遂无榖城。宋开宝二年（969），河水为患，因迁南榖镇，即今旧县也。太平兴国二年（977），迁利仁镇，即今棘城也。明洪武八年（1375），因黄河水患，复迁今治，周围土城，规制简略。[③]

范县：明洪武十三年（1380），黄河决，城被淹毁，知县张允迁城于今治，即唐庄宗新军栅地。[④]

仪封：仪封之名始于金代，明洪武初年，仪封城圮于水患，于是迁城于十五里的安通乡白楼村，即今治。洪武二十三年（1390），知县于敬

---

① 民国《兰阳县志》卷三《建置志》。

② 《曹州府曹县志》卷二《建置志》。

③ 民国《东阿县志》卷三《舆地志建置》。

④ 光绪《范县志》卷一《城池》。

祖创建土城，城形如幞头，故又有幞头城之说。①

　　考城：考城因地濒黄河，历史上多次遭受水患，曾先后迁城五次，仅明清两朝就迁徙三次。明洪武二十三年（1390），因黄河水患，城迁至江墓店。明正统二年（1437）迁葵丘。清乾隆四十三年（1778），葵丘没于河，唯北关尚存，四十九年（1784），考城迁至阳涸。②

　　项城：明洪武末年，河流冲圮项城，宣德三年（1428），迁往今治，正统三年（1438），知县胡琏才修筑城池，城周围七里有奇，高二丈五尺，广一丈二尺，池深一丈二尺，广一丈三尺。③

　　中牟：明天顺五年（1461），知县董敏迁城于今治，建土城周围六里三十六步，高一丈五尺，广二丈，池深一丈，阔一丈二尺。④

　　归德：归德府旧城周十二里三百六十步，明初少裁四分之一，弘治十五年（1502）圮于水。正德六年（1511），重修，乃徒而北之，今南门即旧北门故址也，知州杨泰修、周冕继之，始克竣事，围七里二分五厘，共一千三百四丈二尺五寸，高二丈，顶阔二丈，址阔三丈。⑤

　　单县：单县旧城周九里二十步，明嘉靖二年（1523），黄河决口，旧城圮。五年重建，北移里许之地，周四里一百八十六步四分。门四，东曰东作，南曰阜财，西曰西成，北曰朝京。⑥

　　丰县：明嘉靖五年（1526），河复决，城陷，知县高禄遂迁县治到东南的华山，三十年知县徐萦以不便民之理由，申请迁回旧址，创建土城，为旧城的1/3。⑦

　　虞城：虞城地濒黄河，受水患威胁，旧城圮于水后，于明嘉靖九年（1530）北迁三里许于今治，筑土城周围四里，高一丈五尺。然自明嘉靖中迁城以来，数次受洪水威胁，护城堤外高于堤内三倍，时人抱危卵之忧。⑧

　　五河：宋咸淳七年（1271），在五河口建城为五河之始，五河旧治在

---

① 民国《仪封县志》卷三《建置志》。
② 开封市地方史志编委会：《开封历史沿革》，1986 年，第 39 页。
③ 民国《项城县志》卷七《建置志》
④ 民国《中牟县志》卷二《地理志城池》。
⑤ 康熙《商丘县志》卷一《城池》。
⑥ 民国《单县志》卷二《建置》。
⑦ 光绪《丰县志》卷二《营建志》。
⑧ 光绪《虞城县志》卷一《城池》。

县南。洪武六年（1373），知县马骥建土城。永乐元年（1403），大水城倾，徙至西北。嘉靖二十五年（1546）迁至浍河北岸。三十六年（1557），知县高珍创建砖城一座，周围四里，垣高二丈三尺，基宽三丈四尺，池深一丈五尺，阔三丈六尺。城门三，东曰宾阳，南曰迎熏，西曰秩成。北无城门而建大忠祠。①

城武：明知县郑汉城，四角创建角楼四座。城外有堤，南堤依黄河旧堤。嘉靖二十六年（1547），河决城坏，署县罗春枝改筑。②

柘城：明嘉靖二十年（1541），黄河决口，洪水灌城，民居官署淹没殆尽，人们居住于南关民舍数年之久。嘉靖三十三年（1554），于旧城南关筑新城，周围四里，高二丈，阔一丈余。③

睢宁：崇祯二年四月，"决睢宁，至七月中，城尽圮。总河侍郎李若星请迁城避之，而开邳州坝泄水入故道，且塞曹家口匙头湾，避水北注，以减睢宁之患"。④ 朝廷批准他的请求。

宿迁：自古宿迁无城，明正德六年（1511），为防山东流民南突，始筑土城，西倚运河，北抵马陵山趾，南达新河。万历四年（1576），"河决韦家楼，又决沛县缕水堤，丰、曹二县长堤，丰、沛、徐州、睢宁、金乡、鱼台、单、曹田庐漂溺无算，河流齧宿迁城。帝从桂芳请，迁县治，筑土城避之"。⑤ 朝廷答应了桂芳请求，将县治迁于城北马陵山趾。⑥

萧县：萧县历史上有三次迁徙，每次都是往南迁徙。今治就是明万历五年（1577），为避水所迁之地。⑦ 万历四年八月，河决曹县韦家楼，又决沛县缕堤，丰曹二县长堤，丰、沛、徐州、睢宁、金乡、鱼台、单、曹八州县皆淹，水灌萧县，城崩，又向南迁县治于三台山之阳河。⑧

砀山：砀山在金宣宗兴定年间（1217—1221），圮于水患，于是迁城于虞山保安镇。元世祖至元年间（1264—1294），复迁旧治，尚未建城。至明正德八年（1513），知县李金才创建土城。万历二十六年秋，城被冲

---

① （清）张廷玉等：《明史》卷四十六《地理志》，中华书局1997年版。
② 康熙《城武县志》卷一《建设志城池》。
③ 光绪《拓城县志》卷二《建置志》。
④ （清）张廷玉等：《明史·河渠二》卷八十四，中华书局1997年版，第2071—2072页。
⑤ 同上书，第2048页。
⑥ （清）张廷玉等：《明史·河渠二》卷八十四，中华书局1997年版，第2048页。
⑦ 嘉庆《萧县志》卷二《城池》。
⑧ （清）康基田撰：《河渠纪闻》卷十，北京出版社2000年版。

没，基址荡然无存，知县熊应祥迁往旧城西里许的秦家堂筑土城。①

清河：宋咸淳年间（1265—1274）至清乾隆年间，清河县治在甘罗城、淮阴故城、小清口西北之间迁徙。清河旧城在大清河口，宋咸淳九年所建。元泰定中，河决城圮，迁往河南岸之甘罗城，地僻水恶，居民鲜少。元文宗天历元年（1328），移治小清口之西北，明末又曾移治，后又复还。康熙中屡圮于水，乾隆二十五年（1760），江苏巡抚陈宏谋疏请移治山阳之清江浦，二十六年割山阳近浦十余乡并入清河，是为新县治。②

沛县：清乾隆四十六年（1781），黄水灌城，县令孙朝干移县治于栖山，建砖城。咸丰元年（1851），河决丰县，沛县首当其冲，城陷，移治夏镇。咸丰十年（1860），沛县旧城南大桥寨建成，十一年移治于此，在南关筑土垣建城。③

怀远：故怀远县城建于淮涡交汇的荆山之麓，后为水患所废。历元至明景泰元年才于旧址修筑土城，不久又圮于水患。明正德六年（1511）于荆山建城，不久又废，仅存遗址及西南二门。崇祯末巡抚朱大典为防流寇，在荆山山腰修筑新城，规制较小，周三里二百余步。④

城市被水冲毁，如果不是很严重，河堤或城垣部分冲毁一般都是修葺牢固。被水冲垮城垣者，水退之后，时人多是修葺城垣，增修城堤，疏通拓宽护城河，其中，固然有选择合适的城址比较困难的因素，最为重要的原因恐怕还是资金的短缺。尤其明末清末政治腐靡，民生凋敝，资金匮乏，城垣冲毁后，竟有长达几十年无法修缮之现象。《重修五河县志》载：康熙二十二年闰六月间，阴雨连绵，城堞倾颓过半，知县郑霭捐募筑修，至乾隆十九年，知县魏应嘉详准动项，间段修筑二百三十丈。嗣后节次水涝，城身坍塌及半，知县刘道光详请兴修，勘估需用工料银一万九千八百九十五两，以耗费巨大而奉驳。嘉庆六年，知县王启聪具禀请修，以军务未竣，暂行缓修而搁浅。咸丰十年，李世忠驻兵五河，拆毁各庙及民舍砖石以修筑城垣。并改东门为望潦门，南门为镇淮门，西门为漂涂门。然五河至是更加凋敝，续修之城未能完固，工未竣而城

---

① 乾隆《场山县志》卷三《建置志》。
② 光绪《丙子清河县志》卷三《建置志》。
③ 《民国沛县志》卷五《建置志》。
④ 嘉庆《怀远县志》卷七《建置志》。

垣已坍塌数段。及至同治五年，知县裴峻德筹款修葺，未及动土，因事去官，之后三十年间，城上砖石被奸民盗取殆尽矣。① 被水冲毁城池仅存基址乃至荡然无存者也不鲜见，在原址上重建新城的情况也很多，开封和徐州就是最典型的例子。

第三节　水患与城市形态变迁

黄河水灾给整个流域下游地区带来了严重的灾难，给流域内城市也带来了破坏性的打击。水患改变了城市的空间结构，破坏了市内布局，街道冲毁，城市周边景观也发生了重大改观。

一　水患改变了城市发展的地理条件

原来濒临黄河的滑州（今县南城关），就是南北朝时期著名的滑台城，为"四通八达"② 的交通要道，唐代是义武节度使的驻地，黄河离开滑州南迁入淮后，失去了其水陆交通上的地位，到明朝就废州，成为一个普通的县。滑州北岸的黎阳（今浚县），宋置浚州，是黄河上的一个重要渡口，今县城南的大伾山上，还有宋代"俯俯河，怀禹功"，送客过黎阳"览河山之胜"等刻石，但东向俯瞰，平原无垠，一片麦田，已完全看不出昔日曾是黄河流经之地，所以，早在明代也已废州为县了。③ 唐代的魏州、宋代的大名府（今河北大名东北），曾十分繁荣，明代也渐趋衰落。"故时黄河经流其间，江淮、闽、蜀之货，往往不远万里，近者数千里，各辐辏至。而国家以来，河南迁，济东阻，数百里唯临清为南北都会，稍稍转输，通有无市闾之间，然锦绮、翡翠、珍异之物，亦无一不至。"大名的由盛转衰，可能还有更深的原因。汉代以前，华北平原中南部的中心城市是邯郸（今市），东汉末袁绍、曹操经营邺城，中心城市便移到了邺都（今河北临漳西南邺镇一带），北周末邺都被平毁，人民南迁相州（今河南安阳市），后遂称相州为邺都。隋开永济渠，唐开元时，移渠于魏州城西，魏州成为交通枢纽，逐渐兴盛，安史之乱后，为河北大

---

① 《重修五河县志》卷四《建置》。

② 《晋书·慕容德载记》。

③ 邹逸麟：《黄淮海平原历史地理》，安徽教育出版社1997年版，第345页。

镇魏博节度使的治所，五代唐、晋、汉三朝作为陪都，也称邺都。大名在旧邺都之东约二百里，所以被称为邺都，说明已实际上代替了旧邺都的地位；元代以后，会通河开通，大名的地位又被东北近二百里的临清所取代。因此，大名的衰落像邺都名城的南移、东移一样，是华北平原中南部中心城市东移的反映。

中国历史上的古城，从城址迁移的原因来看，南宋以前及近现代时期，政治经济因素是主导城址选择的主要因素。而在黄河南徙夺淮入海的七百余年里，强烈的自然灾害成为黄淮下游地区古城城址迁移的直接原因。从城址迁移的频率来看，以明代最为频繁。从新城址的选择来看，"择高而居"是应对洪涝的主要方式，在城市有效管辖境内的别处选择高阜建城，这样的例子很多。如睢州古城，据记载，其旧城依金锁岭而建，明嘉靖年间，旧城毁于水后，又选城南凤凰岭建新城①；明嘉靖五年，河复决，丰县城陷，知县高禄遂迁县治到东南的华山②；宿迁因黄河水患，城被泛毁，于万历四年迁于城北马陵山趾③；故怀远县城建于淮涡交汇的荆山之麓，后为水患所废，崇祯末年，在荆山山腰修筑新城。④ 还有一些城市是利用黄河洪水泛滥过程中在城外自然淤积的高地，当老城逐渐显得低洼而不适合居住或者毁于洪灾后，人们往往在堤外寻找一块高阜另建新城。比如，康熙年间所修的《单县志》载，明嘉靖五年，单县迁建于旧城北里许之地，迁城时新治所筑南面一带就是旧城的北址。⑤ 归德府旧城周十二里三百六十步，明初少裁四分之一，弘治十五年圮于水。正德六年重修，乃徙而北之，今南门即旧北门故址也。⑥ 临淮县城因壕水环其西，淮水冲其北，长期遭受水患，城屡修屡塌。永乐二年四月，临淮大水，徙县治于曲阳门南门外。⑦ 明嘉靖二十年，黄河决口，洪水灌柘城，民居官署淹没殆尽，人们居住于南关民舍数年之久。嘉靖三十三年，于旧城南关筑新城。⑧ 万历二十六年秋，砀山城被冲没，基址荡然无存，

① 《续修睢州志》卷二《建置志城池》。
② 光绪《丰县志》卷二《营建志》。
③ （清）张延玉等：《明史》卷八十三《河渠志》，中华书局1997年版，第2056页。
④ 嘉庆《怀远县志》卷七《建置志》。
⑤ 康熙《单县志》卷三《经制志城池》。
⑥ 康熙《商丘县志》卷一《城池》。
⑦ 康熙《临淮县志》卷二《建置志》。
⑧ 光绪《拓城县志》卷二《建置志》。

知县熊应祥迁往旧城西里许的秦家堂筑土城。① 杞县自秦设县至今，因受黄河水患，经历过两次迁徙，共有两城：南杞县城与张柔城。南杞县城为秦时所筑，时称雍丘县。乾隆《杞县志》卷二《天文志·祥异》记载："元太宗六年甲午河决于杞，遂分为三，俗为三岔口。癸卯年春以张柔统帅诸军镇杞，乃于故城北二里筑新城，置县。继又修故城，号南杞县。"《元史·地理志》也云："元初河决，城之北面为水所圮，遂为大河之道。乃于故城北二里河水北岸筑新城置县。"可见，雍丘城，即南杞县城，在元太宗六年（1234）城北被水冲毁，乃马真后壬寅年（1243）到元仁宗至大丰年（1313），县治新城张柔城建成，新筑的张柔城位于当时南杞县城北二里的河水北岸（见图2－2）。1311年，张柔城圮于水，遂县治回迁至南杞县至今，且明清以来多次重修南杞县，而张柔城逐渐废弃。当时杞县地势是西北向东南倾斜，而杞县城址正是由南向北迁移的，这说明正是黄河的屡屡南泛，迫使人们择高而居，从南部的低地迁徙到北部的高地上。

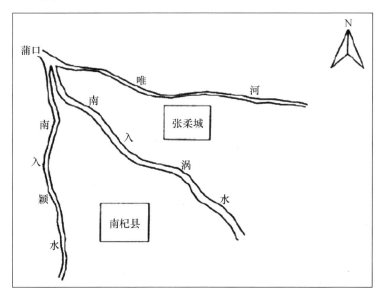

图2－2 张柔城和南杞县位置示意

资料来源：参见李娟《1128—1855年黄河南泛对杞县城市形态的影响》（《三门峡职业技术学院学报》2011年第9期）一文。

---

① 乾隆《砀山县志》卷三《建置志》。

虞城在"嘉靖九年七月十二日河水决东北大堤，城遂陷，十年迁今城，在旧城东北三里许"。① 此处"城"，是为上古古虞国都城、夏代商均封国城、秦虞县城虞、隋虞城县城，一直沿用至嘉靖九年（1530），城址未曾变化（见图2-3）。1530年，黄河决口城陷，被迫迁城，至今遗址依稀可见。据《虞城县志》② 记载，即为李庄旧城故址，在今县城北11千米处，遗址在今单亳公路和济民沟交叉点西北侧，当时古汴水绕于北，小股河流于南，东临空桐，西望孟诸，有"水乡泽国"之称。自明嘉靖九年（1530）虞城（李庄故址）被黄水淹废后，嘉靖十年迁入新城（今利民镇，见图2-4）。据光绪《虞城县志》卷一《城池》记载，当时新城的城池规模和形制为周围四里，高一丈五尺，门四，东曰"宾阳"，南曰"薰风"，西曰"望汴"，北曰"拱辰"，俱高建城楼。之后，城池

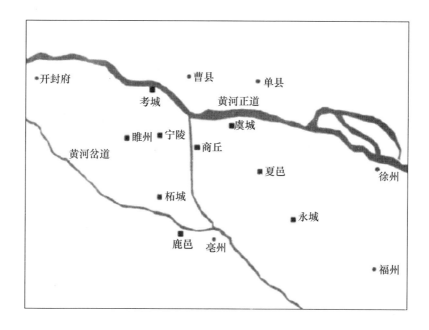

图2-3　明代虞城县附近示意

资料来源：转引自纪朝荣《1128—1855年黄河南泛对虞城县城市形态的影响》（《三门峡职业技术学院学报》2012年第4期）一文。

----

① 光绪《虞城县志》卷十《杂记·灾祥》。
② 虞城县志编纂委员会：《虞城志》，生活·读书·新知三联书店1991年版，第116—135页。

又经过不断地增筑和完善。"嘉靖三十二年（1553）知县郭文显增筑；明末司寇杨东明，直指范良彦，佥宪杨春育、范志完相继修筑，易土为砖；明壬午岁为流寇拆毁，邑贡生陈遵彦等督率乡民尚义者完葺。"黄河南泛后，虞城县逐渐演变为以黄河水系控制为主，虞城县城址的第一次变迁就是在黄河南泛背景下发生的，黄河泥沙长年在城外淤积，造成虞城县旧城地势逐年低洼，两遭水淹，强烈的自然灾害是虞城县城址迁移的最主要原因。

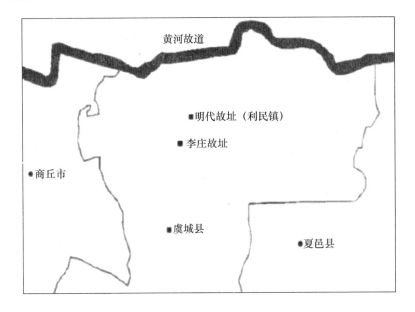

图2－4　虞城古城演变示意

资料来源：转引自纪朝荣《1128—1855年黄河南泛对虞城县城市形态的影响》（《三门峡职业技术学院学报》2012年第12期）一文。

数千年前，商丘所在的平原，一般都较现在低下，往往低到十几米或几十米。睢县的县城就是证明。睢县县城城外有护城堤，"堤外之地高于城内不下数丈"！睢县县城建造时，肯定不是故意找这样低洼的地方从事经营的，堤外平地高于城内数丈，分明是建城以后黄河水中携带泥沙多年堆积的结果。

在最初城址选择的过程中，新城一般都是地势相对较高的阜地。而黄河泛滥所携带的泥沙渐渐淤积于城市护城堤和城墙外，堤外和城外的地坪不断提高，城区范围内的微地形发生改变，逐渐形成了外高内低的"城市小盆地"。① 今商丘归德府城因长期遭受黄河泥沙的淤积，其东城门拱洞与城外地坪相比仅有两三米高。康熙《睢宁县志》载，睢宁县城周四里三分，池深八尺，阔一丈，旧有土城高二丈三尺，明正德中知县王苍建、嘉靖二十五年知县陈嘉略始甃以石。隆庆三年圮于水，时议废议迁议附之邳，皆不果。万历十三年以砖石修城墙，增修四门。② 《明史·河渠志》载："万历三十二年四月，河决睢宁，至七月中，城尽圮。总河侍郎李若星请迁城避之，而开邳州坝泄水入故道，且塞曹家口匙头湾，逼水北注，以减睢宁之患，从之。"天启二年，城垣为水冲毁近半，六年修缮，然崇祯二年大水冲没城郭官衙民舍，荡然无存。每次建城选址均为相对高爽平坦之地，然几经黄水泥沙冲积，使城外高内注，大水来袭往往环城数月不退，城防显得尤其羸弱，致使大水灌城悲剧一再发生。徐州城情况也是如此，明隆庆五年九月六日，"水决州城西门，倾屋舍，溺死人民甚多"。万历二年，"大水环城为海，四门俱塞"，幸未成祸。洪水又一次灌城是明万历十八年（1590）。③ 顺治年间所修《徐州府志》记载："万历十八年，徐城大水，官廨民庐尽没水中；秋复大雨如注，真武观井泉涌出如瀑。"④ 乾隆年间所修《徐州府志》记载："万历十八年，河大溢徐州，水积城中者逾年，众议迁城改河，潘季驯浚魁山支河以通之。"⑤ 此次水灾因黄河泛滥漫溢，加之雨水积涝而成；公私房屋"尽没水中"，定有淤积；"众议迁城"未成，这就表明城市淤积的程度还不是很深。奎山支河（今奎河），于万历十九年修竣，城中积水乃泄。当年广西巡按御史钱一本路过徐州，见城中仍有积水，曾上奏朝廷，弹劾潘季驯欺君罔上。潘氏虽辩白无辜，但积水委多，宣泄不畅乃是事实，亦旁证城中地势低洼。天启四年六月，河决徐州奎山堤，东北灌州城，城中水深一丈三尺。黄水退后，泥沙淤积达几米，于是在原址重新建城。然黄河水患不能彻底解决，城池仍免不了被淤积的命运。⑥ 黄河夺淮以后，

① 史念海：《河山集二集》，上海三联书店 1981 年版。
② 康熙《睢宁县志》卷三《城池》。
③ （清）张廷玉等：《明史》卷八十三《河渠志》，中华书局 1977 年版，第 2056 页。
④ 顺治《徐州府志》卷四《河防》。
⑤ 同上。
⑥ 赵明奇：《徐州城叠城的特点和成因》，《中国历史地理论丛》2000 年第 2 期。

淮河流域的城镇几乎没有不被淤积的，所以，史念海先生在《河山集二集》中阐述了黄泛平原"城市小盆地"是由于具有防洪功能的城墙和护城堤阻挡黄泛携带泥沙造成的微地形，并使城内堤内积涝形成大量河塘，甚至整个城市淹没成湖并最终淤平消失的现象。[①] 黄河泥沙日积月累的淤积，造成城内相对低洼以及环城的河塘逐年扩大，演变的最终结果就是旧城在洪水的一次次泛滥中沦为一个大湖，即称旧城湖。成为旧城湖之前往往需要经历一个长期艰难的抵御过程，最终在一次大洪水中，城市彻底沦陷水中；新城往往于城外高阜另建，旧城成为其城外的大湖。这样的例子不胜枚举，如柘城、睢县、夏邑、虞城等。其中，睢县三迁其址，使我们可以看到古城三个不同的演变阶段：（1）最早的古城，曾经沦为湖泊，后已逐步淤为农田；（2）明末清初被废的旧城，形成目前新城以北的大湖；（3）后建的新城，城内也已分布有大面积水塘。[②] 虞城也属于这种类型。本县地貌形态旧有"三岗、十八固、二泽、一故堤"。[③] 据乾隆《归德府志》卷十四《水利略一》记载："稍冈，在县东南二十五里；柱冈，县东北四十里；大冈，在县西北三里，俗所传三冈者，即此。"显然，在乾隆年间仍存在，现今柱冈、大冈已经不复存在，当时黄河在县北十五里，而柱冈、大冈分布于县境北，据此推断其有可能是被黄河淹没。十八固的记载不详。二泽是指孟诸泽和空桐泽，均被黄河决口淤为平地。一故堤即黄河故堤，其分两个时期形成：一是金大定八年（1168）河决李固渡；二是嘉靖九年（1530）河决曹县胡村寺。现位于县境北部，成为全县最高处。据光绪《虞城县志》卷一《城池》记载："自明嘉靖中迁新城以来，数警洪波，今护堤外高于内者三版。"可见，地势由黄河历次泛滥沉积形成，这也符合虞城县西北高东南低的地势特点。因黄河泛滥、决口，形成三种显著的微地貌：黄河故道高滩地、背河洼地、微倾斜低平地。黄河故道高滩地和背河洼地分布县境北黄河故道南，其形成原因多是人们为了防御黄河泛滥，在黄河南岸常年修筑大堤，加固堤防，一方面致使黄河水中的大量泥沙淤积于大堤以内的河漫

① 史念海：《河山集二集》，上海三联书店 1981 年版。

② 俞孔坚、张蕾：《黄泛平原古城镇洪涝经验及其适应性景观》，《城市规划学刊》2007 年第 5 期。

③ 虞城县志编纂委员会：《虞城县志》，生活·读书·新知三联书店 1991 年版，第 166—135 页。

滩上，形成高地；另一方面为了加固堤防，挖土形成洼地。微倾斜低平地分布在背河洼地以南，是黄河泛滥冲积形成的大平原。

二　水患改变了城市空间布局

水灾对黄淮河流域古代城市的湮废，使人们对城市防洪的认识更加迫切，逐步建立起一套防洪、蓄涝、排涝的设施。这种防洪防涝的设施体系，对外可以抵御洪灾，对内可以排泄潦涝，维持着整个城市的安全和居民的正常生活。洪水受到河堤、护城堤、城墙的重重约束，雨季潦涝则在城内的坑塘蓄积，经引水沟自水门排入护城河，古城的护城河与城外的坑塘相连接，以容蓄城内的涝水，并通过涵洞排入堤河。堤河内的涝水再流入引河，排入古城附近的自然河流，进而完成整个城郭范围的排涝工作。

城墙是明清之前城市的标志性特征，其主要作用就是作为军事防御设施，但是，对于淮河流域中下游地区的城市，城墙还有另一个重要作用就是防洪。古代的城墙最初都是由夯土夯筑而成，一般都是土城，由于土城遇雨涝容易倾颓，因此，明清时期的大部分古城都逐渐采用砖石包土砌筑，有些城墙甚至直接用砖石修砌，从很大程度上提高了城墙抵御洪涝的能力。另外，不少古城为提高城门军事防御能力，而在部分或全部城门增筑的瓮城，这也提高了城门的防洪能力，如成武、曹县、商丘、菏泽、虞城等古城，各城门外均有瓮城。城墙的防洪作用是毋庸置疑的，清咸丰五年，黄河在铜瓦厢大改道时，菏泽地区成为黄泛区，各个城池成为乡民赖以求生的孤岛。据记载，洪水"汪洋浩瀚，所过尽成泽国，田庐荡然。……四外扶老携幼纷纷进城避水，门为之塞……菏泽县首当其冲……水围菏泽城，冲破西堤，旋破北堤而出，毁民舍殆尽，幸有坚固的城墙作为保护，菏泽城才幸免于难"。[①] 还要注意的是，城门是整个城墙防御体系中最薄弱的环节，因此往往不能在洪水的迎面冲击之处设置城门。如为规避淮河与浍河水，明嘉靖三十六年创建的五河县砖城只有城门三：东曰宾阳，南曰迎熏，西曰秩成。北无城门而建大忠祠。[②]

护城堤对于城市防洪有重大意义，它在城墙之外对城市构成双重防

---

① 菏泽市史志编纂委员会：《菏泽市志》，齐鲁书社1993年版。
② （清）张廷玉等：《明史》卷四十《地理志》，中华书局1997年版。

护，是黄淮平原古城的另一个普遍现象。很多古城在建城之初由于财力有限，往往只修筑城墙，以后逐步加筑护城堤。护城堤一般为围绕城市的环形大堤，也有部分古城只在面向河流的一面修筑局部护堤，如汜水县因汜水从其西面与南面流过，遂修月堤于西南护城。① 但是，由于这种做法御洪能力有限，所以，很多古城都逐步将其连为环城护堤，如睢州、柘城等古城。有的古城则为进一步加强防洪能力，在环城护堤基础上，又沿城外洪水主要途经的河道，加修多道护堤，如砀山县城，城外沿黄河建有缕水堤多道。护城堤的建造级别一般低于城墙，大都采用夯土筑成，不耐雨涝，但是所起的作用是很大的。史料记载："郓城几遭倾覆，经该府县督率民夫抢堵护城堤堰，阖城生灵始获保全，而四乡一片汪洋，几成泽国。"② 据光绪《虞城县志》卷二《堤沟》中记载："虞有河患，由来久矣。奔溃不测，变迁无常。欲为捍御之计，非堤不为功。"可见，护城堤是黄河南泛时期典型的防洪体系，护城堤上多栽种护堤植被，以为固土之用。因此堤防的保护十分重要，一般都是通过植柳、桑、榆等树木来加固堤岸。据光绪《虞城县志》卷四《职官》和卷一《城池》记载："康熙九年（1670）黄河泛滥，张允嘉（虞城主簿）亲督堤工，又以余帑将护城堤加筑高厚。康熙十九年（1680），主簿张允嘉修筑大堤，植树数千株之多，但岁久冲坏。康熙三十四年（1695）……于旧堤南筑月堤一千余丈，月堤是护城堤的变体，是局部加强的抗洪设施。雍正七年（1729），知县张元鉴捐俸并发动民众集资修复护城堤，堤上植桃、李、桑、柳数千株。乾隆二年（1737）时，（护城堤）周围八里，长一千四百四十丈，顶宽三丈，高一丈八尺，底宽十二丈，原堤植柳树千株。"③《曹州府曹县志》记载：正德八年（1513）新筑护城堤，"堤外下椿撅如雁行，防风浪澎湃，不令侵土城也；内树杨柳如局道，令根蒂盘结交错，土不易崩也"。④ 据乾隆《杞县志》卷五《建置志·城池》记载，明清时期，对城墙和护城堤的修筑也从未中断过。例如，宣德三年知县舒模始扩而大之。到崇祯八年，流寇围城孔棘，知县申佳印御之，寇退，始改筑砖城。康熙三十年，知县李继烈慨然发愤增筑之，悉用砖灰易其埠堄，补其破坏。至乾隆癸未，"屡经大水，在在坍塌，知县李锡嘏重修，经两年后工竣……外砖内土筑砌"。可见，由于黄河频繁来犯，杞县对于城墙、堤防的修筑不敢怠慢，竭尽所能使之坚固完备。道光年间，又于城外里许围筑土堤，名曰"护城堤"，周长十五里三百三十步，今仍完好，这样就形成了黄泛平原特殊的"内城外堤"洪涝适应性的防洪景观体系。此外，《宿迁县志》记载，乾隆年间，对河堤植柳曾有明确的规定："凡河兵每人每年要种柳百棵，（树苗）长八尺，径三寸。惊蛰后地气通，于附堤内十丈柳隙，刨坑三尺栽种，栽后要保浇保活，不时浇灌，至夏秋之交，点查成活数目，以七成为率，岁终报部。"乾隆二十七年（1762），乾隆南巡宿迁时，曾留下《堤上偶成》诗四首，其一曰："夹堤栽柳为河防，高下成行护野塘，欲是春风不相让，轻摇丝缕半薰黄。"[①] 其他如菏泽、睢州、鹿邑、夏邑等古城历史上也均有地方官员屡次植柳护堤的记载。总之，黄河南泛时期，为抵御水患，沿黄水岸城市防洪体系逐渐完善，形成了河堤、护城堤和月堤、城墙三位一体的城市防洪系统（见图2－5）。

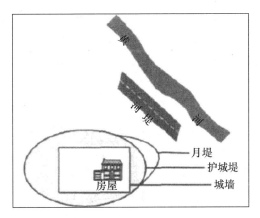

图2－5　虞城县三位一体防洪系统

建立防洪体系的同时，往往需要挖护城河与环堤河湖，它们可以疏洪导流。同时，城市增加水门等排水系统。护城河和环堤河湖在干旱缺

---

① 民国《宿迁县志》卷四《建置》。

水时节可以蓄水，供城市生活之用。一旦水灾来临，它又可以积蓄洪水，缓解水患压力。护城河受到洪水泥沙淤积的影响，需要经常疏浚，往往结合城墙和护城堤的修葺而进行，从而不断加深、加宽。由于城市内为了排积涝，需要不断地拓浚环城的河堤或在城外堤内的区域开挖坑塘，致使它逐渐成为城内积涝的去处。同时，还由于不断地修缮城墙以及城内居民建房就近取土，这样就使最初的护城河逐年扩大，直至堤根，最后在城外堤内形成连绵一体的大湖。① 如夏邑城，明代记载，只有护城河阔八丈，其外皆为民田。② 清康熙年间，河已外展三四十丈不等，逐渐形成大堤以内一水汪洋，种蒲网鱼，民颇获利的环城湖。③ 再如黄河南泛影响下虞城县（利民故址）形成了典型的"湖包城"水域景观。本县湖潭较多，也多形成于黄河南泛期。黑龙潭是元泰定帝致和年间，黄河在虞砀交界处决口形成。同时还形成了"湖包城"的长城景观。龙王潭系清顺治四年（1647）黄河决罗家口时形成。张潭系清康熙四年（1665）七月初十河决土楼大堤时形成，是全县最大的潭坑。这些湖潭集中于黄河故道南侧，均是历次黄水泛滥形成。虞城城湖是在1531年迁新城、筑护城堤之后逐渐形成的，约形成于明代中后期。因护城堤的阻挡，导致黄河洪水携带的泥沙大量淤积在城堤外，渐造成护城堤外地势高、堤内低洼的城市盆地。明代虞城杨天精的《买土便民说》④ 中就有这样的记载："黄河每伏泛涨辄增沙淤，以致城居洼下，一遇霖潦，无论司院官房，沈灶产蛙。"明代王尚贤《虞城河患述闻说》指出："于堤外堧余开地立隼，又阔开丈深，足以容堤内之水堑，使城内编户居民各运其土，以寔在己门面所有之地，公街官路役使堡夫填摊，务要均齐如一。"由此可见，城湖是城墙、护城堤、护城河和坑塘相互作用的产物（见图2-6）。护城河湖在防护城市水灾的同时，自身也发生了很大的变化。总之，护城河湖对黄淮河中下游城市的蓄积洪涝的作用是尤为重要的，它与城墙、护城堤等共同构成了古城的防洪御涝体系。人们对护城河湖的重要作用自古就有深刻的认识，并积极对其进行疏浚、扩容。如《汴城开渠浚壕记》载："开之使宽，掘之使深，为储水之淀，藏水之柜，谓之壕也可，谓之

① 吴庆洲：《中国古代城市防洪研究》，中国建筑工业出版社1995年版，第187页。
② 嘉靖《夏邑县志》卷二《建置》。
③ 民国《夏邑县志》卷二《建置》。
④ （清）李淇修：《清光绪二年虞城县志》卷九《艺文》，1895年刻本。

海也亦可。凡城内奔腾而来之水，从容收之，止于其所。"①

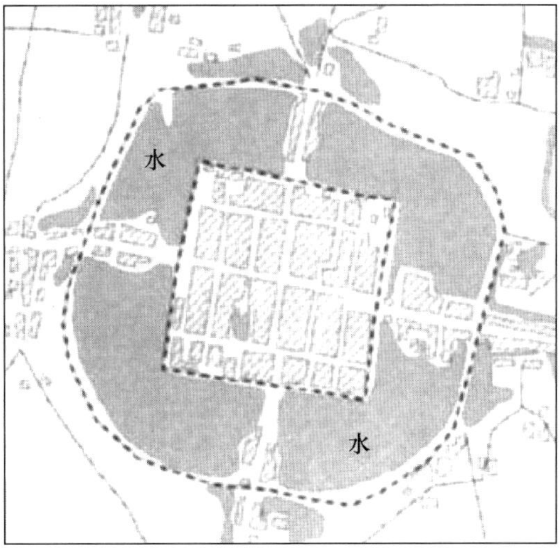

图 2-6　城湖虞城古县城平面

资料来源：转引自纪朝荣《1128—1855 年黄河南泛对虞城县城市形态的影响》（《三门峡职业技术学院学报》2012 年第 12 期）一文。

纵观明清时期黄河泛滥情形，黄河每次决口后，洪水泛滥都给人民带来的深重灾难，自不待言。洪水过后，在平原上沉积大量的泥沙也造成极为严重的后果。水患扰乱了自然水系，如填平了原来的湖沼，淤浅了天然的河流，宣泄不畅之处又将原来洼地变成了湖泊。在平地上留下了大片沙地、沙丘和岗地、洼地②，也使城区洼地积水成湖，形成了奇特的城湖景观。

三　水患与城市形态变迁的关系

黄河是华夏儿女心中的圣河。黄河决口也给城市带来了一定的好处。黄河是一条非常有创造力的河流，黄河泥沙中夹带了丰富的有机物质，滋养着黄河两岸特别是中下游地区人们的生产和生活。每决一次口，等

---

① 俞孔坚、张蕾：《黄泛平原古城镇洪涝经验及其适应性景观》，《城市规划学刊》2007 年第 5 期。

② 邹逸麟：《黄河下游河道变迁及其影响概述》，《复旦学报》（社会科学版）1980 年第 A1 期。

于给土地上了一层肥料，对土壤的改良非常有好处，一年过后，生地就会变成熟地，非常适合耕种，黄河又是悬河，人们能利用它自流灌溉，所以，当地人们虽怕黄河但又离不开黄河，每次洪灾过后，人们会重返家园。但是，黄河又是一条害河。"黄河就像悬在开封人心头的一把利剑，'三年两决口'的情况，使人们经常处于流离失所境地。"①

纵观古代黄河流域城市的历史发展，可知黄河水患对城市变迁的影响具有以下几个方面的作用与特点：

第一，城市作为人类历史文明的象征，在我国率先起源和发展于黄河流域，反映了古代黄河流域经济的最早开发和繁荣，也反映了这里的城市以其巨大的推动力，对我国历史的发展所起到的重大作用；现代黄河流域的主要城市大多起源于古代城市。这也反映了黄河流域古代城市的发展，为现代黄河流域城市的发展创造了有利的条件和基础。

第二，黄河流域城市兴衰的历史表明，在自然经济条件下，由于生产力水平落后，商品经济不发达，城市自发成长的能力很差，大多数城市的形成和发展的过程，除一般经济原因外，重要原因是封建王朝政治设施的建立而引起城市的发展。如早期的都城、京城，乃至后来封国、郡、县治所在地等都在古代形成了大小不同的城市。

第三，黄河流域古代城市的发展，除具有一般自给性经济功能外，主要是政治功能。京城是封建帝王的统治中心，郡、县级城市既是各级地方封建政权统治中心，又是封建帝王统治全国的纽带。另外，古代城市还具有军事防御的功能等。正因为经济功能微弱，这里所有城市都是随着水患的影响，使其城市政治地位的失去而不复存在或衰落的。②

水患引起了城市外围防御系统的巨大变化，城内的空间结构也发生改变。以后在重建过程中，建筑格局更加合理，街道布局更加美观，排水设施构建完整，这些不仅促进了城市的发展，而且也为今天城市的发展提供了很好的借鉴。

① 康冀楠：《开封日报》2016 年 12 月 14 日。
② 李笔戎：《黄河流域城市发展的历史、现状、问题及对策意见》，《宁夏社会科学》1991 年第 2 期。

第三章　黄河水患与下游城市环境变迁

　　城市发展是一个国家社会、政治、经济文化发展的突出标志。随着时代的变迁，人们越来越注意城市环境的发展和变化，特别是在物质财富得到巨大发展和满足的同时，生存环境越来越得到人们的关注和重视。尤其是城市环境，其质量的优劣与人们的生活品位息息相关。因为城市是以人为主导的复合生态系统，是人类生活和生产活动的载体，城市中人口密集，资源被高强度利用，能源耗费巨大，生态与环境变化尤为紧密相关。

　　生态环境就是"由生态关系组成的环境"的简称，是指与人类密切相关的、影响人类生活和生产活动的各种自然力量或作用的总和。生态环境中的诸多因素像水资源、土地资源、生物资源以及气候资源、交通资源等，都对城市的发展产生很大影响，它是关系到社会和经济持续发展的复合生态系统。在城市发展过程中，经常会遇到一些生态环境问题。如果生态平衡遭到破坏，就会导致生态系统的结构和功能严重失调，从而威胁到人类的生存和发展。

第一节　水患与农业生态环境变迁

　　城市发展对外最大的依赖是资源供给。而粮食、布帛是其最主要的生活物资来源，这些资源大多来自城市周边的农村，农业经济是否发达，是关系国家兴盛的一个重要因素，更是城市发展的一个关键因素。

　　城市腹地是城市赖以生存的基础，城市腹地的经济越发达，城市就越有繁荣的条件和环境。反之，城市腹地的经济越落后，促进城市发展的动力就越弱，城市发展就越缓慢。频繁的黄河水患严重地破坏了城市腹地的农业生产和生态环境，对城市经济和社会发展造成了极大的影响。

北宋以来黄河下游河道变迁情况如图 3 - 1 所示。

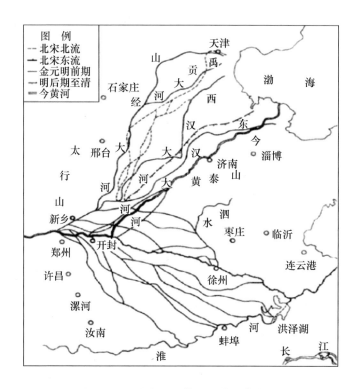

图 3 - 1   北宋以后黄河下游河道变迁

资料来源：转自邹逸麟《黄淮海平原历史地理》，安徽教育出版社 1993 年版。

明清时期，黄河下游河水频繁决口漫溢，不仅淹没了城市以及城市周围的村庄，而且对于城市周围的农田更是造成了毁灭性的冲淹，导致地形改变，土地沙化和盐碱化严重，农业经济遭到严重破坏。

一　水患对城市周围农业经济造成了严重破坏

黄淮平原位于我国"南稻北麦"两类农业区的过渡地带，农作物类型多种多样，经济地位重要。从汉代至宋代，黄淮平原一直都是中原王朝的粮仓，粮食沿着汴水输送至开封、洛阳或西部的长安等地。宋金以后，黄河改道南徙，河决沙淤时常发生，平原内部的生态环境逐渐恶化，尤其是黄河干流两岸，生态退变严重，农业经济诸要素均受到不同程度的破坏。

黄河决溢对农田所造成的严重损毁，不仅波及范围广泛，而且其影响也是深远的。明清时期，黄河对于河南东部、山东西部、江苏中北部和安徽东北部等广阔的范围都产生了很大的影响。我们从历史文献记载中就能了解到黄河下游地区农田被毁的情况。像豫东地区受灾最严重。据《明史·河渠志》载，"永乐三年，河决温县堤四十丈，济、泺二水交溢，淹民田四十余里"；明永乐八年的开封决堤，淹没农田"七千五百余顷"。万历四年（1576），"河决韦家楼，又决沛县缕水堤，丰、曹二县长堤，丰、沛、徐州、睢宁、金乡、鱼台、单、曹，田庐漂没无算"。① "十七年六月，黄水暴涨，冲入夏镇内河，坏田庐，没人民无算。"② 正统十三年（1448），河水东南漫流原武、开封、祥符、扶沟、通许、洧川、尉氏、临颍、郾城、陈州、商水、西华、项城、太康十数州县，"没田数十万顷"。③ 当时开封受灾最严重，即使在开封城西边修筑大小河堤长达三十多里，然而，因为是沙土修筑的堤坝，很容易遭到毁坏，随筑随决，小堤修完立即冲毁，大堤也在修完之后被冲毁过半。崇祯十二年（1639），河决曹家口，坏稼漂庐舍，灾及百里。山东西南地区，遭受黄河洪水冲击也非常严重。正德三年（1508），河北徙三百里，至徐州小浮桥。四年六月，又北徙一百二十里，至沛县城南的飞云桥，俱入漕河。是时，南河故道淤塞，水唯北趋，单、丰之间河窄水溢，决黄陵冈、尚家等口，曹、单等县"田庐多没"。④ 苏北地区，隆庆三年（1569）河决，自河南考城、虞城、山东单县至苏北丰县、沛县、徐州"漂没田庐不可胜数"。⑤ 明神宗万历四年秋天，"河决韦家楼（今山东曹县境），又决沛县缕水堤，丰、曹二县长堤，丰、沛、徐州、睢宁、金乡、鱼台、单、曹田庐漂溺无算，河流口啮宿迁城。"⑥ 黄河漫溢的这些地区，民田被洪水侵占，积水又无法排泄出去，由此造成的涝灾导致大批民田无法耕种，农民逃离家园，无法恢复农业生产。

明清时期黄河河道及两岸城市分布情况大致如图 3-2 所示。

---

① （清）张廷玉等：《明史·河渠二》卷八十四，中华书局 1997 年版，第 2048 页。
② 同上书，第 2056 页。
③ （清）张廷玉等：《明史·河渠一》卷八十三，中华书局 1997 年版，第 2015 页。
④ 同上书，第 2026 页。
⑤ 民权县地方史志编纂委员会编：《民权县志》，中州古籍出版社 1995 年版，第 60 页。
⑥ （清）张廷玉等：《明史·河渠一》卷八十三，中华书局 1997 年版，第 2026 页。

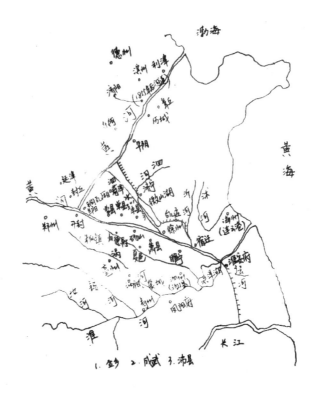

图 3－2　明清时期黄河河道及两岸城市分布情况

资料来源：笔者自绘图。

　　万历三十二年（1604）黄河决口，先淹丰、沛，后来归鱼台，平地成沴，鱼台县八千顷田地，存者不及千顷。① 此后，鱼台县的陆地就变成了昭阳湖一区了。微山湖在明代前期还未形成，湖区原为运河和山东丘陵之间的一片背河洼地，存在一些零星小湖。万历三十二年开挖洳河后，运河改经微山之东。微山一带变为水墅，微山湖上承昭阳湖水，东面受运河余水宣泄，西面有黄河决后沥水的汇注，而南面却受丘陇地带的限阻，尾间宣泄不畅。因此，向东西两面迅速扩展。清初微山湖周围达百余里，"为兖徐间二巨浸"。② 清末民初，昭阳湖占地 165 平方千米，微山湖占地 480 平方千米。③ 总之，鲁西南大片良田沦为泽国，主要是黄河泛

① 《行水金鉴》卷四十二引《明神宗实录》万历三十三年四月已西黄克缵言。
② 靳辅：《治河方略》卷四《湖考》。
③ 武同举：《会勘江北运河日记》，参见《两轩賸语》。

决所致。

景泰三年，"六月，大雨浃旬，复决沙湾北岸，掣运河之水以东，近河地皆没"。明英宗正统十三年，黄河由东北转向东南夺淮入海。南迁的河流在荥泽决口，以致"漫流原武，抵开封、祥符、扶沟、通许、洧川、尉氏、临颍、郾城、陈州、商水、西华、项城、太康。没田数十万顷"。①

崇祯四年六月，黄淮交涨，堤溃河决，里下河地区"数日之内，水深二丈，千村万落，漂没一空"。② 水退之后，仍留下大片沼泽，长期不得宣泄，土壤盐碱严重，淮安、扬州、凤阳、徐州十一州县"一望沮洳，寸草不长"。③ 农业生产遭受严重破坏。

据粗略统计，1575—1855 年，洪泽湖东岸高家堰大堤决口有 140 余次。洪水由运西诸湖漫过里运河，泻入低洼的里下河地区，高、宝、兴、泰四州县成为水壑。高宝等湖面积不断扩大，良田成为汪洋。

顺治二年，黄河决口考城又决王家园，"时年伏秋汛涨，济宁以南田庐多淹没"。④ 康熙元年（1662）六月，"河决开封黄练集，洪水四出漫溢，灌祥符、中牟、阳武、杞、通许、尉氏、扶沟七个县"，⑤ 村落沦没殆尽，洪水所到之处，田禾受害。康熙九年，"是岁五月暴风雨，淮、黄并溢……以数千里奔悍之水，攻一线孤高之堤，值西风鼓浪，一泄万顷，而江、高、宝、泰以东无田地，兴化以北无城郭室庐。水迁回至东北庙湾口入海，七邑田舍浸没"。⑥ 清乾隆四年（1739）五月，曹县、单县、菏泽、金乡、济宁、临清六州县黄水漫溢，成灾地 10430 余顷。⑦ 农田被大水淹没，农民赖以生产的土地遭到破坏，农业生产无法正常进行，农业税收没有了保障，城市的生活物资供应受到影响。

光绪十五年（1889）七月，发生秋汛。"长清县张村、齐河西纸坊，山东滨河州县多被淹浸。"⑧ 遥堤内外水深丈余，田庐牲畜尽被水淹，老

①　（清）张廷玉等：《明史·河渠一》卷八十三，中华书局 1997 年版，第 2017 页。

②　《行水金鉴》卷四十五引《崇祯长编》。

③　《河防一览》卷七《河工事宜疏》。

④　（清）赵尔巽等：《清史稿·河渠一》卷一百二十六，中华书局 1977 年版，第 3716 页。

⑤　同上书，第 3718 页。

⑥　同上书，第 3719 页。

⑦　山东省菏泽地区地方史志编纂委员会：《菏泽地区志》，齐鲁书社 1998 年版，第 95—97 页。

⑧　（清）赵尔巽等：《清史稿·河渠一》卷一百二十六，中华书局 1977 年版，第 3760 页。

幼相扶流徙，死尸遍野。光绪十八年（1892）七月，"决章丘胡家岸，夹河以内，一片汪洋，迁出历城、章丘、济阳、齐东、青城、滨州、蒲台、利津八县灾民三万三千二百余户"。[①] "从历城向下至莱州湾一片汪洋，田园庐舍尽没水中，广大民众生命财产损失无数。"[②] 皖北地区，乾隆四十三年（1778）河决，由涡水、浍水入淮，"亳、蒙、凤、泗等十七州县均被淹"。[③] 黄河水灾的破坏，不仅容易造成农田的大面积受损，其对土地质量的下降所构成的危害也是极为深远的，大量受灾土地生产力的恢复，需要一个较为漫长的过程。农田被洪水淹没和冲毁，导致土地沙化，致使农业经济遭到破坏。那真是"数年禾稼今年好，一夜水来迹如扫"。[④] 水患连年，土地皆"斥卤不可耕"。[⑤] 一般来说，河水的直接冲击属于暂时性灾难，居民可在水退之后通过国家赈济或重新耕作得到部分弥补，但是，如果灾难的危害程度较深并且又频繁出现，百姓的生活物资旋得旋失而得不到保障，那么灾后恢复生产和扩大再生产就必然困难重重。所以，农田数量的减少是对农业经济发展最大的破坏。

二　水患造成土地沙化和土壤盐碱化

黄河水有"石水常留六斛泥"[⑥] 之说。黄河每次泛滥过后，许多地区的农田被淹，泥沙沉溺于黄泛区。短暂或偶尔的泥沙沉淀或能提高肥力，但是，多次的、反复的沉淀却会带来灾难性后果，即沉溺的泥沙不仅改变了地形，而且加速了土地沙化和盐碱化，大大降低了土壤的肥力，形成了严重的灾害次生危害。黄淮平原沙碱化土地的增加多缘于此。

以豫东地区为例，据清文献记载，河南多次发生淹没农田的史实记载。道光年间，黄河在开封发生两次决口，洪水过后"田庐之淤有深至二丈者"，"由朱仙镇起，旁流直至城下数十里，田舍潴没。……境中沃壤悉变为沙卤之区"。[⑦] 水患不仅改变了开封周围肥沃的土壤，还改变了

---

① （清）赵尔巽等：《清史稿·河渠一》卷一百二十六，中华书局 1977 年版，第 3761 页。

② 黄河水利委员会黄河志总编辑室：《黄河大事记》，黄河水利出版社 2002 年版，第 179 页。

③ 乾隆《泗州志》卷四，乾隆五十三年抄稿本。

④ 《李化龙、李于田诗集》，《四库全书存目丛书·集部》第 163 册，第 440 页。

⑤ （宋）李焘：《续资治通鉴长编》卷一百〇四，中华书局 2004 年版，第 2416 页。

⑥ （清）黄文旸：《埽垢山房诗抄》，《续修四库全书》卷五，第 61 页。

⑦ （清）黄舒昺纂，沈传义修《祥符县志》卷六《河渠志·黄河》，清光绪二十四年（1898）刻本。

开封周围的地形。据考古发掘和文献资料证实，开封至迟在宋代以前是地势起伏不平、岗地众多的地区。然后，黄河泛滥，使豫东黄河平原的地理环境发生了很大的变化，平原地貌呈现出一些新的特征：在开封城市的附近形成了大片沙地、沙丘和洼地，交错分布。更为严重的是，每次洪水泛滥，土地受到长期漫流浸渍，使低地土壤盐分集聚，盐碱化度增高，造成大面积沙地、盐碱地。祥符县"一度令百姓出焰硝 60 斤、小盐 3 斤作为税收"①；嘉靖时期，仪封县"狂风一动，田野飞沙"，县境黄冈以东至石家楼 40 余里"尽为斥卤，犁锄罔施"。② 到明朝末年，中牟县更是"延袤百里而沙碛半之"。③ 崇祯十五年，开封河决后，"幅员百里，一望浩渺，豫东平原尽成泽国，其后水涸沙淤，昔之饶裕，咸成碱卤，土地皆为石田"。④ 开封周围分布的几万顷良田变成一片荒漠，"膏腴之地尽成沙卤，飞沙滚滚，东城难望西城"。⑤ 许昌射鹿台以北之地，"卤地遍野，每逢天气潮湿，一片白色如积雪"。⑥ 数十县农业生产大遭破坏。康熙二年（1663），河南巡抚实地考察说，"滨河开、归、陈、汝四府"⑦多为盐碱飞沙之地。雍正三年（1725），阳武一带被黄河泛滥淹没，水后土地皆变成盐碱地。⑧ 光绪十三年（1887），郑工石桥决口，直趋中牟县西北隅，水后县城周围尽变白沙，县北"白气茫茫，远望如沙漠，遇风作小丘陵，起伏其间"⑨，县南多薄沙，也不宜耕种，"沙雍成冈，每风起沙飞，其如粟如菽者，刺面不能正视，轮蹄所过，十步之外，踪迹莫可辨之"。⑩ 同治七年（1868），黄河在郑州决口，郑州境内土地全成沙土白泥和盐碱之地。仅这一次决溢就使 1500 顷左右的田地变成盐碱地。⑪ 黄

---

① 《明太祖实录》卷一百六十五，（台北）"中央研究院"历史语言研究所影印本，第2545 页。

② 嘉靖《仪封县志》，天一阁藏明代方志选刊续编本，第 82 页。

③ 同治《中牟县志》卷十，同治九年刻本，第 19 页。

④ 乾隆《杞县志》卷七《田赋志》。

⑤ （清）周玑修、朱璿纂：《杞县志》卷七《田赋志·地亩》，乾隆五十三年（1788）刻本。

⑥ 民国《许昌县志》卷一《方舆图考》。

⑦ （清）尹会一：《尹少宰奏议》卷二《运销便民疏》。

⑧ 《清世宗实录》卷三十，雍正三年三月。

⑨ 民国《中牟县志》卷八《地理志》。

⑩ 民国《中牟县志》卷三《人事志》。

⑪ 民国《郑县志》，郑十四：《艺文》卷四《食货》。

河泛滥区，造成"一条泛道，一带盐碱"，弄得庄稼难以成长，"昔之饶腴裕，咸化碱卤"。土地沙化和盐碱化日益广域化。

山东鲁西北平原为黄河中下游平原的重要组成部分，又在豫东平原之下，土壤盐碱情况更加严重。该地区的德州、聊城、东平、菏泽、曹县、濮州、阳谷、堂邑、冠县、临清等地也因盐碱土太重而无法种植，政府只好豁免田租。① 武城、寿张、定陶等地也是"地多碱卤"。② 这些地区的土地形成盐碱都是因为地势低洼，排水不畅，水分蒸发后，盐分集聚所致。这些沙土盐碱地，"沙尘碱卤，类多不毛"，"地皆浮沙，根难著土"。③ 因此造成"或种不入地，播种弗留；或苗不秀，秀不实"，"仅可种豆，而连年干旱几成石田"。④ 大量耕地的沙化、盐碱化，使农作物产量锐减，明清时期，"北方粮食亩产一直徘徊在百斤左右，停留在一千多年前汉代的水平上"，使黄河中下游地区的经济"长期处在显著衰退和低落之中"。⑤ 农业不仅是城市社会经济发展的基础，而且是城市工商业的主要原料来源，农业落后势必会给城市手工业、商业发展带来不同程度的影响，原料供应不足，商业衰退，从而给整个黄河中下游城市的发展造成极大的困难。

黄淮下游的苏北、皖北地区与豫东和山东地区相比，情况更加严重。从金元开始，黄河南泛，"河淮并为一渎，则自金明昌五年始耳"。⑥ 邹逸麟先生主编《黄淮海平原历史地理》等专著认为，宋高宗建炎二年（1128），杜充决河为黄河长期夺淮之始，"（建炎二年）十一月，乙未，东京留守杜充闻有金兵，乃决黄河入清河（指泗水）以沮寇，自是河流不复矣"。⑦ 黄河长期夺淮的终止时间是清咸丰五年（1855），时黄河在今兰考铜瓦厢决口，再次掉头北去，由山东利津入海，结束了长达700年之

---

① 宣统《山东通志》卷八十《田赋志》，《清高宗实录》卷八百九十六，乾隆三十六年十一月。

② （明）朱泰、游季勋修，包大爟纂：万历《兖州府志》卷四《风土志》。

③ （清）朱廷献修，刘日娃纂：《新郑县志》卷一《地理志》，康熙三十三年（1694）刊增修本。

④ （清）熊灿修，张文楷纂：《扶沟县志》卷一〇《风土志》，光绪十九年（1893）大程书院刻本。

⑤ 郭豫庆：《黄河流域地理变迁的历史考察》，《中国社会科学》1989年第1期。

⑥ （清）胡谓：《禹贡锥指》卷十三，邹逸麟整理，上海古籍出版社1996年版。

⑦ （宋）李心传：《建炎以来系年要录》卷十八，中华书局1956年版。

久的连续泛淮。下游改道东南夺淮入海，给皖北和苏北地区带来了巨大的灾难。比如，徐州府之萧县"地多沙瘠"①；桃源县"沙硗疏浮"②；淮安府之山阳县"膏腴化为沙确"③；清河县"壅沙为岸"。④ 考察黄河故道，淮北地区地势高亢，地貌复杂。滩区地貌类型以河槽高地为主，滩区耕地土壤类型主要有淤土、砂土、飞沙土、两合土、盐碱土五种，土地质量不高。⑤ 清人陈潢指出，黄河"平时之水，沙居其六，一入伏秋，沙居其八"。⑥ 所以，每次黄河决溢南泛，即将大量泥沙带出堤外，使泛区地面覆盖一层层深浅不一的沙土沉积物。

在农田耕作上，沙碱化的土壤已经不具备正常的生产条件。多"咸碱沙地"的豫东，需要"犁去三尺"才能减少盐碱，见到适宜农作物生长的水分。盐碱化也改变了原来土壤宜于耕作和生长庄稼的固有性质，不利于农业的增产和丰收。如淮北广大地区分别有几层至数十层的冲积沙土层，使原来的青黑土（又名砂礓黑土）变成潮土土壤，在河床和近河处较沙，远河处较黏。⑦ 这些沙土沉积物中沙质过粗处，易形成严重的沙荒。故道河槽里全是粗沙，至今大多抛荒。沙质土壤过多处，易造成长期排水不畅，又进一步引生了土壤的盐碱化。苏北的沛县"过半亩才收数升"。⑧ 清河县"三亩仅当一亩"⑨ 的收成。盐碱土壤在遇旱时有返盐作用，超过农作物耐盐、耐碱能力，往往要破坏作物生理功能和土壤结构，对农作物危害大，可导致作物减产或死亡。⑩ 所以，黄河泛700多年时间里，使淮北地区自然环境变化较大。农作物收成的减少无疑会降低百姓的粮食储存量，来年耕作的籽种也难以保障，农业耕作的开展和农业经济的繁荣也就无从谈起。

---

① 嘉庆《萧县志》卷二，嘉庆二十年刻本，第4页。
② 乾隆《重修桃源县志》卷三，乾隆三年刻本，第1页。
③ 同治《重修山阳县志》卷七，同治十二年刻本，第1页。
④ 光绪《丙子清河县志》卷二，光绪五年刻本，第5页。
⑤ 刘庆远主编：《黄河明清故道考察研究》，河海大学出版社1998年版，第10—26页。
⑥ 《治河方略》卷九。
⑦ 水利部治淮委员会编：《淮河水利简史》，水利电力出版社1990年版，第168页。
⑧ 民国《沛县志》卷三，上海商务印书馆民国九年铅印本，第4页。
⑨ 同治《清河县志再续编·序》，同治十二年刻本，第1页。
⑩ 水利部淮河水利委员会、《淮河志》编纂委员会编：《淮河综述志》，科学出版社2000年版，第419—420页。

三 水患带来严重的旱、蝗等次生灾害

自然灾害是发展农业生产的天敌，对于"种田靠天""既播种而听之于天"① 的黄淮地区来说，更是制约农业丰歉的关键因素。明清时期，黄河中下游地区，特别是淮河北部深受黄河泛滥的危害。以安徽淮河以北的凤阳、灵璧县为例，在乾隆元年至道光二十年（1736—1840）的 104 年里，凤阳发生了 79 次涝灾②，灵璧县雍正七年到乾隆二十二年（1729—1757）28 年里发生了 19 次涝灾和两次蝗灾。③ 安徽淮河以北各州县有萧县、砀山、怀远、凤台、五河、灵璧、泗州、宿州、凤阳等，发生水灾最频繁，据文献记载的水灾几乎都是灾情严重。乾隆六年（1741），安徽巡抚张楷奏曰："臣自入宿境，除一线隋堤之外一望汪洋，田畴俱在水底，夏麦秋禾毫无收获，居民扶老携幼露处沮洳之中，日无所食，夜无所栖，沾体涂足，儿啼女号。"④ 这次灾情异常惨重，据安徽布政使托庸统计，有三十一州县卫受灾，以致本地仓粮不够赈济。除重大水灾以外，旱涝相连的情况时有发生，危害极大。如宿州在 1601—1611 年的 12 年里连旱，在 1681—1687 年连续 7 年河决大水，又在 1810—1818 年连续 9 年因水成灾。⑤ 据旧志载，从明万历到崇祯 70 多年间，阜阳（相当于今阜阳和亳州两市）灾年有 62 年，其中水灾 26 次，旱灾 21 次，虫灾 11 次，饥荒 36 次，瘟疫 2 次。⑥ 从光绪十年到二十四年（1884—1898），安徽淮河以北颍州府七州县就未有丰收之年，1896 年以来，更遭大水，结果是"谷物柴草大贵，往常每岁麦价制钱三百余文一斗者，今八百文。……米谷物价更贵……妻子女饿死逃亡不知几何，加以东西南北皆荒，无处逃亡"。⑦ 自从黄河改道南泛，"淮、徐、凤阳一带之民，全不用人力于农工，而惟望天地之代为长养。其禾、麻、菽、麦

---

① 乾隆《灵璧志略》卷四《杂志》。

② 水利电力部水管司、水利水电科学研究院：《清代淮河流域洪涝档案史料》，中华书局 1988 年版，第 18 页。

③ 《灵璧县各种自然灾害史记》，灵璧县档案局 1980 年 9 月编打印，藏灵璧县方志办。

④ 水利电力部水管司、水利水电科学研究院：《清代淮河流域洪涝档案史料》，中华书局 1988 年版，第 154 页。

⑤ 张秉伦、方兆本：《淮河和长江中下游旱涝灾害年表与旱涝规律研究》，安徽教育出版社 1998 年版，第 16 页。

⑥ 吴海涛：《浅谈阜阳历史文化的特点》，《安徽史学》1998 年第 2 期。

⑦ 水利电力部水管司、水利水电科学研究院：《清代淮河流域洪涝档案史料》，中华书局 1988 年版，第 1007 页。

亦不树艺，而惟刈草以资生者，比比皆然也"。① 自然灾害的频繁和土地的贫瘠，使小农不愿投资于农耕，因为经常只有投入而没有收获。如果旱涝相继，只能使灾情雪上加霜。除旱涝相继的情况发生以外，水旱灾害引发的蝗灾次生害也不断发生。如明嘉靖《宿州志》卷八《杂志》所载，宿州在明成化至嘉靖年间水旱蝗灾接踵而至，"成化十七年（1481）秋阴雨不止，谷粟无成，豆多腐烂"，"十八年大旱，民饥且疫"，"正德三年（1508）春旱秋涝，四年（1509）夏大旱，蝗飞蔽日，岁大饥，人相食，六年（1511）春旱无麦，入夏，阴雨不止；入冬，流贼至，屠戮生灵不可胜计"。可谓天灾人祸频至，贫苦百姓穷困潦倒，苦不堪言。明正德四年（1509），整个安徽淮河以北旱蝗交加。乾隆元年（1736）四月，"河水大涨，由砀山毛城铺闸口汹涌南下，堤多冲塌，下流多在萧、宿、灵、虹、睢宁、五河等州县泛滥"，② 整个安徽淮河以北大遭水灾。乾隆六年（1741），"赈恤安徽宿州、灵璧、虹县、怀远……萧县等十二州县被水灾民"③，"淮、徐、凤、颍各属，连年被水歉收……蠲赈频施……安省之宿州、灵璧、虹县、临淮、怀远、泗州、五河等十九州县卫，被灾各户，所有乾隆五年以前未完带征银两，统行停滞"。④ 灾情严重可见一斑。而蝗灾和旱灾就像孪生兄弟一样连在一起，"因长期干旱，植物生长迟慢，抵抗力弱而易受损……故每当连年旷旱，气候干燥，则蝗灾继起，势亦特烈"。⑤ 嘉靖六年（1527），宿州"夏复苦旱，又遇飞蝗"，这次蝗灾非同一般，"烈地深缝中生蝗蝻虫仔，厚且数寸，遍野而起"，这次蝗灾延续时间还长，一直到嘉靖十五年（1536），"连岁飞蝗遍野"，其灾害程度可想而知。"民多外亡……秋稼无收……束薪十钱，六畜损伤甚众。"⑥ 按照蝗蝻等害虫自身的生存环境来讲，温湿之地最为适宜，因而黄淮滨湖洼之地皆为其滋生的理想之所。明清时期，安徽北部地区水旱无常，普遍黄泛之后留下的榛芜之地颇多，而"蝗虫下子

---

① 《清经世文编·户政一·理财上》。

② （清）赵尔巽等：《清史稿·河渠一》卷一百二十六，中华书局1977年版，第3726页。

③ 《清实录》卷一四五，乾隆六年六月。

④ 《清实录》卷一七一，乾隆七年七月。

⑤ 邓云特：《中国救荒史·灾害之成因》，商务印书馆1993年影印版，第71页。

⑥ 嘉靖《宿州志》卷八《杂志》。

处……多在荒陂榛芜之内"①，再加上适宜的湿温条件，蝗虫滋生繁衍极快，故而蝗灾就成为安徽淮河以北地区的一大灾害。据文献所记，苏北的萧县，因河患、蝗灾相间，使"富者无积贮，贫者不能谋朝夕"。② 沛县也是田地沙瘠，民人"衣食率不给"③，富者无积蓄，贫者朝不保夕，何来余力从事稼穑之事？政治清明之际，百姓尚能够享受惠民政策，勉强维持生存。灾害频繁发生以后，即便是"衽席之安"这样的简单生活需求都难以维持，更何况从事农业生产了。

黄淮下游平原是我国最早开发的地区之一，是"中国膏腴之地"。唐代时期是重要农业经济区。唐河南道（约相当于今山东、河南两省黄河故道以南和江苏、河南、安徽省淮河以北地区）地最为富饶，其正仓、义仓和常平仓所储粮食居于全国的最多数，正仓储有五百余万石。唐代前期所需要的粮食，绝大部分都是来自以淮北为主体的河南道。④ 民间流传的"走千走万，不如淮河两岸"是当时繁荣昌盛局面的生动写照。可是，黄河长期泛淮，使黄河下游淮北地区沧桑巨变，它毁灭了城市，吞没了良田，淤阻了交通、河、湖，使当地生产条件恶化，给当时当地人民生命财产造成了极大的损失。更为严重的是，它使这一区域原本良好的生态环境遭到破坏，导致当地旱、涝、蝗、风沙、盐碱等灾害不断。

正是自然灾害的加剧，使社会生产遭到破坏，社会安定也受威胁。"土瘠民贫，生理鲜少，加以频年被水，日就凋残。邑无城垣，野无道路，田无沟洫……爨无灶，食无案，卧无床席，冬无被，夏无帐。"⑤ 简直是一片贫困凄惨景象。安徽淮河以北地区自金元以后到民国时期，无论是黄河长期连续乱淮带来的涝灾、沙灾和土壤碱化，还是该地区河流特征、土壤特点及气候条件的特殊性而造成的水、旱、蝗灾的频繁发生，都给该地区的农业生产带来了极为严重的恶劣影响，破坏了该地区的经济发展，也严重影响了黄河下游和淮北地区城市的正常发展，这也是安徽北部地区一蹶不振的一个重要原因。

---

① （后晋）刘煦等撰：《旧五代史·后梁太祖纪第四》开平二年五月，中华书局 1997 年版。

② 嘉庆《萧县志》卷二，嘉庆二十年刻本，第 4 页。

③ 民国《沛县志》卷三，上海商务印书馆民国九年铅印本，第 4 页。

④ 史念海：《唐代历史地理研究》，中国社会科学出版社 1998 年版，第 53、54 页。

⑤ 乾隆《灵璧志略》卷四《杂志》。

四　水患对农业劳动力造成冲击

劳动力是农业经济发展的最可靠的保证，没有劳动力，农业发展就失去了保障。在明清时期，作为世界上的一个农业大国，没有劳动力是根本无法进行的。因此，在农业生产中，劳动力的数量多少及其劳动力是否稳定，是影响农业长期发展的一个重要因素。受黄河水患长期而广泛的影响，明清时期，黄河下游地区农业生产中的劳动力队伍也深受冲击，这主要缘于水患中直接性的人口大量伤亡、河患治理对劳动力的大批占用和由河役之重引发的人口大量外迁，以及农业生产条件恶化迫使民众流移等多种因素的综合作用。

明清时期，每次黄河决溢都极易造成人口的惨重亡溺。如天顺五年（1461）七月，河决汴梁土城，又决砖城，城中水丈余，坏官民舍过半。周王府宫人及诸守土官皆乘舟筏以避，军民溺死无算。[1] 弘治二年（1489），河南原武至安徽宿州一带因河决"民多溺死"。[2] 特别是河水对江苏徐州周围的侵害更是肆无忌惮。"淮安、高、宝、盐、兴数百万生灵之命托之一丸泥，决则尽成鱼矣。"[3] 万历二年（1574）因河、淮并溢溺死民人一千六百余口。[4] 死亡的威胁迫使部分百姓放弃家园而远足他乡。桃源县，因河患相继，百姓流亡，使多个村庄荒芜。清河县"潦水一至，编氓流离"，以致"徙民而空其地"成为当地人的谈资。[5]

据《明史·河渠一》载，黄河水灾对河南开封及以东地区劳动力的冲击也很大。万历十七年六月，黄水暴涨，不仅冲决兽医口（开封西北）月堤，漫李景高口（在赵皮寨下游，地处兰阳与仪封之间）新堤，冲入夏镇内河，"坏田庐，没人民无算"。[6] 万历十九年，泗州也发生大水，水淹泗州城达三尺多深，城中居民沉溺十九，"山阳复河决，田庐浸伤"。[7] 崇祯"十五年，流贼围开封久，守臣谋引黄河灌之。贼侦知，预为备。乘水涨，令其党决河灌城，民尽溺死"。[8] 据《行水金鉴》卷四五引《静

---

① （清）张廷玉等：《明史·河渠一》卷八十三，中华书局 1997 年版，第 2020 页。

② 光绪《宿州志》卷三十六，光绪十五年刻本，第 3 页。

③ （清）张廷玉等：《明史·河渠二》卷八十四，中华书局 1997 年版，第 2055 页。

④ 光绪《安东县志》卷五，光绪元年刻本，第 11 页。

⑤ 咸丰《清河县志·吴棠序》，咸丰四年刻本，第 1 页。

⑥ 同上书，第 2056 页。

⑦ 同上。

⑧ （清）张廷玉等：《明史·河渠二》卷八十四，中华书局 1997 年版，第 2073 页。

志居诗话》载："贼党觉，移营高岸，多储大航巨筏，反决马家口以灌城。河骤决，声震百里，排城北门入，穿东南门出，流入汴水。汴水忽高二丈，士民溺死数十万。"这种黄河水灾对下游区域农田的冲毁，进一步加剧了民众农业生产环境的恶化，并成为推动民众迁移的重要动因之一。

康熙六年，"决桃源烟墩、萧县石将军庙，又决桃源黄家嘴，沿河州县悉受水患。黄河下流既阻，水势尽注洪泽湖，高邮水高几二丈，城门堵塞，乡民溺毙数万"。① 十四年，河决徐州潘家塘、宿迁蔡家楼，又决睢宁华山坝，复灌清河县治，"民多流亡"。② 黄河水灾淹没了众多城市周边的农田，受灾民众无数。当时朝廷不得不调拨两淮盐课银两五十万、江西漕粮三十万赈恤灾民，其灾害严重程度不可言表。而此一两年之久，数十州县亿万生灵流离，岂堪设想。明清时期的生产力尚未接受工业技术的洗礼，播种、施肥、收割、灌溉、运输等农业耕作的各个环节无不倚重劳动力的艰辛付出，特别是当时的人均耕地又较今天为多，人口的多寡在很大程度上左右了农业经济的兴衰。

可见，水灾对农田的严重破坏和威胁，极易引发大量民户逃离家园，成为流民。这种大批民众于河役中的亡溺、农业耕作环境的恶化，对黄河下游地区劳动力的稳定与维系，自然造成了极大的损害。此外，长期而繁重的河役负担也是促使明清河北地区农业劳动力大量流失的一个重要因素。

伴随着明清时期黄河在下游区域的河南、山东、江苏北部和安徽东北部的频繁决溢，对其治理、救护也不断展开，由此而导致该地区"工役罕有虚岁"③，从而给民众带来极为沉重的劳役负担。明清时期，天下的力役负担一半以上源自河渠堤埽。而这种"河渠堤埽"即主要集中于对黄河下游的疏浚、堵塞的治理中。生活于黄河下游沿岸的广大民户，不仅要时常面对黄河水灾的威胁，而且也多是黄河沉重河役负担的承担者。像洪武八年，"河决开封太黄寺堤。诏河南参政安然发民夫三万人塞之"。④ 洪武二十三年春，黄河在归德州东南凤池口即今天商丘县东南决

---

① （清）赵尔巽等：《清史稿·河渠一》卷一百二十六，中华书局 1977 年版，第 3718 页。
② 同上书，第 3719 页。
③ （北宋）晁说之：《嵩山文集》卷一《四部丛刊本》。
④ （清）张廷玉等：《明史·河渠一》卷八十三，中华书局 1997 年版，第 2013 页。

堤，然后河水冲经夏邑、永城两地，水势巨大，朝廷"发兴武等十卫士卒，与归德民并力筑之"。① 明年，复决阳武，汜陈州、中牟、原武、封丘、祥符、兰阳、陈留、通许、太康、扶沟、杞十一州县，有司具图以闻。发民丁及安吉等十七卫军士修筑。明朝军队编制实行"卫所制"。一府设所，几府设卫。卫设指挥使，统兵士五千六百人。卫下设千户所（一千士兵），千户所下设百户所（一百士兵）。当时河南商丘发生水灾，动则发十卫、十几卫军去修筑河堤，发兵数量之多，可以说明水灾之严重性。从另一方面说明，当时的百姓无力应付繁重的修河负担，以致倾家荡产以从役事。

永乐八年秋，河决开封，坏城两百余丈。民被患者万四千余户，"帝乃发民丁十万"②，命令兴安伯徐亨、侍郎蒋廷瓒偕同侍郎金纯一起修治河堤，并令尚书宋礼总监这次修堤过程。弘治二年九月，黄河自上源决口，大水冲入南岸十三个县，北岸受灾的县多达十七个。朝廷命令白昂为户部侍郎，负责修筑河堤，发役夫二十五万，修筑阳武长堤，才完成修堤任务，以防张秋漕道后患。

嘉靖十三年，河决赵皮寨入淮，谷亭流绝，庙德口复淤。时任总道副御史刘天和③"役夫十四万浚之。已而，河忽自夏邑大丘、回村等集冲数口，转向东北，流经萧县，下徐州小浮桥。刘天和认识到了水患的严重性，并指出：'黄河自鱼、沛入漕河，运舟通利者数十年，而淤塞河道、废坏闸座、阻隔泉流、冲广河身，为害亦大。今黄河既改冲从虞城、萧、砀，下小浮桥，而榆林集、侯家林二河分流入运者，俱淤塞断流，利去而害独存。'"④ 四十四年七月，黄河在沛县决口，上下两百余里运道全部被淤塞，全河倒流，从沙河到徐州以北地区，到曹县棠林集而下，浩渺无际，河患达到了极点。于是嘉靖皇帝命令朱衡任工部尚书兼理河漕，又任命潘季驯为金都御史总理河道。但是，两人观点不一致，潘季驯认为，治理黄河是最为急迫的大事，主张复故道。据潘氏《总理河漕

① （清）张廷玉等：《明史·河渠一》卷八十三，中华书局1997年版，第2014页。

② 同上。

③ 刘天和，字养和，湖北麻城人，官至兵部尚书。嘉靖十四年主持治河，提出"黄河之当防者惟北岸为重"，又总结"植柳六法"，对黄河水沙特点和决溢规律多有中肯分析。著有《问水集》，《明史》卷二〇〇。

④ （清）张廷玉等：《明史·河渠一》卷八十三，中华书局1997年版，第2034页。

奏疏》卷一，潘季驯主持对贾鲁河故道进行勘查，并向朝廷奏报了《查勘上源疏》，提出了"开导上源与疏浚下流"的方案。而朱衡更重视眼前，他认为，自留城至沛，莽为巨浸，无所施工；横互数十里，寨裳无路，十万之众何所栖身；挑浚则淖陷，筑岸则无土，且南塞则北奔；夏秋淫潦，难保不淤。当时朝廷很多大臣虽然也赞同潘季驯复黄河故道，但是，"役夫三十万，旷日持久，骚动三省；大役踵兴，工费数百万，一有不继，前功尽毁"。① 所以，潘季驯的想法也是不尽如人意的。从争论的问题来看，朱衡和朝臣考虑得很有道理。况且，当时潘季驯受朱衡节制。朝廷不忍民罹水灾，于是嘉靖皇帝最终同意朱衡的建议，开凿了自鱼台南阳抵沛县留城百四十余里的新河道。同时，朱衡还浚旧河自留城以下，抵境山、茶城五十余里的河道，由此与黄河会。又筑马家桥堤三万五千二百八十丈，石堤三十里，遏制黄河之出飞云桥，趋秦沟入洪。然而，完工不久，黄河就复决沛县，冲毁了沛县飞云桥东边的马家桥堤。从这次黄河决口到治理的过程中，役使民夫三十万，工程之浩大可想而知。

隆庆五年四月，乃自灵璧双沟而下，北决三口，南决八口，支流散溢，大势下睢宁出小河。而匙头湾八十里正河悉淤，"季驯役丁夫五万，尽塞十一口"。②

万历四年，"黄水抵清河与淮合流，经清江浦外河，东至草湾，又折而西南，过淮安、新城外河，转入安东县前，直下云梯关入海。……草湾以东自决一口，宜于决口之西开挑新口，以迎埽湾之溜，而于金城至五港岸筑堤束水。语云：'救一路哭，不当复计一家哭。'今淮、扬、凤、泗、邳、徐不啻一路矣。安东自众流汇围，祇文庙、县署仅存橼瓦，其势垂陷，不如委之，以拯全淮。帝不欲弃安东，而命开草湾溜如所请。八月，工竣，长万一千一百余丈，塞决口二十二，役夫四万四千。帝以海口开浚，水患渐平"。③ "光绪十三年，黄河决开州大辛庄，水灌东境，濮、范、寿张、阳谷、东阿、平阴、禹城均遭水灾"。④ 而"河南州县如中牟、尉氏、扶沟、鄢陵、通许、太康、西华、淮宁、祥符、沈丘、鹿

---

① （清）张廷玉等：《明史·河渠一》卷八十三，中华书局1997年版，第2039页。
② 同上书，第2041页。
③ 同上书，第2048页。
④ （清）赵尔巽等：《清史稿·河渠一》卷一百二十六，中华书局1977年版，第3754页。

邑多被淹浸，水深四五尺至一二丈，特颁内帑十万，并截留京饷三十万赈抚"①，洪水肆虐程度可见一斑。

在清朝像这样的大规模地征发丁夫、承担修堤任务的事例不胜牧举。道光二十一年六月，决祥符，大溜全掣，水围省城。河督文冲又请迁省治，上命同豫抚牛鉴勘议。就在这个时候河溜由归德、陈州折入涡会淮注洪泽湖，拆展御黄、束清各坝，尚不足资宣泄，并展放礼、智、仁坝，义河亦启放。……查黄水经安徽汇洪泽，宣泄不及，则高堰危，淮扬尽成巨浸。况新河所经，须更筑新堤，工费均难数计。大量丁夫的征调，必然对农业生产劳动力的需求产生极大的影响。在中国古代社会，下层民众的安土重迁观念是颇为浓厚的。但是，在沉重黄河河役的重压之下，为谋求生计，黄河沿岸的民众仍被迫大批外迁，这种现象的形成，河役负担的沉重无疑是其重要原因之一。频繁的河水灾害，再加上繁重的力役负担，使相对于本就生活无着的下层民众而言，繁重河役的继续进行无疑是雪上加霜。在日常生活都无法正常维系的情况下，农业生产的进行也就更是无从谈起。

五　水患消耗了大量农业生产发展资金

黄河的不断决溢与对其治理的长期开展，不仅对河北区域农业的发展在劳动力、生产环境等方面造成诸多损害，大量财富、资金的损耗，也对农业生产的发展设置了极大的障碍。明清时期，用于黄河下游的治理可谓耗费巨资，史料中有很多这方面的记载。明世宗嘉靖四十四年，黄河在河南、山东、江苏等地多处溃决，时任佥都副都御使潘季驯总理河道，提出了修复黄河故道的建议，而大臣们认为："役夫三十万，旷日持久，骚动三省，大役踵兴，工费数百万"②，正因为耗资较大，皇帝便没有采纳其建议，而是采取了工部尚书朱衡开新河的建议。明神宗万历初年，因为黄河常常夺淮入海，导致河漕淤塞，大大影响运河的运输功能，朝廷便"不惜数万帑藏，开挑正河"，以利漕运的畅通。万历八年，朝廷擢升潘季驯为太子太保工部尚书，他负责黄河下游徐州等地的河堤修复工程。"筑高家堰堤六十余里，归仁集堤四十余里，柳浦湾堤东西七十余里，塞崔镇等决口百三十，筑徐、睢、邳、宿、桃、清两岸遥堤五

①　（清）赵尔巽等：《清史稿·河渠一》卷一百二十六，中华书局 1977 年版，第 3756 页。
②　（清）张廷玉等：《明史·河渠一》卷八十三，中华书局 1997 年版，第 2039 页。

万六千余丈，砀、丰大坝各一道，徐、沛、丰、砀缕堤百四十余里，建崔镇、徐升、季泰、三义减水石坝四座，迁通济闸于甘罗城南，淮、扬间堤坝无不修筑，费帑金五十六万有奇。"① 特别是万历二十年，黄河水势横溃，徐、泗、淮、扬间无岁不受患，祖陵被水。当时，贞观去拜谒祖陵，"见泗城如水中上浮盂，盂中之水复满。祖陵自神路至三桥、丹墀无一不被水"。② 为了保护明祖陵的安全，朝廷花费三十六万银两巨资，修筑了归仁堤，疏导黄淮河道。黄河水患对当时各地农业资金的破坏即可见一斑。清朝时期，随着黄河水患肆虐程度的加大，河役治理所耗费的社会财富也与日俱增。比如，雍正东河总督嵇曾筠和江南总督孔毓珣，提出每年修治河道的费用"分年轮流加倍，约岁需二万余金"③；乾隆四十三年，决祥符，旬日塞之。闰六月，决仪封十六堡，宽七十余丈，地在诸口上④，掣溜湍急，由睢州、宁陵、永城直达亳州之涡河入淮。此处决口，是决了塞，塞了再决。"是役也，历时二载，费帑五百余万，堵筑五次始合。"⑤ 嘉庆十年闰六月，两江总督铁保言："'河防之病，有谓海口不利者，有谓洪湖淤垫者，有谓河身高仰者。此三说皆可勿论。既惟宜专力于清口，大修各闸坝，借湖水刷沙而河治。湖水有路入黄，不虞壅滞，而湖亦治。'上嘉其言明晰扼要。'至谓清水敌黄，所争在高下不在深浅，所论固是，但湖不深，焉能多蓄？是必蓄深然后力能敌黄。俟大汛后，会商南河总督徐端，迅将高堰五坝，及各闸坝支河，酌量施工。'时有议由王营减坝改河经六塘河入海者，铁保偕南河总督戴均元（十八年任东河总督。东河，河南、山东黄河的简称，其机构辖河南和山东境内的黄河段）上言：'新河堤长四百里，中段漫水甚广，急难施工，必须二三年之久，约费三四百万。堵筑减坝，不过二三月，费至二百余万。且旧河有故道可寻，施工较易。'上从之。"⑥

道光二十一年，河决祥符，大溜全掣，水围省城。河督文冲请照睢工漫口，暂缓堵筑。遣大学士王鼎、通政使慧成勘议。文冲又请迁省治，

① （清）张廷玉等：《明史·河渠一》卷八十四，中华书局1997年版，第2053页。

② 同上书，第2056页。

③ （清）赵尔巽等：《清史·河渠一》卷一百二十六，中华书局1977年版，第3725页。

④ 《续行水金鉴》卷一八，乾隆四十三年闰六月二十八日条，作"仪封汛十六堡、十七堡、二十二堡、二十四堡、三十六堡浸水六处，惟十六堡地在诸口之上"。

⑤ （清）赵尔巽等：《清史·河渠一》卷一百二十六，中华书局1977年版，第3731页。

⑥ 同上书，第3733页。

上命同豫抚牛鉴勘议。时河溜由归德、陈州折入涡会淮注洪泽湖，拆展御黄、束清各坝，尚不足资宣泄，并展放礼、智、仁坝，义河亦启放。八月，鉴言节逾白露，水势渐落，城垣可无虞，自未便轻议迁移。王鼎等言："河流随时变迁，自古迄无上策，然断无决而不塞、塞而不速之理。如文冲言，俟一二年再塞，且引睢工为证。查黄水经安徽汇洪泽，宣泄不及，则高堰危，淮扬尽成巨浸。况新河所经，须更筑新堤，工费均难数计。即幸而集事，而此一二年之久，数十州县亿万生灵流离，岂堪设想。且睢工漫口与此不同。河臣所奏，断不可行。疏入，解文冲任，枷示河干，以朱襄继之。道光二十二年，祥符塞，用帑六百余万。二十三年，六月，决中牟，水趋朱仙镇，历通许，扶沟、太康入涡会淮。复遣敬徵等赴勘，以钟祥为东河总督，鸿荃督工。道光二十四年正月，大风，坝工蛰动，旋东坝连失五占，麟魁等降黜有差，仍留工督办。七月，上以频年军饷河工一时并集，经费支绌，意欲缓至明秋兴筑。钟祥等力陈不可。十二月塞，用帑千一百九十余万。"[1]

可见，反映在当时士大夫的言论中，黄河治理中的河费开支是被视为"国之大费"之一来看待的。这种黄河治理长期、大规模地开展，必然会严重冲击到东河区域农业资金的投入，进而引发农业发展的滞缓。

综合来看，明清时期，伴随着黄河水灾的长期性频繁决溢的发生，对劳动力队伍的稳定、农田的维系以及农业生产资金的投入等方面都造成极大的危害，从而引发农业生产环境的严重恶化。同时，这种严重危害，又是长期、广泛地存在于河南、山东、安徽、江苏境内的，因此长期制约着黄河中下游地区农业的正常发展。在应对黄河水灾的过程中，朝廷虽借助于水灾赈济、减免赋税等多重手段来稳定和恢复其农业生产的正常秩序，但因黄河频频决溢造成人员伤亡惨重、河役负担沉重、农田大量损毁等缘故，根本无法扭转农业劳动力大规模外迁、农田大批损毁乃至荒弃等现象。而黄河河役的长期开展，也耗费了大量社会资金和财富，这也显著影响到农业耕作的正常发展。在黄河水患不断、河役无休止开展的重压之下，黄河下游地区的农业生产条件极度恶化。

六 水患导致农作物减产或部分调整

沙化的土地冲击了原有的农作物，比如桃源、睢宁两县，因淤土带

---

① （清）赵尔巽等：《清史·河渠一》卷一百二十六，中华书局1977年版，第3740页。

沙、壤土贫瘠而"不宜艺稻"。① 虽然百姓意识到了这个问题，也对农作物做了部分调整，但因为技术能力的限制，调整力度不大。

北方是小麦的主要种植区域和传统的粮食作物。在"南稻北麦"的格局中占据半壁域土，但在土壤沙碱化的新生态条件下，小麦种植的适应性面临考验。清初著名文学家汪价曾做过实地考察，据《中州杂俎》载："河南黄河流变，地之肥瘠靡定，甚宜于麦。"② 或许这一认识在当时已具有普遍性，并深化了百姓对小麦种植的重视。明代河南境内粮食作物一半以上的收成来自小麦。③ 种植面积和总产量均值得肯定。再从生长期看，明清时期，黄河中下游种植的小麦多为冬小麦，一般在每年九月底十月初间播种，第二年六月上旬或下旬收割，恰好避开了夏秋多发的黄河水患，可保障小麦的收成。④ 所以，从生长期这一优势考虑，种植冬麦当为官民重视。除冬麦的大面积种植以外，苜蓿也是新的改善土壤的一种新植物。苜蓿是一种多年生的草本植物，种植以后宜于生长，牲畜可以食用，也可作为百姓接济性食物，"用沙碛之地，既种苜蓿之后，草根盘结，土性渐坚，数年之间，即成膏腴，于农业洵为有宜"。⑤ 针对这一优点，嘉庆年间，开封地区出现了"北去龙沙苜蓿肥"⑥ 的景象，长势良好的苜蓿尽收眼底。除此之外，黄河泛区还适宜种植棉花和甘薯等作物。"兰邑之阳地平沙，比岁多种木棉花"⑦，由此可证明豫东兰阳县比往年多种棉花。清朝雍正年间，河南各府州均出产棉花⑧，淯川县所产丝绵每年行销本境三四百匹，陆运至鄢陵、中牟、开封等地，"每岁销行千余匹之谱"。⑨ 除满足本地消费以外，还远销至江南地区。⑩ 苏北的丰县，百姓也"多种棉，工纺织，以产布名于四方"。⑪ 从经济发展的角度看，

① 乾隆《重修桃源县志》卷四，乾隆三年刻本，第24页。
② 汪价：《中州杂俎》卷十九，中国风土志丛刊本，第17页。
③ （宋）宋应星：《天工开物》卷一，商务印书馆1933年版，第5页。
④ 惠富平：《汉代黄河流域麦作发展的环境因素与技术影响》，载王利华《中国历史上的环境与社会》，生活·读书·新知三联书店2007年版，第79页。
⑤ （清）方寿畴：《抚豫恤灾录》卷五，嘉庆年间刻本，第50页。
⑥ （清）黄钊：《读白华草堂诗二集》卷十，《续修四库全书》第1516册，第198页。
⑦ 嘉靖《兰阳县志》卷二，天一阁藏明代方志选刊本，第17页。
⑧ 雍正《河南通志》卷二十九，《文渊阁四库全书》第536册，第94页。
⑨ 光绪《淯川县乡土志》卷下，光绪二十六年石印本。
⑩ 余金：《熙朝新语》卷九，上海古籍出版社1983年版，第9页。
⑪ 光绪《丰县志》卷三十八，光绪二十年刻本，第18页。

棉花等作物的种植，既增加了收入，还推动了农业发展。沙化土地种植棉花带来了新的经济增长点，弥补了土地利用的不足。

总之，农业不仅是城市社会经济发展的基础，而且是城市工商业的主要原料来源，农业的破产必然会给城市手工业、商业带来不同程度的影响，原料供应不足，商业衰退，就会给整个城市的发展造成了很大的困难，使城市发展极其缓慢，或者停滞衰退。

第二节　水患与城市水系环境变迁

如果说水患带给农业生产和人民生活的危害可能是暂时的，那么水患引起的农业生态环境的退化而导致的城市环境恶化却是长期存在的。水患导致城市水系紊乱，湖泊淤没，城市水系结构发生了很大变化。

一　下游平原地区水系遭到破坏

水患造成城市周围农田土壤沙化、盐碱化，极度影响农业生产的同时，城市周围的植被也在急剧减少，大量湖泊、沼泽被淤没，城市周围的水系被破坏，生态环境日益恶化。

（一）黄沙淤平了原有河流，造成了城市周围水系更迭

黄河决溢给周边城市带来的不仅仅是洪涝灾害，同时也带来了严重的沙灾。正如邹逸麟先生所总结的那样，每次决口后，洪水泛滥给人民带来的深重灾难自不待言。洪水过后，大量的泥沙沉积在平原上，也造成了非常严重的后果，致使自然水系紊乱。开封是"四渠"之城，有惠民、金水、五丈和汴水四渠，汇于天邑，使之成为"水路一都会"。明清时期，黄河泛滥，全城悉为潦水泥沙所淹，水退之后，河道淤浅，运道被废，开封也因为水系被破坏而丧失了都城的地位，乃至到清朝时期由宋代的都城而降为省府直至县级城市。除了开封，其周边城市也深受影响。黄河泛滥导致河南虞城水系格局发生变化。[①] 位于商丘东边的虞城，旧有孟诸泽、小股河、古汳渠、空桐泽等河湖，这些河湖在黄河南泛的历史进程中已无迹可循。明嘉靖九年（1530），黄河决口于曹县胡村寺，

---

① 纪朝荣：《1128—1855 年黄河南泛对虞城县城市形态的影响》，《三门峡职业技术学院学报》2012 年第 12 期。

从贾家坝东涌进小股河，淤平孟诸泽；万历十六年（1588），黄河大堤全程筑成，小股河成为季节性河流（今济民沟）；古汴渠、空桐泽等也在黄河作用下淤废。还有一些河流是因为黄泛以后产生的，比如万历二十五年（1597），黄河在黄堌坝决口，形成了新河洪河；虞城县东南的惠民沟，是开浚防御河患而形成。据光绪《虞城县志》卷二《堤沟》记载："惠民沟在县东南，明邑司寇杨东明与知县王纳言开浚，以防河患。康熙二十九年（1690），知县李仲极重浚，照旧沟式开沟一道。"此后，就成为现今的虬龙沟。洪河、虬龙沟都是在黄河南泛的背景下形成的新河流。位于虞城东边的夏邑城，境内河网密布，河流众多。黄河南泛时期，由于从上游携带了大量泥沙，泥沙对河流有淤平的作用，使一些河流逐渐消亡。比如，夏邑县城北一里许的睢水，是自春秋至清代流经夏邑城的一条古河道。清代，因黄河泛淤，睢水中上游河床淹废，下游屡经改道，曾导睢水为南、中、北三股河；县南边三十里的柳河，自汴河东流入永城界，经南直隶清河口达于海，今因黄河泛淤而淤塞。在一些河流消失的同时，为了抵御黄河水患，夏邑民又重新开浚了一些河流和沟渠，像夏邑周围的白河、响河、毛河、岐河等，都是因为黄河泛滥影响而新开浚的新河流。① 据嘉靖《夏邑县志》卷一《地理志·山河》载："白河，县南五里，源自归德马牧店，东分递流于永城界，达于小河口，往岁源塞，夹岸则花柳掩映，清流则莲芰芬芳，春夏之际，景如图画，故旧志有白河烟雨之题。嘉靖七年始开治，以杀黄河水势，而此景荡然无存者，人士怜之，未逾年而沙淤者三四，徒劳疏浚，而靡费巨万，且无济于漕运，今流久绝，化为民田。"清乾隆十七年（1752），知县初元方奉旨治理巴清河，又官费开浚响河，挑浚毛河、岐河、小引沟、毛家沟等河流。据乾隆《归德府志》卷十六《水利略三·夏邑诸水》载："夏邑诸水以响河为干，其毛家沟、小引沟、岐河、巴清河、桶子河诸道率支河也，然惟巴清河本名巴河，见于旧府志及夏邑志，但不详及河之经流、起止及宽广丈尺，其他水则俱失载。"对比明朝嘉靖年间和清乾隆年间夏邑境内河流，可以看出，在黄河南泛时使境内的睢水、白河消亡，同时又产生了响河、毛河、岐河、小引沟、毛家沟等新河流。由此可见，黄河南

---

① 崔松松：《黄河变迁对夏邑县城市形态的影响》，《三门峡职业技术学院学报》2014 年第 9 期。

泛对夏邑城水系变化产生了很大影响。位于虞城西边的睢县城，北靠黄河，周围有浍水、涡河和颍河，水系构成相当复杂。顺治十六年（1659）黄河水决城，损失惨重。十七年（1660），黄河在陈留郭家埠、虞城罗家口决溢，溃水由睢州新城西北门右翼门冲入城中，民房被淹没数千间。直到康熙二十一年（1682），知府陈应富捐俸修城，新城城墙加高加厚，才算稍稍免除了秋水灌盈被冲决的忧患。① 按照旧志的记载，睢县新城西边小门名曰右翼，嘉靖年间，睢州新城修筑时，右翼门外并没有通路，后来经乡绅倡议开之。右翼门之外之所以不通路，其原因就是黄河故道经常泛滥，陆路交通不便。在新城未修之前，睢城周围有发达的水系交通可直通东南吴越、荆楚之地，商旅往来睢县城数载，后来就因黄河灌城，新城周围的水系也荡然无存了。位于安徽东北部的砀山，也因为黄沙淤平了河流，造成了当地水系的更迭。"河道之系于民生大矣"。② 据记载，黄河流经砀山之前，砀山境内有多条河流，但在黄河流经之后，这些河流或者逐渐淤塞消失，或者改为他名。县东七十里有盘岔河，今淤；县西南五十里有夹河，为元末刘福通迎韩林儿为帝之处，今淤；县西九里有九里沟河，今淤；县东北二十余里有羊耳河，今淤；县南五十里有滩河，县东南有徐溪口，睢水自永城县经徐溪口，又下东南入萧县界，明嘉靖中自徐溪口至永城俱成平陆；还有白川河、新岔河、李河、桑叶河等，数条河流也无处可考；而新泽汇或指为小神湖，雁池或指为华池。③ 乾隆二十二年（1757），天子巡幸江南，"亲见徐淮上下……汙莱弥望，岁警水荒，恻然深念"。④ 命重臣循流溯源，大修河道，"砀邑得河道七"⑤：其一自县西北经虞城、永城、夏邑，入淮为减水河，也就是老黄河；其二自毛城铺南经萧县，入淮为洪沟河；其三自西北经县城北，入减水河为利民河；其四自县南有小神湖，入减水河为永定河；其五自毛城铺东北沿堤，入萧县为文家河；其六自吕公堤顺流，入萧县为顺堤河；其七在大河之上，北承西水入丰铜沛达于微山湖为华家坡河。其中，洪

---

① 参见康熙《睢州志·城池》，转引自河南省睢县地名办公室《河南睢县古今地名荟萃》，中国科学院开封印刷厂，1988 年版。

② 乾隆《砀山县志》《艺文志·砀山县河道图志》。

③ 乾隆《砀山县志》卷一《舆地志·山川》。

④ 乾隆《砀山县志》卷十三《艺文志·砀山县河道图志》。

⑤ 同上。

沟、减水、华家坡三条为干流，其余四条均为支流。[①] 至此砀山境内水系"经纬井然，脉络连贯，阴涝之水得有所归，无横溢弥漫之患"。[②]

（二）灌溉工程毁废

两汉、魏晋时期，黄河中下游及淮北地区形成了兴修农田水利的高潮。据《水经注》所载，汉时淮河以北有陂塘九十余处。[③] 当时著名的水利工程有鸿隙陂、郑陂、葛陂、富陂、潼陂等。唐朝、北宋时期，该区农田水利建设再兴高潮，有观音陂、百尺堰、大崇陂、邓门陂、新河等水利工程的修建。黄河长期南泛后，上述灌溉工程大多淤塞崩坏。

二 水患淤沙使下游湖泊大量消失

黄淮平原原有众多因洼地积水而形成的湖泊，大者如圃田泽、荥泽、孟诸泽、蒙泽、菏泽、大野泽、雷夏泽等，而小湖泊更如串珠之密布。因黄河南泛和人为开垦、气候变化等原因，上述原来的湖沼被填平变成平陆之地；天然的河流被淤浅，宣泄不畅的地方又将原来的洼地改变成了湖泊，大片的沙地、沙丘和岗地、洼地留在了平地上。[④] 如位于今河南中牟县的圃田泽，它北通黄河，东连济水、蒗荡渠，"水盛则北注，渠溢则南播"。成为黄河和鸿沟水系之间调节流量的重要水泽。唐代时是"东西五十里，南北二十六里"[⑤] 的广阔范围，后来随着汴河的淤废，圃田泽不断受到黄河南泛的灌淤，明万历年间（1573—1619），已变成一片由若干大小陂塘组成的沼泽洼地，清代以后渐被垦为农田。位于今河南商丘、虞城两县之北曹县东南、单县西南的孟诸泽，它西源于黄河的古汳水，东出汳水，入泗水，通连江淮；北出黄沟枝水，通济水入菏泽，是上古水上交通的一个重要枢纽。经过千百年黄河泥沙的淤积，唐时周围有五十里[⑥]，到宋代后也被淤平。位于今山东西南部的大野泽，是位于黄河下游的一个巨大湖泊。《书·禹贡》载："大野既潴。"《周礼·职方》兖州："其泽薮曰大野。"《元和郡县志》则有具体记载："大野泽一名巨野

---

① 乾隆《砀山县志》卷十三《艺文志·砀山县河道图志》。

② 同上。

③ 据（清）武同举《淮系年表》统计。

④ 邹逸麟：《黄河下游河道变迁及其影响概述》，《复旦学报》（社会科学版）1980 年第 S1 期。

⑤ （唐）李吉甫：《元和郡县志》卷八《郑州》，广雅书局光绪二十五年版。

⑥ 同上。

泽，在县东五里，南北三百里，东西百余里。"① 《大名舆地名胜》载："巨野泽，宋时与梁山泊汇而为一。"据《史记·河渠书》记载："今天子元光之中，而河决于瓠子，东南注巨野，通于淮泗。"② 此次黄河决口长达二十余年，导致大野泽湖底抬高，湖面扩大。元朝至正四年（1344），黄河灌注梁山泊，又成为一片泽国。明代后期，黄河长期稳定由淮入海，梁山泊逐渐淤涸，成为仅供夏季蓄洪的平缓洼地。据《寿张县志》载，清康熙初年，梁山泊周围"村落比密，塍畴交错"，湖泊已经全部被垦为农田。而河南东部地区的虞县城和夏邑县城则形成了典型的城湖景观。虞县城有很多的湖潭，都是形成于黄河南泛时期。像虞县的黑龙潭早在元代泰定帝致和年间（1328），黄河决口虞砀交界处所形成。龙王潭系清顺治四年（1647）黄河在罗家口决口时形成。张潭系清康熙四年（1665），七月初十河决土楼大堤时形成，也是全县最大的潭坑。这些湖潭集中于黄河故道南侧，均是历次黄水泛滥所形成。嘉靖九年，河决县城西北大堤，县城被淹，嘉靖十年（1531），县治迁于新城，因为护城堤的阻挡，导致黄河洪水携带的泥沙大量淤积在城堤外，渐造成护城堤外地势高、堤内低洼的城市盆地，形成了典型的"湖包城"的水域景观。

淮北各支流流域面积大，支流曲系不发达，雨期集中时，本易发生涝灾，黄河长期泛淮更淤塞了河道，破坏了原有的水系环境，所以此地常常发生水涝灾害。另外，黄泛淤积、冲毁了淮北各地早期兴修的大批陂塘等水利设施，也致使当地抵御旱、涝等自然灾害的能力下降，易涝易旱。"大雨大灾，小雨小灾，无雨旱灾"及"十年九灾"等现象真实地反映了黄泛后淮北地区自然灾害的频发程度。③ 据《萧县志》记载：从明朝嘉靖二十六年起，连续五年大水，"水围城，四门俱塞"；隆庆三年（1569）以后，又连续四年"皆大水"；万历二年（1574），"大水决萧城，南门为巨浸"；次年，"水大溢"；五年，"城崩"，被迫迁移县治。由于水系被破坏，有雨即涝，无雨即旱。历史上两次旱灾尤为严重：崇祯十二年（1639），"九湖皆涸"；顺治十四年（1657），"湖井皆涸"。赤

---

① （唐）李吉甫：《元和郡县志》卷十《郓州》，广雅书局光绪二十五年版。
② 河南黄河河务局编：《河南黄河大事记》，黄河水利出版社 2013 年版，第 9 页。
③ 光绪《泗虹合志》卷一《建置志·邑里》。

地遍野，禾苗尽焦，湖洼"蓬蒿皆生，俗叹为'离乡草'"。百姓被迫背井离乡，逃徙四方。

湖泊被淤平，使当地失去灌溉之便。对以农业经济为主的地区来讲，水利设施的毁废给社会经济发展所带来的负面影响可想而知。黄淮平原曾是湖泊密布的地区，众多湖泽成为调节黄河水量和维护生态环境的重要因素。湖泊被淹或者干涸都会对城市生态环境造成很大影响。

第三节　水患与城市交通环境变迁

水利交通与城市的兴衰是一个永恒的话题，这是因为，交通是决定城市发展与否的关键因素。从城市兴起与发展的历史演变过程来看，无论古今中外的城市，它的兴起与发展都与交通的发展存在直接的因果关系。中国古代农业时代的那些具有影响力的通都大邑，无一不是位于便捷的交通节点之上。便捷的交通往往能使物资、人口、信息等城市发展的基础性聚集要素迅速地完成聚集、转换、扩大，并由此推动城市的发展。城市与交通这种联系与互动关系的结果，直接表现为交通越发达，城市就越发展；城市越发展，交通就越发达。纵观城市发展史可知，从城市产生开始，就与交通枢纽相共生，与便利的水陆交通相依存。因此，水陆交通发展与否关系着城市的兴衰。当交通网络布局发生改变以后，那些昔日位居重要交通枢纽的城市，因为交通布局的改变，其区域中心地位也逐渐丧失，城市也随之由盛转衰。

一　水患导致城市道路交通体系发生改变

明清时期，黄河水患的频繁发生，河水泥沙淤积导致河道被淤塞，陆上道路被冲毁，使道路体系发生改变，特别是水路体系被破坏。隋朝以后，开通了大运河，把中国东部华北和华东地区紧密地结合起来，大运河不仅是东部沟通南北的经济大动脉，而且还是沟通东部和中原地区的主要水上交通要道。五代宋元时期，就是因为大运河永济渠的开通，把运河和黄河、汴河联系起来，使南方的粮食和物资，才能够源源不断地输送到开封。开封成为水运中心，"华夷辐辏，水陆会通"① 之地。也

---

① 王溥：《五代会要》卷二六《城郭》。

正是因为黄河水量的充足和稳定，再加上"惠民、金水、五丈、汴水"四渠，使开封附近的水上交通呈放射状分布，派引脉分，会于天邑。开封成了"四方所凑，天下之枢，可以临制四海"[①]的都城。水运便利南北各类物资的汇聚，展览争胜，招引各方商旅，云集京师，为开封的繁荣兴盛奠定了物质基础。元代时期，由于黄河决溢改道，贾鲁河成为开封对外联系的交通要道。"江南商货皆由此通汴，每岁江淮之粟借以传输，百姓赖之。"[②] 黄河和汴水都淤塞不通，大运河也不再绕行中原，洛阳、开封的水上交通完全遭到破坏。明朝末年，由于战争的破坏，人为的决堤导致黄河水灾，再加上黄河堤防常年失修，黄河水道破坏。据《清史稿·河渠志》统计，顺治十八年中，黄河就有十年决口。顺治五年（1648），"决兰阳"[③]，使兰阳南岸长堤梁家步决口四十余丈，耿家步口三十五丈，洪水四处漫溢，道路交通和水系受到严重破坏。雍正元年（1723）六月，黄河"冲中牟县十里店、娄家庄，由刘家寨南入贾鲁河"[④]，贾鲁河水暴涨漫溢，泥沙沉积，河道淤塞，舟楫通行不便。

道光二十一年以后，贾鲁河也严重淤积，舟楫不通，这条商业要道也完全中断。而一些小的河流通航能力有限，对开封城市的发展推动作用甚微，而且频繁的黄河水患也使这些河流淤塞，越来越不利于航运，水上商路断绝。

黄河水患对陆路交通造成了很大的破坏。本来从山东至江苏到河南至陕西一线的陆路交通网络遭到极大的破坏和改变。以豫东为例，开封地处中原，陆路交通以四通八达闻名，形成了以汴京为中心，东经曹州（山东曹县）通山东各地；南经应天府（南京）至江浙、福建，经蔡州信阳郡东向寿州，东南至洪州（南昌），再经岳州（岳阳）到广州；西则通长安向西北至陕西、甘肃等地；北则渡河至大名府（北京）、真定，东北到太原的陆运干道网。《东京梦华录》中这样记载："其卖麦面，每秤作一布袋，位置一宛；或三五秤作一宛。用太平车或驴马驮之，从城外守门入城货卖，至天明不绝。"诚如北宋经济学家张方平所言："今日之势，

---

① （元）脱脱：《宋史》卷九三《河渠志三》，中华书局1985年版，第2303页。
② 乾隆《陈州府志》卷四。
③ （清）赵尔巽等：《清史稿·河渠一》卷一百二十六，中华书局1977年版，第3716页。
④ 同上书，第3724页。

国依兵而立，兵以食为命，食以漕运为本，漕运以河渠为主。"① 正是发达的水陆交通，加强了城市之间、城乡之间的联系，把全国的物资源源不断地输送到东京，为开封城市的发展提供了雄厚的物质基础，促进了开封不断地发展并走向繁荣。但是，到了宋以后，因为汴渠至漕运量过大，加上五丈河为黄河泥沙堵塞，水利废弛，"汴河日塞，今仰而望焉"。② 运河淤塞越发严重，开封附近发达的水运交通系统不复存在。至乾道年间，河边几与岸平，军马开始行走其中。其他如五丈河、惠民河等河流在明清时期也被淹废。号称"八省通衢"的陆路交通，随着黄河水患的频繁发生，汴河水系遭到破坏，而且陆路运送物资的范围和运输量都是有限的。到明清时期，水路交通网络因为黄河水患而完全被打破，水上交通瘫痪，陆路交通也被洪水冲毁。像黄河中下游的分界处在郑州桃花峪，自桃花峪向东的郑州至开封河段位于黄河中游下界和下游之首的右岸，地理位置十分独特。由于河患的频繁，致使这一地区的地理环境发生了巨大的变化，陆上交通道路的变迁即是其中一例。郑州与开封之间的中牟县是黄河向东流经的右岸首个县城，由于黄河北距中牟县城五十华里，且河道在郑汴之间东西蜿蜒九十余华里，因此，在黄河中下游右岸的决溢中，这一地区总是首当其冲。明清时期，此区域内的黄河水患不断加剧，使地理环境发生了根本性的变化，在此基础上形成的城市聚落与交通道路的格局也被破坏。黄河南徙，黄河郑汴间河段由于地处中下游之交，其北部失去了邙山的屏障，大溜左右冲击，每逢洪水往往冲毁大堤，造成泛滥之灾，其在郑汴间的中牟为害之烈触目惊心。

（一）黄河水患频繁地淹没中牟县区域

据《明史·河渠志》记载：洪武十四年（1381）七月，黄河决口，中牟、祥符等县被淹，历时三年；洪武十五年（1382），黄河决口，漫及中牟、陈州等11个县；洪武二十五年（1392）河决阳武，漫中牟11州县，淹田庐无数；宣德元年（1426）黄河溢中牟等11州县，漫浸田庐无数；宣德六年（1431）黄河溢，中牟、祥符等8个县淹及5200顷；正统十三年（1448）黄河决口，水淹朱固等村；天顺五年（1461）黄河南徙，水淹中牟，县城及西北里保淹浸217顷56亩；弘治二年（1489）黄河决

---

① （宋）张方平：《乐全集》卷二七《论汴河利害事》。

② （元）脱脱：《宋史》卷三百一十八《张方平传》，中华书局1985年版，第10356页。

口，淹中牟等三处，历时两年；弘治六年（1493），黄河漫溢，县城被淹；嘉靖九年（1530），黄河漫溢，城西田禾尽没；嘉靖三十八年（1559）六月，黄河决口，水漫县城，沙没民田，淹死居民甚多；崇祯五年（1632）六月，黄河决口，水入城内，淹没田禾无数，为时一年；崇祯六年（1633）河决，水淹城数日始落。清朝时期，中牟地区黄河水患比明朝时期有过之而无不及。据《清史稿》记载：康熙元年（1662）六月，"河决开封黄连集，灌祥符、中牟、阳武、杞、通许、尉氏、扶沟等七县"①；雍正元年（1723）六月，"黄河决口中牟十里店、娄家庄，在刘家集南入贾鲁河"②；同年九月，"黄河决口郑州来童寨民堤，郑民挖阳武故堤泄水，并冲决中牟杨桥官堤"，县城四面皆水，田禾尽没，贾鲁河被淤，航运中断。黄河一年两决，中牟西北地区良田大半变成沙碱地；乾隆二十六年（1761）七月，"沁、黄并涨，武陟、荥阳、阳武、祥符、兰阳同时决十五口，中牟之杨桥决口数百丈，大溜直趋贾鲁河"③；嘉庆二十四年（1819）七月，"河溢义封及兰阳，再溢祥符、陈留、中牟……未几，俱塞"④；道光二十三年（1843）六月，"黄河决中牟，水趋朱仙镇，历通许、扶沟、太康入涡会淮"⑤，洪水所经之处，沙深盈丈，县东北沃土尽成不毛之地，县西北尽成沙碱荒滩；道光二十五年（1845），黄河决口荥泽，经郑州东北至中牟，大溜夹城而过，多个州县尽成泽国，至咸丰元年始合拢；光绪十三年（1887）八月，"黄河漫溢，河南州县如中牟、尉氏、扶沟、鄢陵、太康、西华、淮宁、祥符、沈丘、鹿邑多被淹浸，水深四五尺至一二丈"⑥，中牟县城西北隅水深丈余，距城墙三尺。全城除十字口外，皆水深数尺到丈余，浅处架桥，深处行舟，房屋倒塌，城外东、北、西三面沃土变黄沙，光绪十五年合龙。因此，频繁的黄河水患，不仅摧毁了郑汴间原有的城市、聚落以及交通道路格局，而且在新的地理条件下所形成的城市、交通道路格局又都与黄河水患存在必然的联系。

---

①　（清）赵尔巽等：《清史稿·河渠一》卷一百二十六，中华书局 1977 年版，第 3718 页。

②　同上书，第 3724 页。

③　同上书，第 3729 页。

④　同上书，第 3736 页。

⑤　同上书，第 3740 页。

⑥　同上书，第 3756 页。

（二）中牟县的地理环境发生改变

中牟县是位于郑州和开封之间唯一的县级行政区，而黄河水患对于中牟县的地貌和交通起到了决定性作用。中牟县县境北中部受黄河、贾鲁河冲积影响，南部受伏牛山余脉影响，基本地势是西高东低，南北高、中间低的槽状地带；南部岗垄起伏，北中部沿运粮河、贾鲁河形成自西北向东南略显倾斜平缓的两大扇形槽状地带；南端自马陵岗至马河上源形成自西南向东北的分水岭。南部的张庄乡湛庄村北的红土井为全县最高点，东南的韩寺乡胡辛庄村东为最低点；西北部由黄河堤向南，直到东南部县界，是黄河久泛故道，地势略呈槽状紧靠黄河的万滩乡杨桥村，海拔84米，县城海拔78.1米，到县东南界海拔73米，坡降为1/1000—1/2000。① 据此，中牟全县的地貌大致可分为河漫滩、黄泛平原、沙丘、沙垄、沙地和硬岗沙地四种类型，这四种地貌类型大都与黄河的冲积泛滥有密切关系，而在此基础上所形成的地理环境则制约了区域内城市和交通道路的选择与分布。

1. 中牟县深受黄河泥沙的淤积和威胁

中牟境内的河漫滩地主要分布在今中牟县城以北的地区，也就是黄河堤防以南到贾鲁河滩区及黄河南北堤防之间宽约10千米的区域。由于泥沙不断沉积，河床不断增高，当黄河水达到4500立方米/秒时，就要浸滩，并出现坍塌现象。贾鲁河滩面积6万余亩，海拔76—79米，由于上源各支流及引黄淤灌，带入大量泥沙，河床逐渐增高，使原排水能力500立方米/秒下降到70立方米/秒，因而上游如降大雨或中雨，就要出现河水漫滩现象。不仅如此，这一地区由于濒临黄河，最先受到黄河、贾鲁河的冲淤，在部分漫滩区域中又形成了两大沼泽区：第一沼泽区为中牟县北的沼泽带，西起万滩、刘家集之间，东接开封县境，东西长约20千米，南北宽1—5千米的槽型地带，这里由于多次受到黄水冲刷和黄水浸渗的影响，形成断断续续的沼泽地带，长期积水。沼泽边缘是盐碱荒滩，杂草丛生，鸟兽出没，一片荒凉景象，中牟称"北大荒"。虽然现在这里已经成为河南主要的水稻产区，但在当时技术低下的情况下，这里只能任其自然发展。第二沼泽区是中牟县城东北的东漳至韩庄沼泽带，此沼泽是从东漳向东南延伸，经小店到韩庄以北，长十多千米，宽0.5—1.5

---

① 中牟县志编纂委员会：《中牟县志》，生活·读书·新知三联书店1999年版，第85页。

千米的狭长地带，在黄水多次冲刷和漫浸之下，积水成片，沼泽连绵，芦苇、蒲草一望无际。在现代筑路工程技术没有普及的明清时期，要通过今中牟县城以北的河漫滩地和沼泽地带建筑城市或修筑道路，形成开封与郑州之间的交通要道，那是难以想象的。因此，这一地区内不具备筑城或修路的地理条件。

2. 今中牟县城以南的地区也不具备筑城或修路的地理条件

距今中牟县城南 13 千米左右，即从今芦医庙、郑庵、姚家、韩寺镇向南至中牟县南境分布着沙丘、沙垄、沙地和硬岗沙地两种地貌类型，其中沙丘、沙垄、沙地地貌主要分布在姚家、郑庵、仓寨、芦医庙、八岗和黄店乡北部以及刁家乡南部、西部一带。因黄河带来的流沙经过多年强大风力搬运，堆积成沙丘、沙垄，多呈东北、西南走向或西北、东南走向（因县内多刮东北、西北风），相对高度 3—7 米，最长的岗王沙垄长达 12.3 千米。而硬岗沙地则主要分布在三官庙、冯堂乡和八岗、张庄、谢庄、黄店乡南部。属豫西丘陵向豫东平原延伸的尾部，长期侵蚀，形成倾斜平原，经流水切割，形成南北条状沟壑，海拔 105—154 米，相对高差 49 米，岗坡起伏十分明显。岗垄两侧多有沙土分布，很显然，中牟县城的南部地区由于广泛分布着沙丘、沙垄、沙地和硬岗沙地两种地貌，因此，这样的地貌形态对城市区域内聚落和交通路线选择也存在相当大的制约作用。中牟县境内以今中牟县城为中心，东西约十千米包括贾鲁河右岸的区域，其范围主要介于北部河漫滩（包括沼泽带）和南部沙丘、沙垄、沙地地貌之间，该地区是由黄河、贾鲁河不断泛滥冲积而成的黄泛平原，其地势较为平坦，呈现出东西修长、南北狭窄的特点，其地貌条件与其他区域相比相对优越。因此，成为黄河水患之后城址和交通路线选择的最佳区域。

（三）中牟县的交通线设计和规划

在这里应该强调的是，今中牟县境内的黄泛平原，它是在古代圃田泽的故址范围内淤积而成的，其区域范围与古代圃田泽的范围大致吻合。关于圃田泽地理位置的记述，早在北魏时期郦道元的《水经注》和唐代李吉甫《元和郡县志》地理志中就有记载。据郦道元《水经注》记载："圃田泽在中牟县西，西限长城，东极官渡，北佩渠水，东西四十许里，南北二十许里。"这是郦道元对圃田泽位置的最早记载。唐代李吉甫的《元和郡县志》中也说到圃田泽："一名原圃，县西北七里。其泽东西五十里，南北二十六里，西限长城，东极官渡。"从旧志的记载来看，圃田泽东、西两面的界限范围是非常清楚的，它东边到官渡，西边到长城，官渡与长城应该是我们确定圃田泽东西范围的重要坐标。这里的长城应该是指战国青龙山魏长城而言的，战国青龙山魏长城位于郑州东圃田乡李南岗村东岗，青龙山实为一圆形土岗，高约 40 米，系有带沙性的黄黏土分层夯筑而成，夯层厚 8—12 厘米，夯窝较平，包含遗物甚少。由此向东南有高低不一的山冈十余个至潮河边，又沿河向西南方向，和史料记载的圃田泽西魏长城的位置相符，应为魏长城遗址。① 其大体范围应在今郑州经济开发区以东不远。而圃田泽的东界在官渡一带，官渡又名官渡台，俗称中牟台，是东汉末年官渡之战的战场之一。东汉末年，袁绍、曹操在此地隔渠水对峙，后来曹操击败了强大的袁绍。按照《元和郡县志》的记载，官渡台在唐代的中牟县城北十二里，也就是今天的中牟县以东官渡镇西北一带，这里迄今仍有官渡桥等地名。若以长城、官渡两地做一连线，那么东西 40—50 千米、南北 10—20 千米的范围都应在古代圃田泽的范围之内。因此，包括今中牟县城在内，今陇海铁路郑汴段、310 国道、220 国道郑汴段都应是利用了圃田泽淤平后形成的黄泛平原。在圃田泽没有淤平之前，中牟县城与通过县城的东西交通大道并不在今天的位置。

（四）黄泛平原与郑汴间交通路线的设定

据《中牟县志》载：郑汴间的城市建设与交通路线的设置最早源于旧驿道。这里所说的旧驿道应该是指明清驿道而言的。② 而现代铁路陇海线即在郑汴间横贯中牟县境中部，东起韩庄镇车站东、西至南寺车站西大雍庄铁桥，长 34.4 千米。也就是说，郑汴间的陆路交通路线无论是公路还是铁路都是以中牟县城为中心，向东、西两端延伸。今天的中牟县城修建较晚，其兴废变迁也与黄河水患有很大关系。按《清一统志》的记载，今中牟县城，其始建于明天顺五年（1461），经成化、崇祯年重修。明末中牟县城实行坊街制，计有十七坊六街四巷。清代县城虽屡遭水患，但经多次修整。乾隆十五年，经过整修的中牟县城周长九里三十

---

① 郑州历史文化丛书编纂委员会：《郑州文物志》，河南人民出版社 1999 年版，第 154 页。

② 中牟县志编纂委员会：《中牟县志》，生活·读书·新知三联书店 1999 年版，第 85—448 页。

六步，东西长三里，南北宽一里半。设四门，东曰朝阳，西曰镇平，南曰迎旭，北曰拱辰。民国二十七年（1938），国民党军队扒开黄河花园口，大流直冲县城，黄水从城西分南北两股围城而过，冲毁城墙 1/3，其中北门、东门的城门及城楼均被冲毁，城内房屋几乎全部倒塌，全城仅余丁字口地势较高的一片孤岛。后又经日军多次洗劫，幸存居民十有八九逃往他乡，县城到处是残垣断壁。1948 年 10 月中牟解放，中牟县人民政府迁至县城至今，历史上的中牟县城虽历经多次水患破坏，但自明初建成以后城址未发生大的迁移，就在今中牟县城一带。因此，以中牟县城为中心的东、西交通路线的出现不应该早于中牟县城的修建，而是随着中牟县城的重建，经过中牟县城的交通路线也在不断规划和合理化。在这里应该强调说明的是，明代中牟县城的修建主要利用了圃田泽淤平后所形成的黄泛平原，而中牟境内黄泛平原的最终出现是在明末清初之际，这一时间与以中牟县城为中心的东、西大道的形成是相吻合的。顾祖禹《读史方舆纪要》圃田泽条记载了此时的湖面盈缩情况。《读史方舆纪要》记载：“圃田泽在县西北七里，《周礼·职方》：豫州薮曰圃田。《史记》：魏公子无忌曰：秦七攻魏，五入圃中，边城尽拔。刘伯庄曰：圃读圃，即圃田泽，中多产麻黄，《诗》所谓东有甫草也。东西五十里，南北二十六里，西限长城，东极官渡，高者可耕，洼者成汇。今为泽者八，若东泽、西泽之类；为陂者三十六，若大灰、小灰之类，其实一圃田泽耳。”[1] 顾祖禹《读史方舆纪要》虽然记载泽面东西五十里，南北二十六里，但其中已有变迁：高者可耕，洼者成汇，今为泽者八，为陂者三十六。这说明圃田泽到清代已有很大的变化，已被分割为大小不等的八个泽面和三十六陂，已经露出泽面的还可以耕田。到了清代泽面积显然是缩小了。《大清一统志》记圃田泽虽然仍是“西限长城，东极官渡”，但“东西四十余里，南北二十许里，中有沙岗，上下四十潭浦，津疏径通，渊潭相接，各有名焉。”这说明清代圃田泽已经在缩小，中间已形成许多沙岗。乾隆《郑州志》曰：“圃田泽在州东三里……东西十里，南北二十六里，西限长城，东极官渡，高者可耕，洼者成汇，今为泽者八，若东泽、西泽之类，为陂者三十六，若大灰、小灰之类，其实一圃田泽耳。”乾隆二十六年《中牟县志》也载：“（圃田泽）高者出而可耕，下

---

[1]　顾祖禹：《读史方舆纪要》，中华书局 2005 年版，第 154—158 页。

者散而成江，今为泽者八，为陂者三十六，实圃田泽之所分也。"说明圃田泽是在缩小，到清朝乾隆时代，已经缩小成为"东西十里，南北二十六里"。大概到清代中叶，圃田泽就不复存在了，只存其名，有些地方虽还能见其低洼地面，但已没有任何水域面积可供研究。圃田泽泽面的不断缩小为这一地区城址和交通道路的出现提供了可能。

在距今中牟县城西南、东南分别有西古城和东古城两处遗址。西古城遗址又称圃田故城，位于今中牟县城西南约 15 千米的芦医庙乡蒋冲村与白沙乡古城村之间，城址基本呈正方形，东西长 1500 米，南北宽 1400 米。夯层清晰，南门在刘家岗，北门在西古城，东门在韩庄西，西门在蒋冲村西。城外发现古墓群和灰坑，《太平寰宇记》载，北周武帝保定五年（565），中牟移县治于此，称圃田故城。[1] 从圃田故城的位置来看，它应该位于古代圃田泽的西南，其西北不远就是圃田泽的故址。在今中牟县城东南 11 千米中牟至刁家公路西侧又有东古城遗址，此城南临韩寺乡东古城村，民国时残垣高约 10 米，长约 500 米。城址平面呈长方形，南北长近 600 米，东西宽约 420 米。夯土城墙高 8 米，基宽 30 米。西北、东北城角保存完好，其中西北角最大，高 15 米。城外也发现有古墓群。城内出土有板瓦、筒瓦、铜镞、刀及布币、陶罐、汉五铢钱。[2] 有的学者认为，此城是始建于春秋的箜篌城，或恐不确。笔者认为，此城很可能是唐宋中牟县城的所在。

从上述两座明清以前中牟县境内古城的地理位置来看，至少在唐宋时期，经过中牟县城的古代陆路交通应该位于今中牟县城以南约 500 米的芦医庙、郑庵镇、姚家、韩寺镇一线，而不在今天的位置。明清以后，中牟县城及相关的交通道路之所以向北推移主要是唐宋时期中牟县城所在的芦医庙、郑庵镇、姚家、韩寺镇一线，常受东北风、西北风的影响，从黄河泛滥后所带来的流沙经过常年强大风力搬运、堆积，在上述地区形成东北至西南走向或西北至东南走向的沙丘、沙垄地形，这些沙垄、沙丘相对高度 3—7 米；而其南的三官庙、冯堂乡和八岗、张庄、谢庄、黄店乡南部一带又多南北条状沟壑，相对高差 49 米，岗坡起伏明显，环境条件更加恶劣，因此，明清以后的中牟县城不得不向北转移至古代圃

---

① 顾祖禹：《读史方舆纪要》，中华书局 2005 年版，第 2163 页。

② 同上书，第 154—158 页。

田泽的东南缘，以充分利用圃田泽淤平后所形成的地势较平坦、居行条件较为优越的黄泛平原。

明清以后的中牟县城利用了圃田泽淤平后的黄泛平原，该城就建在圃田泽故址的东南边缘，明代正德十年《中牟县志》所绘《明泽陂图》证明了这一点。此图显示，明代中牟县城的南北地区分布着数量不等、大大小小的众多泽陂，这些泽陂实际上就是圃田泽尚未被完全淤平之际，陆陆续续形成的小片洼地，这些小片洼地经过长期的冲积演变，逐渐变成平原，但地势仍然比较低。每逢大雨，一时排泄不及就潴水成泽。雨过天晴，积水排完，仍可耕种。有许多村庄就是以地势命名的，如三官庙乡的坡刘、坡董，郑庵乡的螺蛳湖、坡刘，八岗乡的潭沱张，芦医庙的乡八里湾，张庄乡的前吕坡、后吕坡，刁家乡的水沱寨，黄店乡的水西村等。① 而残存的尚未被黄河水患完全淤平的圃田泽正位于中牟县城的西北不远，而在圃田泽以东与其相通的蓼泽、时家陂、大汉陂、大人陂、白顶陂、老雅沟、白墓陂、港梢陂、桑家陂等泽陂离中牟县城则更近。这说明在圃田泽故址范围内，中牟县城所在的东南边缘成为平原和陆地的时间要早于圃田泽的西北边缘，从成陆的空间演变过程来看，西北晚于东南。由于圃田泽的西北边缘最晚成为平原，因此，现在经过中牟县的高速公路与陇海铁路、310 国道、220 国道郑汴段交叉口附近地区仍有很多与圃田有关的地名，这与圃田泽在这一带最后消失有密切的关系。

由于明清以后，以中牟县城为中心的交通路线都选址于圃田泽淤平后的黄泛平原上，而这一新生成的黄泛平原面积的大小显然会受到圃田泽范围的制约。而这样的地理条件对于经过中牟县城的各种交通道路的影响也是显而易见的。就公路交通而言，310 国道、220 国道郑汴路段在郑州以东，经青龙山东北、圃田、唐庄、小孙庄、小雍庄、大雍庄、前程、白沙镇、堤刘、二十里铺、十里铺，至中牟县城；两条公路在中牟县城北经北环路、小孙庄、小周庄、冉庄、官渡镇、板桥、潘庙，再向东进入开封县杏花营。就铁路而言，陇海铁路自郑州向东经赵庄、李南岗、青龙山、袁庄、占李、毕虎、占杨、六里岗至中牟县城南，再由中牟县城南向东经冉庄、仓寨、韩庄镇进入开封杏花营。在西起青龙山（也就是魏长城）东至官渡镇（也就是官渡）东西 20 千米、南北 5 千米

---

① 中牟县志编纂委员会：《中牟县志》，生活·读书·新知三联书店 1999 年版，第 85—448 页。

的狭小空间内，公路与铁路一南一北，几乎平行设置，两条交通路线最近处距离还不到 1 千米。不仅如此，陇海铁路郑汴段与 310 国道、220 国道郑汴公路段在中牟县城东的冉庄形成了一个十字交叉，陇海铁路郑汴段在冉庄以东斜向东北经北宋庄、李庄、仓寨、韩庄镇南后，进入开封杏花营境内。而 310 国道、220 国道郑汴路却自冉庄向东经官渡镇，再进入开封境内。公路线在官渡镇以东又与铁路线大体平行，且两者相距最远不过一两千米，只是铁路与公路位置在冉庄以西完全相反，两者一北一南而已。也就是说，无论陇海铁路郑汴段，还是 310 国道、220 国道郑开段，两者都在西起青龙山、东至官渡镇的区域内，都没偏离太远，铁路与公路选线大体平行且相距很近，形成这样的道路特点主要原因就是受黄河、贾鲁河、丈八沟河冲积所形成的黄泛平原其本身呈现出东西长、南北狭的地理特征，而在此区域内筑城、修路可以充分利用黄泛平原地势平坦的地理条件，在古代其工程难度较中牟境内的其他地区为易。因此，明清以来，以中牟县城为中心的东西交通线多选择在圃田泽旧址，是黄河贾鲁河冲积，造成泥沙黄土的淤积，为郑州开封段交通路线的修筑提供了有利条件。

除此之外，由于黄河泥沙的淤积，贯通东西的官道也被冲毁，或被沙丘堵塞，人走车运极为不便。在明代还比较发达的驿运道路交通，到了清代已经弊端丛生，私征驿银，骚扰百姓；驿传制度废弛，管理非常混乱。清朝中期以后，驿运逐渐衰落。据《光绪会典》统计，康熙十四年（1675），河南省共有驿站 120 个，急递铺 885 个，到嘉庆年间，全省驿站减少到 68 个。① 到了清代晚期，黄河下游的河南、山东、江苏境内先后有了火车、汽车等先进运输工具，逐步代替了过去的驿运工具，驿站的作用逐渐消失，道路体系完全被打破。

黄河变迁影响城市的兴衰。运道渡口的改变，受影响最大的地区，是今黄河以南、淮河以北的黄淮平原上的城市及其附近的渡口。

黄河对水路交通破坏以后，很多城市的发展还能借助黄河、黄河支流水道的渡口，使物资供应源源不断地得到补给。黄河下游的河南地区，拥有众多的河流渡口，像黄河下游位于祥符县南的梁家浅渡口、祥符县

---

① 河南省交通史编纂委员会编：《河南公路运输史》第一册《古代道路运输》，人民交通出版社 1991 年版，第 99 页。

西南十五里的杏花营渡口、祥符县东南十五里的白墓子冈渡口、祥符县东南三十里的赤仓渡口、祥符县西南三十里的八角渡等。黄河支流上也有很多渡口，主要有祥符县东南二十里的陈家口渡、祥符县南二十五里的善善李渡、祥符县南三十里的清水河渡等。尤为重要的是，作为开封城市的外港朱仙镇，是开封对外联系最主要的通道。正是由于以上便利的水运体系，有利于把中原各地的农产品等物资运输到开封，再把开封的手工产品输往全国各地。这些河流渡口起了重要的作用。但是，明清时期，由于黄河泥沙的淹淤，汴河、蔡河、金水河等都相继废弃，河流渡口对城市发展也不能发挥作用了。

二　水患对原有水运通道造成影响

明清时期，黄河决溢、淤塞、改道，或夺淮入海，或者冲入运河，黄运并用，大大影响了运河的正常运输。黄河对运河的影响对于黄河沿岸城市的农业生产、商品经济和社会秩序都产生了重大影响。

（一）黄河对运道的冲击和破坏

据《明史·河渠志》和《清史稿·河渠志》统计，以1855年铜瓦厢黄河决口为分界线，1855年以前，黄河对江苏段运道产生极大的破坏，1855年以后，黄河对山东段运道破坏很大。洪武二十四年（1391），"河决原武，漫安山湖而东，会通尽淤"。[①] 明宪宗时，"筑汶上、济宁决堤百余里，增南旺上、下及安山三闸"。[②] 武宗时，"增置汶上袁家口及寺前铺石闸，浚南旺淤八十里……惟河决则挟漕而去，为大害"。[③] 正统十三年（1448），"河决荥阳，东冲张秋，溃沙湾，运道始坏"。[④] 直到景泰三年（1452）五月，历时五年被毁坏的运堤才修复完毕。可是，还没有满一个月，黄河再次于北码头决口，当时清河训导唐学成上奏朝廷，奏曰："河决沙湾，临清告涸。地卑堤薄，黄河势急，故甫完堤而复决也。临清至沙湾十二闸，有水之日，其势甚陡。请于临清以南浚月河通舟，直抵沙湾，不复由闸，则水势缓而漕运通矣。"[⑤] 而工部侍郎赵荣则指出："沙湾

---

① （清）张廷玉等：《明史·河渠三·运河上》志六十一，卷八十五，中华书局1997年版，第2080页。
② 同上书，第2081页。
③ 同上。
④ 同上书，第2082页。
⑤ 同上。

抵张秋岸薄，故数决。请于决处置减水石坝，使东入盐河，则运河之水可蓄。然后厚堤岸，填决口，庶无后患。"第二年四月，决口刚刚堵塞，而减水坝及南分水墩又被冲毁，河水尽冲墩岸桥梁，"决北码头，掣漕水入盐河，运舟悉阻"。[①] "及明年，运河胶浅如故，漕舟蚁聚临清上下"[②]，由此可见，漕河的运输能力受到了严重影响。特别是明孝宗弘治二年（1489），黄河水患更为严重。"河复决张秋，冲会通河；……越四年，河复决数道入运河，坏张秋东堤，夺汶水入海，漕流绝。"[③] 山东段运河遭受黄河水灾冲击可见一斑。

江苏段运河也深受黄河水患之害。明世宗年间，"河数坏漕"。[④] 嘉靖四十四年（1565）七月，"运道淤塞百余里"。[⑤] 隆庆三年（1659）七月，"河决沛县，茶城淤塞，粮艘二千余皆阻邳州"。由此可以看出，黄河决溢造成的运道堵塞状况。从明代中期开始，黄河的泛滥溃决日益频繁。"黄运交汇，随浚随淤，再加上徐州洪、吕梁洪滩险、溜激、浪大的形势并未从根本上改变。特别是万历中期黄河两岸全面束堤以后，黄河主流被固定于徐州运道，泛水问题虽暂时得到了解决，但是水流愈加险恶，运河冲决淤堵的危险加大。"[⑥] 明人王轨在《处河患恤民穷以裨治河疏》中说："运道自南而达北，黄河自西而趋东，非假黄河之支流，则运道浅涩而难行，但冲决过甚，则运道反被淤塞。利运道者莫大于黄河，害运道者亦莫大于黄河。"[⑦] 这充分反映出黄运之间的矛盾以及黄河对运河的影响。为了不影响运道的运行，朝廷命令户部侍郎白昂针对运道的情况采取相应措施进行治理。

特别是明清时期运河徐州段部分运道借用黄河，黄运关系十分密切。从明朝中期开始，黄河日益泛滥溃决，为避黄保运，明清两代在徐州及其附近地区相继开凿了南阳新河、泇河、中河等几条新运道。黄河对运河的影响以及运河河道的变迁对明清时期徐州城市及其

---

① （清）张廷玉等：《明史·河渠三·运河上》志六十一，卷八十五，中华书局1997年版，第2082页。

② 同上书，第2083页。

③ 同上书，第2082页。

④ 同上书，第2085页。

⑤ 同上书，第2087页。

⑥ 李德楠：《明代徐州段运河的乏水问题及应对措施》，《兰州学刊》2007年第8期。

⑦ （明）陈子龙等：《明经世文编》卷一百八十四《王司马奏疏》，中华书局1962年版。

附近地区的农业生产、商品经济、社会秩序都产生了重要而深远的影响。

从明朝迁都北京至清朝的辛亥革命490年的时间看，明清两代建都北京，漕粮取之于江南，保持漕运畅通事关国家安危。而此时期黄河改道东南，对运河影响最大的特点就是黄运合一。黄运交汇，据明代后期治河专家朱衡描述："有清河至茶城，则黄河即运河也。茶城以北，当防黄河之决而入；茶城以南，当防黄河之决而出。防黄河即所以保运河。"①"河出境山以北，则闸河淤；出徐州以南，则二洪涸；惟出境山至小浮桥四十余里间，乃两利而无害。"② 这里明确指出，黄河通常是在徐州境山以南、小浮桥以北的四十余里间流入运河的，故运河可以正常通航。同时，也指出了运河受黄河冲击存在两大危险：一个危险是如果黄河南徙，在徐州以南流入运河，则二洪即徐州洪和吕梁洪就会干涸，淤沙无水。另一个危险是黄河北徙，如果黄河在徐州境山之北的任何地方流入运河，则导致山东运河断流。这是因为，山东地势坡度不大，黄河所带的泥沙会淤积起来，运河也会"淤沙无水"。为了防范这两个危险，明代在解决徐州地段黄河与运河的关系时，要么"引黄济运"，要么"遏黄保运"。前者是因运河水源不足，通过引黄增补运河的水量；后者是因黄河洪水时期水势凶猛，易于冲决阻运，因此又需要加以遏制。由此可见，黄河关系着运河能够正常运行和畅通的大问题。

明朝时期，黄河对运道运输的影响。自从明朝迁都北京，运河就成为关系着京都需求的关键性交通运输通道。而徐州往北的运河通道就是"咽喉命脉所关，最为重要"③ 的一段交通线。明代每年由南方输往北方的粮米多达400万石，通行的漕船约12000艘，运送军队达12万人。④ 根据明朝邓子龙等编写的《明世经文编》记载：当时"凡江淮以来之贡赋及四夷之物上于京者，悉由于此，千艘万舸，昼夜无息"。⑤ 来自山东、安徽、河南、江苏、河北等地的客商从水路纷至沓来，徐州成为南北运

---

① （清）张廷玉等：《明史》卷八十五《河渠三·运河上》，中华书局1997年版，第2090页。

② （清）张廷玉等：《明史》卷八十三《河渠一·黄河上》，中华书局1997年版，第2038页。

③ 《明神宗实录》卷一百九十一，北京图书馆抄本1982年影印版。

④ （明）陈子龙：《明经世文编》卷一百八十九《唐渔石集》，中华书局1962年版。

⑤ 张纪成等：《京杭运河（江苏）史料选编》，人民交通出版社1997年版。

输的通衢枢纽。所以，徐州城市的交通运输是否稳定，关系着南北商贸是否顺畅的大问题。

明代前期，对徐州段运河徐州洪、吕梁洪两处险段的治理取得了很大成效。通过疏浚河道，清理淤石、修筑堤坝、设置闸官等手段，使明代前期徐州段运道的安全性有了进一步提高。但从明代中期开始，黄河的泛滥溃决日益频繁，"黄运交汇，随浚随淤，再加上徐州洪、吕梁洪滩险、溜激、浪大的形势并未从根本上改变。特别是万历中期黄河两岸全面束堤以后，黄河主流被固定于徐州运道，泛水问题虽暂时得到了解决，但是水流愈加险恶，运河冲决淤堵的危险加大"。① 为了保证运道的畅通，明朝政府不得不采取措施，另辟新河道，避开徐州运道的阻塞。

嘉靖四十四年（1565）七月，"运道淤塞百余里"。② 面对如此险情，明朝担任河漕的朱衡决定在嘉靖四十五年（1566），新开南阳新河，并亲自督工，隆庆元年五月新河成，西去旧河三十里，自留城而北，建留城、马家桥、西柳庄、蒋家桥、夏镇、杨庄、珠梅七闸，全长一百四十余里。南阳新河竣工后不久，大批漕船便由新河北上，才解除了当时徐州地段运河受黄河冲击的影响，恢复了运河航道的运行。

明朝中期，黄河对运道交通运输产生的影响比明世宗嘉靖年间有过之而无不及。特别是在明穆宗在位期间，黄河多次与淮河合流，冲淤运道。据《明史·河渠三》载：明穆宗隆庆三年（1569）七月，"河决沛县，茶城淤阻，粮艘两千余皆阻邳州；四年六月，诸水忽骤溢，决仲家浅，与黄河合，茶城再淤。未几，自泰山庙至七里沟，淮河淤十余里，其水从朱家沟旁出，至清河县河南镇以合于黄河。……顷之，河大决邳州，睢宁运道淤百余里"。都御使翁大立多次上疏皇帝并与新上任的总河都御史潘季驯协商，在大立请求开通迦口、萧县二河运道，避开了徐州地区的运河通道，河水才复归正流，漕船获得通运。可是，隆庆五年四月，"黄河再次决口邳州王家口，自双沟而下，南北决口十余处，造成漕船运军数以千计的损失，淹没粮食四十万余石"。③ 总河翁大立提出"循子房山，过梁山，至境山，入地浜沟，直趋马家桥，上下八十里间开一

---

① 李德楠：《明代徐州段运河的乏水问题及应对措施》，《兰州学刊》2007 年第 8 期。
② （清）张廷玉等：《明史》卷八十五《河渠三·运河上》，中华书局 1997 年版，第 2087 页。
③ 同上书，第 2090 页。

新河"① 的建议。泇河发源于鲁南,南流过泇镇(今邳州市西北)后东汇沂水,东南至宿迁以西至董陈二沟入黄河。由于不久后"黄落漕通",翁大立的建议未付诸实施。

万历初年,黄河与淮河交汇,使徐州段运河乏水,难以行舟,漕运被阻。于是开泇河之议又起。万历三年二月,总河都御史傅希挚请求开凿泇河以避黄河水患之害,而皇帝没有答应。第二年春天,都漕侍郎张翀提出修筑清水潭河堤,想让粮船暂时由圈子田通过,但是,巡按御史陈功认为,此法不可行。为了保证运河通道的畅通,大臣们可谓绞尽脑汁,想出各种各样的办法,却依然无法解决黄河水患对运道的破坏。

万历二十一年,这年阴雨连绵,黄淮并涨,高堰及高邮堤数决害漕。时任都漕杨一魁主张分黄导淮。治理一年多,杨一魁又请求决湖水以疏漕渠。"就湖疏渠,与高、宝月河相接,既避运道风波之险,而水涸成田,给民耕种。"皇帝批准可以按照他的建议去做。过了五六年,刘东星接替了杨一魁的职务,遵守其原来的想法,春夏引水入徐州,并复开赵家圈以接黄,开泇河以济运。结果泇河工程才完成十分之三时,刘东星病死,工程停工。直到万历三十二年(1604),"总河侍郎李化龙始大开泇河,自直河至李家港二百六十里,尽避黄河之险。化龙忧去,总河侍郎曹时聘终其事,疏叙泇河之功言:'舒应龙创开韩家庄以泄湖水,而路始通。刘东星大开良城、侯家庄以试行运,而路渐广。李化龙上开李家港,凿都水石,下开直河口,挑田家庄,殚力经营,行运过半,而路始开,故臣得接踵告竣。'因条上善后六事,运道从此大通"。② 到了明朝末年,崇祯任命侍郎周鼎接任刘荣嗣,专力治理泇河,疏浚麦河支河。崇祯九年(1636),泇河复通,由宿迁陈沟口合大河。而此时黄淮涨溢日甚,倒灌害漕。周鼎治理长达五年之久,运道依然受阻,周鼎也被削去职务。所以,从隆庆万历年间到明朝末年为了保证运道的南北畅通,泇河河道是修了阻,阻了再修,明朝君臣可谓煞费苦心,由此可见黄河对淮河和运道的影响之大。

---

① (清)张廷玉等:《明史》卷八十五《河渠三·运河上》,中华书局1997年版,第2087页。

② 同上书,第2097页。

（二）清朝时期黄河对运道交通运输的影响

不仅明朝黄河对运道影响很大，到了清朝，黄河依然对运道产生重大影响。运河从京城南下，经历直沽、山东、扬子江口，又经京口抵达杭州，全长两千多里。明朝时期，运河分为白漕、卫漕、闸漕、河漕、江漕、浙漕。到了清朝，康熙皇帝非常关注运道的问题，鉴于黄河水流的危害，任命靳辅开通中河。然而，粮艘经行黄河也不过数里，入中河，而原来一百八十多里的河漕便废弃不用。中河是泇河通运后又经过八十多年的努力才开挖成功的。清朝，黄河南行，最先殃及淮河，淮河受到影响必然殃及运道。清朝初年，把大部分精力都投入到治河、导淮、济运三个方面，朝廷在淮安、清口一带，频繁施工，花费了大量财力，百姓田庐受灾之频繁，超过了以前朝代任何时候。

清朝黄河对运河的破坏其年代之多，破坏程度之大，导致运河受阻的事例数不胜数。如顺治"四年夏久雨，决江都运堤；六年夏，高邮运堤决数百丈；七年，运堤溃；十七年春夏之交，卫水微弱，粮运涩滞，乃堰漳河分灌民田之水，入卫济运"。[1]

康熙年间，河运关系更为密切。康熙十六年，东南水患严重，漕道水浅，时任河督靳辅认为："河、运宜为一体。运道之阻塞，率由河道之变迁。向来议治河者，多尽力于漕艘经行之地，其他决口，以为无关运道而缓视之，以致河道日坏，运道因之日梗。又运河自清口至清水潭，长约二百三十里，因黄内灌，河底淤高，居民日患沉溺，运艘每苦阻梗。请敕下各抚臣，将本年应运漕粮，务于明年三月内尽数过淮。粮艘过完，即封闭通济闸坝，督集人夫，将运河大为挑浚，三百日竣工。"[2] 靳辅还说，因为黄河河床淤垫，阻滞盘剥，艰苦万端。如果将清口一带河身深挖疏浚，则河船就能够顺畅通行，还能节省很多费用。并且建议朝廷能够把各省所交纳的费用都作为治河之用，把运河深深地疏浚，船艘通行，凡是过往的货物船只，分别缴纳疏导运河的费用，朝廷接受了靳辅的建议，解决了问题。

康熙初年，粮艘船只抵达宿迁，由董口北达，后来董口淤塞，遂取

---

① （清）赵尔巽等：《清史稿》卷一百二十七《河渠二·运河》，中华书局 1977 年版，第 3770 页。

② 同上书，第 3772 页。

道骆马湖。但是，"湖浅水面阔，线缆无所施，舟泥泞不得前，挑挖异送，宿邑骚然"。① 不得已，靳辅又创开皂河四十里，上接泇河，下达黄河，漕运才便利通行。康熙二十年七月，黄河水大肆上涨，造成皂河淤塞，船只不能通行。又自皂河以东，历龙冈岔路口至张家庄二十里挑新河三千余丈，并移运口于张家庄，即张庄运口。自此，"飞挽迅利，而地方宁息，军民实庆永赖运"。② 由此可见，黄河对运道船只运行产生了多大影响。二十二年九月，黄河由龙冈漫入，新河又淤。二十五年，靳辅以为运道经黄河，非常险恶，建议从骆马湖凿渠，经宿迁、桃源到清河仲家庄出口，这段河渠被称为"中河"。粮船北上，出清口后，行黄河数里，即入中河，直达张庄运口，才躲避了黄河一百八十里的险程。当时左都御史马齐等到中河视察，一致称赞："中河安流，舟楫甚便。"③ 清代靳辅开凿中河，使黄运彻底分离，最大限度地减少了黄河对运河的不利影响，避开了黄河险段，使元明以来所谓的"河漕"完全不复存在。咸丰五年（1855），黄河在河南兰考铜瓦厢决口，夺大清河由山东利津入渤海。黄河改道山东，徐州运河遂告废止，徐州漕运历史结束。

（三）交通条件好坏对城市发展的影响

首先，交通的破坏大大阻碍了城市发展。自古以来，交通就是城市赖以发展的重要因素，这在以漕运为经济命脉的明清时期显得尤为重要。明清两朝，由于受到黄河水患的影响，黄河下游地区山东段和江苏段运道的变迁对聊城、徐州等地的农业生产、商品经济以及社会秩序各方面都产生了重大影响。

一是新河道的开凿使黄运逐渐分离，大大改善了漕运条件，对明清两代的漕运发展是一个极大的促进。明代万历年间，泇河开通后，不仅避开了徐州附近三百三十里的黄河和徐州、吕梁二洪，而且运道径直，水源充足，漕运条件大为改善。万历三十二年，由泇河新运道通过的漕船已占三分之二。万历三十三年，通过泇河的漕船多达八千余艘。清代

---

① （清）赵尔巽等：《清史稿》卷一百二十七《河渠二·运河》，中华书局1977年版，第3772页。

② （清）傅泽洪：《行水金鉴》卷五十三，商务印书馆1936年版。

③ （清）赵尔巽等：《清史稿》卷一百二十七《河渠二·运河》，中华书局1977年版，第3774页。

靳辅中河完工之后，"连年重运，一出清口，即截黄而北，由仲家庄闸进中河以入皂河，涛无阻，牵拽有路，又避黄河之险二百里，抵通之期，较历年先一月"。① 自此，"南北运河之全局乃定"。②

二是使徐州及其附近地区水系更加混乱，严重影响了农业生产的灌溉水源。新河道的开挖对徐州地区原有水系产生了重要影响。如伽河开通后，"齐鲁诸水挟以东南，营、武、沭、沂一时截断。堤闸繁多，而启闭之务殷，东障西塞而川脉乱矣"。③ 清代咸丰年间，黄河改道山东，原来的水利灌溉系统全部废弃，流经徐州六百多年的黄河淹废了清泗古汴，黄土淤沙吞没了耕地，由于水源短缺，运河不能通航，陆地运输艰阻，农作物无法大面积种植和生长，产量极低，这更是对明清徐州地区农业生产的沉重打击。

三是运河改道，使徐州失去了赖以发展的重要条件，城市地位下降，商品经济迅速走向衰落。在视漕运为经济命脉的明清时期，运河是否流经会对沿岸城镇社会经济的发展产生重要影响，徐州也不例外。在徐州及其附近地区数次运河河道变迁中，以伽河的开通对徐州城市发展的影响最为明显。伽河开通前的明代徐州，舟车云集，贸易兴旺，商品经济繁荣，《古今图书集成·职方典·徐州民俗考》记载，当时的徐州城"一切布、帛、盐、铁之利，悉归外商"，"百工技艺之徒，悉非土著"。④ 受其影响，徐州本地弃农经商者日见增多，"往往竟趋商贩而薄农桑"。⑤ 南北漕运的畅通，使"明代前期的徐州成为粮棉铁丝的集散地，棉布等物交易量很大，大批商船往来频繁，逐渐形成南北物资交流中心"。⑥ 明人陈仁锡《重建徐州洪神庙记》称："凡四方朝贡转漕及商旅经营者，率由

① （清）靳辅：《治河方略》卷二《中河》，上海古籍出版社 1987 年版。

② 郑肇经：《中国水利史》，上海书店出版社 1984 年版。

③ 咸丰《邳州志》卷四《山川》，《中国地方志集成》（江苏府县志集），江苏古籍出版社 1995 年版。

④ （清）蒋廷锡：《古今图书集成·职方典·徐州民俗考》卷一百七十一，中华书局 1987 年版。

⑤ 嘉靖《徐州志·地理志上》卷四，成文出版社 1974 年版。

⑥ 杨杰：《明清时期徐州的水上交通与经济发展》，《徐州文史资料》第 15 辑，中国人民政治协商会议江苏省徐州市委员会文史资料研究委员会，1995 年。

是道。"① 成化年间，徐州"民船贾舶多不可籍数"。② 朝鲜人崔溥在其
《漂海录》中更是称徐州"物华丰阜，可比江南"。③ 但是，"泇河开通后
的第二年，过徐州段运河北上的漕运船只就减少了三分之二，徐州的商
品经济发展因此出现了很大的衰退"④，"在通衢街道数条，人烟尚而稀
疏，贸易亦皆冷淡"。⑤ 明人沈德符在其著作《万历野获编》中记载了泇
河开通后的徐州："自通泇后，军民二运，俱不复经。商贾散徒，井邑萧
条，全不似一都会矣。"⑥ 泇河的开通成为明代徐州城市兴衰的转折点。
咸丰五年（1855），黄河决铜瓦厢，夺溜由长垣、东明入张秋，穿运河，
合大清河入海，运河梗塞。徐州境内，"黄沙弥望，牢落无垠，舟车罕
通"⑦，几乎等于偏地僻壤。

四是运河改道带动了新河道沿线夏镇、台儿庄等城镇的兴起。明代
嘉靖、隆庆年间，南阳新河和泇河开通后，夏镇即成为山东运河南段仅
次于济宁的商埠码头。奉旨总领河事的工部尚书朱衡即驻署于此，沽头
分司也由沛移驻至此。为管理这段运河，明清两代都在这里设立工部分
司。这里曾聚集过许多治河、治湖的官员和专家。1567 年，改夏村为夏
镇。1588 年开始筑土城，清初始筑砖城。明末万寿祺曾记述夏镇的繁荣
景象："夏镇全盛日，城阙半临河。夜月楼船满，春风环佩多。"清初顾
大申描写的夏镇是："临河面郭耸朱楼，缥缈波光楼上头。东海万山分障
列，兖州泗水抱城流。望中烟绕长堤柳，天外浮云绵缆舟。"⑧ 台儿庄位
于绎县城南六十里，界连江苏邳州，为山东江苏两省孔道。明正德时，
为台儿庄集。万历年间，开凿泇河运道改经台儿庄，遂为水旱码头，市
镇经济开始兴盛。清代以后，在运河航运的刺激下，台儿庄已成为"北
跨琅琊，南控江淮"的鲁南商业重镇。镇内沿运码头有十余处，来往船

---

① （明）陈仁锡：《皇明世法录》卷五十四《四库禁书丛刊·史部》第 15 册，北京出版社
2000 年版。

② （明）陈子龙等：《明经世文编·李西涯文集》卷五十四，中华书局 1962 年版。

③ ［朝鲜］崔溥：《漂海录——中国行记》卷二，葛振家点注，社会科学文献出版社 1992
年版。

④ 李德楠：《明代徐州段运河的泛水问题及应对措施》，《兰州学刊》2007 年第 8 期。

⑤ 《明徐州蠲免房租书册》，学生书局，据万历三十五年刻本影印，1986 年。

⑥ （明）沈德符：《万历野获编》卷十二《元明笔记史料丛刊》，中华书局 1959 年版。

⑦ 民国《铜山县志》卷四纪事表《中国地方志集成·江苏府县志辑（62）》，江苏古籍出
版社 1991 年版。

⑧ 《济宁运河诗文集粹》，济宁市新闻出版局，2001 年。

只"往往寄泊于此"。

五是运河改道对徐州当地的社会秩序形成了巨大的冲击。运河改道导致经济衰落，再加上自然灾害的频繁发生，徐州及其附近地区自明代中期以后不断发生农民起义和农民暴动，社会秩序日益混乱。据徐州地方志记载，"世宗嘉靖二年，山东矿贼党王友贤等劫掠抵徐州"。"万历二十七年，浙江民赵占元至徐州谋作乱，徐州及丰沛人多有从者。"① 天启二年九月，发生在山东地区的徐鸿儒起义也波及徐州，起义军抢夺商旅财物，焚毁漕运船只，严重危及徐州及其附近地区的漕粮运输。天启四年，因为"山东盗炽"，再加上黄河水灾造成徐州严重的社会混乱，明代政府不得不改徐州参将为总兵。明末清初的农民起义和王朝鼎革战争，更是使徐州及其附近地区社会经济发展遭到沉重打击，迟迟难以恢复。

其次，便利的交通又为城市发展创造了重要条件，尤论在古代社会还是现代社会都是如此。在古代社会仅有的陆运、海运、漕运等几种运输方式中，以漕运对社会的影响最为深远。自隋代开凿大运河以后，随着经济重心的逐渐南移，到明清时期漕运已成为国家的经济命脉。漕运是否畅通关系到封建国家政权的兴衰存亡。

漕运作为古代社会一种重要的交通运输方式，运河是其主要载体，所有的江南漕船必须通过运河北上，对运河河道的治理就显得尤为重要。具体到明代，徐州段运河河道的一个显著特点就是黄运合一，黄河的泛滥溃决是导致徐州段运河治理的主要原因，而开挖新河是治黄保运的重要手段，新河道的开凿必然导致运河河道的变迁，运河河道变迁反过来又对它所流经的城市和地区社会经济发展产生重要影响。这一点，以万历年间泇河的开通最为明显。泇河的开通虽然大大改善了漕运条件，对保障南北漕运安全畅通具有重要意义，但却使徐州失去了赖以发展的重要条件，城市地位日益下降，商品经济也因此迅速走向衰落，再加上自然灾害的频繁发生，徐州及其附近地区自明代中期以后不断发生农民起义和农民暴动，社会秩序日益混乱。在一定程度上可以说，泇河的开通是明代徐州城市发展兴衰的转折点。

黄河泛滥还扰乱了黄淮平原上的水系和运河，破坏了水运交通。宋

---

① 同治《徐州府志·纪事表》卷五《中国地方志集成·江苏府县志辑（61）》，江苏古籍出版社 1991 年版。

金分裂时期，汴河（即通济渠）淤成平陆，战国以来形成的河淮之间水运交通淹废。金元以后，黄河南泛，黄河又成为河淮之间的天然河流，或淤浅，或缩短，或废塞。水运交通与城市发展关系密切，运河和河流的通行不畅，势必影响城市的兴衰。例如，元代以后的归德府（今河南商丘），即唐代的宋州，当时号称"邑中九万家""舟车半天下"，因汴河的淤塞，失去了交通上的重要地位，加上黄河泛滥，而趋于衰落。始于宋代的朱仙镇（今开封市西南），明末清初，因贾鲁河开通（明称孙家渡河）而兴盛。该镇地处贾鲁河水运的终点，扼南北交通枢纽，开封的对外主要渡口，为河南与山西、陕西、江淮地区货运的中转站，清代为全国四大镇之一，乾隆、嘉庆年间，其商业之盛超过了省会开封，行旅商贾、昼夜不绝，号称繁富。后来，由于黄河决溢，贾鲁河淤废，渡口废弃，舟楫不通，加上铁路兴起，交通路线转移，从此一蹶不振，沦为一个普通的小村镇了。

有些城市受到黄河泛滥的直接破坏，以及由泛滥而引起的地理环境恶化、交通条件改变等多种影响，城市地位发生改变。唐代的汴州及五代、北宋的东京开封府（今市），原来不靠近黄河，金代黄河逐渐趋向东南，大定后已流入开封府境，并经常在城北面摆动，明洪武一次黄河改道南流，河道经开封城北仅五里。据记载，从明洪武到清道光曾四次侵入城内，直接造成破坏。由于黄河在开封四周多次泛滥、改道，附近形成了沙丘，加深了土壤的盐碱化，恶化了自然环境。开封附近有汴河、蔡河、金水河、五丈河（广济河）等"漕运四渠"，为城市的经济命脉，也因黄河泛滥而淤没，使开封成为不能通航的城市，丧失了经济地位，因此，开封的衰落，除宋以后政治中心的南移外，黄河的决溢泛滥也是一个重要原因。[1]

---

[1]　邹逸麟：《黄淮海平原历史地理》，安徽教育出版社 1997 年版，第 347 页。

第四章 黄河水患与下游城市经济变迁

传统城市经济的发展受多种因素影响，如城市人口的多少、政治形势的治乱、经济政策的良莠、资源禀赋的贫富、交通条件的优劣等，都会成为城市经济发展的制约因素。黄河下游城市也不例外。不仅如此，黄河下游城市经济发展还与黄河下游河道变迁、水患灾害等因素密切相关。由于明清时期黄河水患加剧，致使下游城市经济发展的正常进程被一次次打断，经济发展曲折缓慢，以致出现衰退。究其原因，黄河流域城市经济多是以农业为基础发展起来的，稳定的农业生产环境有利于城市腹地的农业丰收，由此构成城市经济发展的内在动力，而水旱灾害经常给流域内农业经济造成严重破坏，动摇了城市经济发展的基础。河道的变迁或淤塞，也常使一些因水运而兴的城市因水运衰竭而衰落，城市的外源动力减弱。河道的频繁决溢，既带来了水运能力的丧失，也阻碍了农业经济的发展，使城市经济发展的两个助推力均受到严重弱化，从而给城市经济发展带来严重的后果。

第一节 水患与城市人口变迁

明清时期，黄河中下游地区水患频仍，洪灾所至，常常淹没农田，摧毁城市，导致多灾并发，蝗灾、瘟疫等随之而来。水患给沿岸地区人民的生产和生活带来了深重灾难。每次黄河决口或满溢，常波及十数个或数十个州县，使数以万计或数十万计的人葬身鱼腹，死于非命。继而因水灾而倾家荡产，水灾所至，常使农作物减产或者绝收，食物短缺引发直接饥荒。水灾过后，因缺乏食物而背井离乡，饿殍遍野，有时饿毙比溺死更为残酷而普遍。黄河的频繁决溢和改道造成了大量人口死亡、流徙，而大量城乡人口的非正常死亡或无序流动，则严重地制约了沿岸城市经济的发展。

一 水患导致大量城市人口非正常死亡

黄河决口泛滥给下游沿岸地区人民的生命财产带来了深重灾难，无数田园和房舍被吞噬，人口大量死亡，农业生态系统遭受严重破坏，农作物大面积减产或者绝收，从而导致食品匮乏，物价上涨，饥荒横行。

明万历二十一年（1593）五月，大雨数旬，黄河决堤，洪水漫流济、梁、淮、徐间方圆数千里。刑科给事中杨东明在家乡河南所见，向万历皇帝上《饥民图说疏》，备述河南、安徽、山东等省灾害之重，民众流离死亡之惨。他在奏折中说："去年（1593）五月，二麦已见垂成，忽经大雨数旬，平地水深三尺，麦禾既朽烂，秋苗亦复残伤，且河决堤防，冲舍漂庐，沃野变为江湖，陆地通行舟楫，水天无际，雨树苍悲，民乃无充腹之资，又鲜安身之地，于是扶老携幼，东走西奔，饿饥不前，流离万状。夫妻不能相顾，割爱分离，母子不能两全，绝裾抛弃老羸，方行两步辄仆，顷刻身亡。弱婴在抱而忽遗，伶仃待毙，跋涉千里，苦旅舍之难容，匍匐归来，叹故园之无倚，投河者葬身鱼腹，自缢者弃命园林。……割儿女之尸骸……食亡亲之骨肉，道路紧急，行旅戒严，村落萧条，烟火断绝。"[1] 嘉靖三十二年（1553）春，"徐、萧、沛、丰、邳、睢宁俱大饥，人相食……"[2] "所到之处，饿殍盈野，村落成墟……"之惨状。神宗万历三十一年（1603）夏，二麦将熟，全境大雨，瘟疫流行，黄河也在张堤口处决口。引发大饥荒，民死过半，出现人相食、骨相枕的悲惨现象。宁陵吕坤题壁诗称："癸卯年，杀人天，瘟疫死一半，麦秋尽水淹，河工苦累死，天灾又那堪，两泪向谁落，肉食人不觉。"

明崇祯四年（1631）以来，大雨、大水过后，砀山农作物减产，粮食歉收，出现连年灾荒，民不聊生，以致"土寇群起"。[3] 崇祯十三年（1640），睢宁县先大旱，后因黄河决口淹没，"灾情严重，人互相食，年壮者皆流亡外地"。崇祯十四年（1641）春，"大饥，先食树皮及其各草籽，渐至食人，初犹避忌，后且公然不为异，甚有父子、兄弟、夫妻相

---

[1] 商丘地区地方志编纂委员会编：《商丘地区志》上卷，生活·读书·新知三联书店1996年版，第39页。

[2] 清乾隆本《徐州府志》。

[3] 乾隆《砀山县志》卷一《星野》。

食者"。① "冬复大疫，田野荒芜"，全年全县人口"二万三千九百零三十丁，死于饥、死于疫、死于寇，凡一万七千六百零三丁，仅存六千三百零二十七丁"。② 明崇祯十五年（1642）六月，李自成率农民军攻打开封，官军为解开封之围，乃掘黄河大堤以水淹农民军，结果河水入城内，全城悉为潦水泥沙所淹，"百万生灵，尽付东流一道，举目汪洋，抬头触浪"。③ 水退以后，开封城可谓苇蒿遍地，狐兔出没，满目荒废，全城仅文庙、大相国寺等少数建筑有屋檐、屋脊露于地面，然其高者仅及胸，昔日之繁华荡然无存。"开封古都会，富庶甲于中原，竟成巨浸。"④ "使数千百年全盛之中区，一旦潴为巨浸，荡为魁陵也。"⑤ 开封原有人口三十七万多人，大水过后，只剩下三万多人了。⑥ 从此开封城市"满目榛荒，人丁稀少"，一片凋敝残破景象。崇祯十三年（1640），睢宁县先大旱，后因黄河决口淹没，据《睢宁旧志选译志》载："灾情严重，人互相食，年壮者皆流亡外地。"

乾隆二十六年（1761），黄河干流及支流伊洛河、沁河同时暴涨。黄河下游两岸共漫口 26 处，河南、山东、安徽共有 26 个州县被淹。其中，河南、偃师、巩县、沁阳、武陟、修武、博爱等县大水灌城，"淹没军民以万计"，房屋大量倒塌。

清咸丰元年（1851），丰县境内蟠龙集处黄河决口，洪流泛滥下泻，铜山、邳州、睢宁及下游地区一片汪洋，发生"灾民流离失所，四散逃荒，至有人相食之现象"。⑦ 咸丰五年（1855）六月十九日，黄河在铜瓦厢决口改道，正河断流，漫水西趋复折往东北，奔山东大清河入海，自此北徙。清口黄河梱竭，但河底已淤高，淮河不能恢复故道。这次决口是一次空前的浩劫，洪水波及四省、十府四十余州县，受灾面积近三万

---

① 乾隆《砀山县志》卷一《星野》。

② 同上。

③ （明）白愚撰：《汴围湿襟录》，"全河入汴"。

④ （清）谷应泰：《明末纪事本末》卷三四，河决之患。

⑤ （明）白愚撰，刘益安校注：《汴围湿襟录校注》，"周亮工序"，中州书画出版社 1982 年版。

⑥ （清）傅泽洪主编，郑元庆纂辑：《行水金鉴》卷四五，引黄澍奏疏云："臣自七月初旬，以点保甲为名，实在人丁三十七万八千有零。"

⑦ 钱程、韩宝平：《徐州历史上黄河水灾特征及其对区域社会发展的影响》，《中国矿业大学学报》（社会科学版）2008 年第 4 期。

平方千米。当时正值太平天国农民起义之际，清政府无力顾及河决之事，使洪水泛滥横流达二十余年，泛滥宽度达两百多里，被洪水冲塌或淹浸的县城就有六七个，其中濮州、范县、齐东等不得不迁城以避水患。据山东巡抚崇恩奏折称，咸丰六年（1856）曹、兖及济、泰、武等府被黄水漫淹成灾六分以上者计七千零六十一个村庄。直到光绪十一年（1885）秋汛，历城、章邱等处受灾人口仍达三十万。① 江苏全省被水被旱六十三厅州县暨八卫。1856 年，江苏发生数十年未有之大旱，河水皆涸，禾尽田槁，加之蝗虫为灾，啮草木几尽，饥民遍野，道馑相望。皖北广大地区旱蝗灾害严重。百姓困苦流离，哀鸿遍野。河南大部地区旱蝗成灾，少数州县被水淹。饥民流离失所，有食树皮为生者。山东旱蝗成灾，饥馑荐臻，盗贼蜂起。② 铜瓦厢决口后，不仅是水灾淹死，由此引发的旱、蝗、疫情大量发生，导致大量死亡。如 1855 年，江苏常熟有疾疫流行，"秋，人多疾疫，死亡相继"。直至 1862 年江苏、浙江、安徽还发生大瘟疫。是年，宁国"两月以来，兵民疫死者二三万人。"松江"自七八月以来，城中时疫之外，兼有痢疾，十死八九。"清代第三次人口下降期为 1852—1871 年，赵文林等认为："这是由于清军与太平天国、捻军、苗族反清起义军队之间的战争，黄河第六次决口大迁徙以及帝国主义军队攻陷京津等原因造成的综合结果。"③

道光二十一年及二十三年，两次黄河漫溢，"膏腴之地，均被沙压，村庄庐舍，荡然无存"。十年后，河南祥符至中牟一带，"地宽六十余里，长逾数倍，地皆不毛，居民无养生之路"。④ 其中祥符决口，水围省城八个月之久，城墙久泡酥损而坍塌一百二十余丈，城内水深数尺至丈许，"难民暂栖城垛之上"。⑤ 皖北民歌描述咸丰年间黄河水灾的情况云："咸丰坐殿闰八月，大雨下够两个月，黄河两岸开口子，人死大半显不着。"⑥ 铜瓦厢决口黄流一泻千里，"大溜浩瀚奔腾，水面横宽数十里至百余里不

---

① 高文学编：《中国自然灾害史（总论）》，地震出版社 1997 年版，第 321 页。
② 同上书，第 472—473 页。
③ 同上书，第 473 页。
④ 《清文宗实录》卷二十六，中华书局 1986 年影印版。
⑤ 《清宣宗实录》卷三百五十四，中华书局 1986 年影印版。
⑥ 安徽省社会科学院近代史所：《关于捻军的几个问题》，安徽人民出版社 1960 年版，第 93 页。

等，致河南、直隶、山东被淹四十余州县之多。"① 此后，山东濮州城沦于水底十余年。

二 水患导致大量城市居民流亡

水灾不仅使无数生灵葬身于洪水，而且还造成大量难民。为了求生活命，灾区人民不得不离开家园，流徙他乡。洪涝灾害造成了社会动荡，一些免予死亡的人备受颠沛流离之苦，部分灾民在困苦无奈之下，心态畸变，道德沦丧，成为游离于乡土结构之外的特殊群体。他们抢劫钱财、绑票、杀人放火、聚众劫富甚至成为啸聚山林的土匪等，使人们的生命财产安全受到威胁，严重扰乱了社会秩序，引起社会混乱，造成了社会动荡和不安。② 河一旦决口，滔滔的洪水淹没村庄，形成大量灾民。例如，1882—1884 年黄河连年发生决口，1882 年的灾民为四十余万人，1883 年的灾民为七十五万多人，1884 年的灾民为一百一十一万多人。③广大灾民被迫背井离乡，四处流浪。例如，1883 年，"山东灾民就食省垣者，十余万口"。④ 黄河溃决，冲毁城垣，漂没房屋，淹毙牲畜，造成农作物绝产或歉收，使晚清山东民众遭受严重的财产损失，广大灾民困苦不堪。例如，1895 年黄河在山东境内多次决口，"汪洋浩瀚，茫无津涯，田庐坟墓尽皆淹没，甚有挟棺而走骸骨无存者。民不得已，尽搬向河堤，搭盖席棚，饥不得食，寒不得衣，数十万生灵嗷嗷待哺。加以风寒水冷，号哭之声闻数十里"。⑤

光绪年间，黄河在山东段数次决口，泛滥数百里，十四州县大小灾七十五万流离，就食省垣者就有十余万口，"归耕无期，日日待哺"。⑥ 这种流民的数量是最多的。每次决口堵筑工程，需要征调大量民力来挑挖引河，修筑堤坝，大工成则遣散，造成新的流民。像"光绪十四年，河工成，遣散夫役近数万"。⑦ 河南祥符工地，聚集着饥民数万之多，开工之时，以工代赈，比较安定。一旦大工告竣，这些饥民无所糊口，必然

---

① 转引自李文海等编《近代中国灾荒纪年》，湖南教育出版社 1990 年版，第 159 页。

② 钱程、韩宝平：《徐州历史上黄河水灾特征及其对区域社会发展的影响》，《中国矿业大学学报》（社会科学版）2008 年第 4 期。

③ 李文海、周源：《灾荒与饥馑（1840—1919）》，高等教育出版社 1991 年版。

④ 同上。

⑤ 李文海、林敦奎、周源、宫明：《近代中国灾荒纪年》，湖南教育出版社 1990 年版。

⑥ 李文海等编：《近代中国灾荒纪年》，湖南教育出版社 1990 年版，第 448 页。

⑦ （清）赵尔巽等：《清史稿·蒋东才传》卷四百五十七，中华书局 1977 年版。

加入流民的行列。黄河水患形成的大批流民，或者四处流亡，或者聚众抢劫，或者揭竿起义，激化了社会矛盾，加重了社会的动荡不安。

据董龙凯对清末黄河铜瓦厢决口以后山东受灾情况和人口迁移情况的研究，认为"咸丰、同治年间，黄河多次决口漫流，汹涌澎湃之水肆虐于山东30多个州县，其祸害之烈，惨不忍睹"。① 黄河大改道使多数州县猝不及防，被灾范围很广。"菏泽、濮州以下，寿张、东阿以上尽被淹没，其他如东平等数十州县亦均波及，遍野哀鸿。"② 其中，巨野黄水分流间隙，"新柳蔽空，芦草没人"③，菏泽境内"尽为鼍窟"。④ 同治二年（1863）八月，河决兰阳，"一股直下开州，一股旁趋定陶、曹、单、考城、菏泽、东明、长垣、巨野、武城、濮州、范县、寿张等均被淹浸"。⑤ 同治十年（1871）八月，郓城侯家林民堰决。山东巡抚丁宝桢上奏折称："灾民之田庐既经漂没，资粮悉已无存，荡析离居，极为可怜。"⑥ 据统计，自咸丰五年至同治十三年间，仅仅咸丰十一年没有出现受灾现象，其余各年或多或少皆有灾情发生，黄河决口或漫流之时，山东受灾州县多达36个。

铜瓦厢改道后，山东民众赖以为生的盐场"间被淹没"，或者产盐不旺。位于产盐要区利津县的永阜盐场，自从黄水改道以来，大溜由该场附近奔腾而下，"以致滩池节年被淹，堤坝冲决，且复顶托纳潮，卤气不升"⑦，致使产盐短少。郑州决口为祸惨烈与铜瓦厢改道不相上下，黄流所至"人民庐舍多被沉沦，有幸而获生者，率迁移高阜，栖息树枝，以待拯援"。⑧ 黄祸不仅夺去了千百万人的生命，破坏了社会生产力，而且吞没了农田民舍，使"黎民不能复业"。这样势必造成大量饥民流亡，成为社会的不稳定因素。

清代因黄河决口泛滥所形成的流民有三种形式。其一，水患直接造

---

① 董龙凯：《1855—1874 年黄河漫流与山东人口迁移》，《文史哲》1998 年第 3 期。

② （作者不详）《十朝东华录》咸丰五年八月。

③ 民国《续修巨野县志》卷八《杂抄》。

④ 光绪《菏泽县乡土志》部分卷《水·黄河》。

⑤ 《同治东华续录》卷二三。

⑥ 《近代中国史料丛刊》第 8 辑，第 74 页，《丁文诚公（宝桢）遗集》卷八，同治十九年十一月一日《黄水冲缺侯家林民堰漕备赈折》。

⑦ 《光绪朝东华录》（一），中华书局 1958 年版，第 257 页。

⑧ 同上书，第 2331 页。

成的大量流民。河决使百姓无家可归而成流民，而且这种形式的流民人数最多。其二，每次决口堵筑工程，需征用大量民力来挑挖引河，修筑堤坝，大工成则遣散，造成新的流民。"光绪十四年，河工成，遣散夫役近数万。"① 河南祥符工地，聚集着饥民数万之多，开工之时，以工代赈，比较安定。一旦大工告竣，这些饥民无所糊口，必然加入流民的行列。其三，漕运制度衰落后，以此为生者成为流民。清代漕运虽以军运为主，但也雇用民船以为补充，特别是康熙年间，清廷对原有的军运制度进行了较大调整，将原每船运军十名改为一名，其余九名选募水手充之。这样就使清代漕运人员中雇佣劳动者大量存在，"民之食其力者不可数计"。②

这些因黄河水患而形成的大批流民，或者四处流亡，或者聚众抢劫，或者揭竿起义，激化了社会矛盾，加重了社会的动荡不安。"黄河漫溢，游民乘间聚众为匪。"③"咸丰初年，河险漕停，粤氛猖獗，无业游民听其遣散，结党成群，谋生无术，势不得不流而为贼。"④ 漕运制度衰落后，以此为生者，除一部分加入起义的行列外，余者聚集到两淮盐场一带，组织青帮，贩私盐，行劫掠。可见，黄河水患对清代社会的影响是巨大的。

第二节　黄河水患与城市商业经济变迁

城市农业和手工业的发展是商业发展的基础，农业出现衰败，手工业出现萧条，势必影响商业的繁荣。明清时期，黄河中下游城市商业经济发展处于兴盛与衰落交替的发展过程。黄河稳定，交通畅通，商业繁盛；黄河决溢，河道淤塞，商业遭到破坏，物资交流受阻，商业经济衰落。

水患严重制约了黄河下游地区城市商业经济发展。这主要表现在以下四个方面：一是加筑黄河大堤、填补决口以及重建被洪水冲毁的城镇

---

① 《清史稿·蒋东才传》卷四百五十七，中华书局 1977 年版。
② 《光绪朝东华录》（一），中华书局 1958 年版，第 699 页。
③ 《清宣宗实录》卷三百七十九，中华书局 1986 年 12 月影印。
④ 丁显：《请复河运当言》，《皇朝经世文续编》卷四十一。

设施，需要投入巨额资金和人力。这不仅加重了沿岸人民的负担，加上官员借河工工程中饱私囊，贪污经费，使沿岸地区人民与商人不堪重负，而且严重制约了沿岸地区人民的消费能力和再生产能力，导致城市商业活动萎缩。二是沿岸地区的府、州、县治所和大型市镇等在防御水患过程中投入大量人力和物力，显示出较强的防御与自救能力，或能有效地防御水患对城市的冲击和破坏，延续城市商业的发展。但这对城市经济实力是一种巨大的消耗，必然影响到城市的发展，而一些规模较小的市镇因自身力量薄弱，又不受政府重视，很难依靠自身力量进行自我防御与自我救助，一旦遇上黄河决口或漫流，常常遭到灭顶之灾，市镇经济发展或被迫中断。三是在黄河下游城市发展过程中，水患如影随形，像是一种压在沿岸人民心口上的梦魇，严重威胁着下游城市的安全，水患常常破坏城市基础设施与民居街市，造成大量人员和财产损失，进而影响城市正常发挥其政治和经济功能。四是黄河及其支流的泛滥、改道与决堤不断地改变着黄河下游地区的水陆交通体系。那些处在黄河渡口或交通枢纽的商业城市因黄河改道或交通网络的改变而趋于衰落。频繁的水患深刻地制约着一些枢纽城市的繁荣。

一　治河与防洪耗费了巨大的人力、财力，加剧了城市经济衰落

水患对下游城市商业发展产生了巨大的破坏作用。许多区域中心城市如府城开封、归德（商丘）、徐州、兖州、东昌、淮安等城市商业较为发达，经济实力雄厚，防御灾害的能力相对较强，但在洪涝和次生灾害的连续打击下，仍不免趋于衰落。特别是河工花费巨大，加重了人民的负担。据邱成希先生统计，弘治年间的河工治理，用银二万到二十五万不等，仅明朝刘大夏治理张秋河，明政府就拨了二百万两白银。万历八年，工部尚书潘季驯主持黄河下游徐州等地的河堤修复工程，"费帑金五十六万有奇"。[①] 万历二十年，黄河水势横溃，祖陵被水。为了保护明祖陵的安全，朝廷花费"三十六万有奇"[②] 的巨额费用治河。仅这两项工程就花费朝廷九十多万银两，可见，明政府在河工治理上的花费是巨大而又惊人的。清朝时期，面对黄河水患肆虐程度的加大，河役治理所耗费的资金也与日俱增。比如，雍正东河总督嵇曾筠和江南总督孔毓珣，提

---

① （清）张廷玉等：《明史·河渠志》，中华书局1997年版，第2053页。
② 同上书，第2057页。

出每年修治河道的费用"分年轮流加倍，约岁需二万余金"；① 乾隆四十三年，决祥符，旬日塞之。闰六月，决仪封十六堡，宽七十余丈，地在诸口上②，掣溜湍急，由睢州、宁陵、永城直达亳州之涡河入淮。此处决口，是决了塞，塞了再决，"是役也，历时二载，费帑五百余万，堵筑五次始合"。③ 嘉庆十年闰六月，两江总督铁保偕同南河总督戴均元（嘉庆十八年任东河总督。东河，河南、山东黄河的简称，其机构辖河南和山东境内的黄河段）治理河南山东段的黄河河堤。"新河堤长四百里，中段漫水甚广，急难施工，必须二三年之久，约费三四百万。堵筑减坝，不过二三月，费至二百余万。"④ 道光二十一年，河决祥符，大溜全掣，水围省城。河督文冲请照睢工漫口，暂缓堵筑。二十二年，"祥符塞，用帑六百余万"。⑤ 二十三年六月，决中牟，水趋朱仙镇，历通许、扶沟、太康入涡会淮。二十四年正月，大风，坝工蛰动，旋东坝连失五占，麟魁等降黜有差，仍留工督办。七月，上以频年军饷河工一时并集，经费支出，意欲缓至明秋兴筑。钟祥等力陈不可。十二月塞，用帑千一百九十余万。⑥ 可见，反映到当时士大夫的言论中，黄河治理中的河费开支是被视为"国之大费"之一来看待的。这些河工开支都是通过加征加派、克扣河工银等办法把政府的财政压力转嫁到人民身上，也必然会严重冲击到城市经济发展的资金投入，进而对城市经济发展产生负面影响，使城市经济发展出现衰退乃至停滞。商业店铺的收入很大一部分被政府征调，用于购买货物的资金必然受到影响，这就必然影响商业贸易的发展。

二 水患严重削弱了城市经济发展实力

在我国传统社会时期，城镇的兴衰与其是否处于交通要道或水运沿岸有着十分密切的关系。一句话，交通带来的是货物的流通与人员往来、信息的传递交流。货物在流通中才有增值，人员流通才有文化交流，信

---

① （清）赵尔巽等：《清史稿·志河渠一》卷一百二十六，中华书局 1977 年版，第 3725 页。

② 据《续行水金鉴》卷一八，乾隆四十三年闰六月二十八日条，作"仪封汛十六堡、十七堡、二十二堡、二十四堡、三十六堡浸水六处，惟十六堡地在诸口之上"。

③ （清）赵尔巽等：《清史稿·志河渠一》卷一百二十六，中华书局 1977 年版，第 3731 页。

④ 同上书，第 3733 页。

⑤ 同上书，第 3740 页。

⑥ 同上。

息传递才有在相互借鉴与模仿中进步。城市经济的发展取决于资源供应与产品销售这几大环节。经济中心大多是交通中心，这是由城市经济发展对于资源的大量需求以及对市场的需求所致。只有处理好资源供应与产品销售这两大环节，城市经济发展才能保持正常的秩序，才更有发展实力，商品贸易才更繁荣。因此，在明清时期，黄河中下游城市所处的地理位置，是否处于交通体系的枢纽，是否具有独特的资源开发和供应，将决定着一个城镇在发展进程中的地位与功能，也将决定着一个城镇的兴盛与停滞。比如开封和徐州，都是处于水陆交通枢纽，经济贸易发达，城市经济实力强大。而黄河水患的频繁发生，河道淤塞，陆路交通改变，水上交通堵塞。一旦失去了交通优势，城市经济便随之衰落下去。清初，全国经济发达区域逐步南移至江南地区，加上黄河淤塞，运河改道，开封失去了重建辉煌的时机。清初重建开封城，辖四州三十县。经济地位大大下降，经济实力也急剧下降。开封随着经济地位的下降，其政治地位也随之降低。康熙三十年（1691），开封人口又恢复到49万，但城内人口少于明末的37万。咸丰十年（1860）时，开封城内共有9.2万余，光绪三十三年（1907）增至15万人。有清一代，开封城内人口在稳步增加，但开封人口减少6.5万，一直没有达到清中期的人口水平。开封人口的降低，正是其经济实力减退的有力证明。清末，已失去水上交通优势的开封城，再加上近代京汉铁路未经开封修筑，开封逐渐失去了中原经贸运输中心的地位。尽管1930年中期通车的陇海铁路带给开封不少生机，但作为纵横两大铁路线中枢的郑州，已在经济上逐步取代了开封的地位。交通便利、经贸交流及人口的移动出现了向郑州转移的明显迹象。而内陆城市开封因缺少与出海口间的联系，也缺少交通枢纽的拉动，本身农业经济基础较为薄弱，除传统手工业外，其经济发展再度停滞，中原必争之地开封陷入城市化进程的困境。

　　而邻近一些区域经济中心的小城镇，因为处于交通路线的中转站上，进而经贸实力大增，依托贸易和工业生产，促进了城市规模的发展，并最终在城市的行政级别上也得以提高。像开封周边市镇如朱仙镇、道口镇、赊旗店和荆紫关等，或依托贾鲁河航运而繁荣，或通过货物转运而兴盛。朱仙镇，属河南开封府祥符县，是水路舟车会集之所。清代著名的商镇之一。据《祥符县志》记载："朱仙镇，天下四大镇之一也。食货富于南而输于北，由广东佛山镇至湖广汉口镇，则不止广东一路矣；由湖广汉口镇至河南朱仙镇则又不止湖广一路矣。朱仙镇最为忙，江西景德镇则窑器居多耳。"① 南门外贾鲁河沿岸，码头林立，长达五里。此时朱仙镇达到最鼎盛时期，面积一百二十平方千米之广，其商业街市以贾鲁河为界，分为东西两镇，"东镇之重要市街：曰顺河街、曰杂货街、曰曲米街、曰油篓街，街俱南北行；曰晓先街、曰炮房街，街俱东西行"。② 其中，杂货街多销售南北杂货，曲米街多是售卖米麦商铺，炮房街多爆竹作坊，油篓街多油业行店，顺河街、晓先街则为普通商号，尤其以杂货街为最盛。"西镇之重要街市南北行者曰顺河街、曰西大街、曰保元街；东西行者曰估衣街、曰京货街。京货街多京广时货，估衣街多估衣店及当铺，顺河街、西大街、保元街则为普通商店。"③ 清代前期，东镇繁盛远远超过西镇，因东镇地势较低，清朝中期又多次发生黄河决口，东镇商铺逐渐西迁，多集中在西大街、估衣街、京货街等处。朱仙镇输出货物以西北山货、本省牲口与土特产品为大宗，输入货物以木材、瓷器、布匹、粮食、京广杂货为大宗。④ 此时，朱仙镇仍为华北地区最大的水路交通联运码头，商务之盛甲于全省。⑤ 乾隆年间，朱仙镇商业进入鼎盛时期，不仅商人商号数量超过千家，而且经营规模也明显扩大。⑥ 朱仙镇的商业繁盛，明显受益于贾鲁河道便利的交通。雍正元年夏秋季，黄河决口，由贾鲁河南下，"朱仙镇人烟稠密，河身浅狭，遂致漫溢，镇上房屋多被惨毁"。⑦ 这次水灾显然使康熙末年刚刚重修的会馆建筑遭到很大破坏，故山西、陕西商人再次捐资，于雍正十一年起建大殿，重修山门，并新建了牌楼。但此次会馆重修的集资未见记载，不过，翼城县商人还单独捐资重修了一座牌楼，《山地平阳府翼城县众商创建牌楼碑记》中，在碑阴所镌参与集资的商人计有340人，共捐银860余两，平均每人2两。其中，李诚麃父子和史中兴叔侄两家4人合捐40两，捐银最多，

---

① 沈传义等：光绪《祥符县志》卷九《市集》，光绪二十四年刻本。
② 开封教育实验区教材部：《岳飞与朱仙镇》，开封教育出版社1934年版，第121页。
③ 沈传义等：光绪《祥符县志》卷九《市集》，光绪二十四年刻本。
④ 李伟敏：《明清时期开封城市发展研究》，硕士学位论文，河南大学，第9页。
⑤ 龚柴：《河南考略》，《小方壶斋舆地丛钞》第一帙。
⑥ 参见许檀：《清代河南朱仙镇的商业——以山陕会馆碑刻资料为中心的考察》，《史学月刊》2005年第6期。
⑦ 山西省政协《晋商史料全览》编辑委员会编：《晋商史料全览》会馆卷，山西人民出版社2007年版，第208页。

个人捐银最多者则为 23 两。从这里可以看出，雍正时期，朱仙镇商人的实力明显比康熙时有所增长，而翼城商人应是其中人数和实力较强的商帮之一。

乾隆二十六年七月，"沁、黄并涨，武陟、荥泽、阳武、祥符、兰阳同时决十五口，大溜直趋贾鲁河"①，朱仙镇再次遭遇水灾。灾后不久，山西、陕西会馆商人又一次对会馆进行重修，乾隆三十三年告竣。因为，此次重修的规模较大，参与集资的商人商号数量超过千家，共捐银 9780余两，实际支出为 9910 余两。其中，建筑材料包括砖瓦木料、狮柱条碑、琉璃、石灰、油漆颜料、赤金、铁钉等项共计 5534.45 两，占所使用银两的 55.8%；工匠工钱支出 3142.29 两，占 31.7%；其他开支 1237.24 两，占 12.5%，总计用银 9913.98 两。乾隆四十年《移修舞楼碑记》言："山西大板烟号捐积银两，移建戏楼，而今完工告竣，书名勒石，各号施银开列于后。"该碑所镌参与集资的商号共计 17 家，捐银 2389 两，其中捐银最高的元泰和为 760 余两，元隆昌、义盛泰两家也都超过 500 两。乾隆中叶，会馆又进行二次修建，总计消耗银两 12300 余两。从乾隆时期修缮会馆所用银两来看，朱仙镇的商业规模大大超过清朝初年，山西、陕西商人的经济实力已不可同日而语了。

道光二十三年，朱仙镇再次被水，"迨水退之后，淤沙深七八尺，甚者或至逾丈，商品全被浸没"②。此次受灾之后未见会馆重修，估计此时朱仙镇商业已经大不如以前，山西、陕西商人也无力对会馆进行修缮了。光绪十三年，黄河再次决口，使贾鲁河河道淤浅，航行困难，朱仙镇商业走向衰落。朱仙镇商业兴衰可以有力地证明黄河水患对城市商业经济实力产生的影响。

河南周家口（今周口市）兴起于明代，繁荣于清代，是河南小城镇发展的典型。周家口位于河南的东部，颍河、沙河与贾鲁河交汇于该镇，东南流入淮河而达江南地区。周家口优越的地理条件和交通便利条件，成为河南东部与江南地区商品流通的重要枢纽。周家口在明朝初年是附近农民交换农副产品的集市。明朝成化年间（1465—1487），贾鲁河在周

---

① （清）赵尔巽：《清史稿·志河渠一》卷一百三十六，中华书局 1977 年版，第 3729 页。
② 山西省政协《晋商史料全览》编辑委员会编：《晋商史料全览》会馆卷，山西人民出版社 2007 年版，第 208 页。

家口与沙河汇流，舟楫可达朱仙镇，航运事业快速发展起来，码头工人不断增多，周围百余里的商贩亦多迁入，沿河三岸鼎足之势形成。明万历年间（1573—1619），三岸相连，商务颇盛，一些商贾大户，开设粮食、茶麻、杂货、饮食、中药等店铺。由于商品贸易繁忙，货物转运频繁，不得已又增开了义渡口。到了清朝顺治年间，周家口的市场随着社会的逐步稳定而开始繁盛起来，外省商贾纷纷来此经营，附近的粮食、布帛、棉麻和皮毛等农产品云集于此，市场范围扩大，行业增多，货物吞吐量日益上升。原有埠口已经不能满足货物转运以及来往商旅之需要，于是又先后开辟了大渡口、小渡口、新渡口、上下齐埠口等多处渡口。沿河两岸，街房连接。康熙时期，陈州管梁州判（为州之佐史），由州治内移设周家口，统管全镇市场经营情况，周家口遂成为繁荣市镇，商务臻于鼎盛。南边安徽的茶麻、两湖竹木、两广纸糖、山西铜铁、豫西山货、淮阳金针（菜）、附近的皮毛、粮油、牲畜等，均在周家口市场交易。仅就粮食一项来看，"从乾隆二十四年闰六月至乾隆二十五年三月的九个月期间，从周家口运往江南的粮食有二十二万三千六百余石"。[①] 由此可见粮食贸易额之大。商业的繁荣，又促进了手工业的发展，从事手工业者有上千户，并且根据经营种类和生产品种分行就市，不少街道以行业命名。在周家口定居的外省商贾分别募捐，兴建了同乡及行业性会馆十余座。周家口也成为河南省一大商埠，与朱仙镇、道口镇、赊旗镇合称为河南四大名镇。周家口镇是河南城镇发展的一个缩影，因为交通便利，促进了城市的繁荣。

清朝咸丰五年（1855），河南铜瓦厢河决改道，黄河下游自西南向东北由山东入海。从此山东西部城市惨遭黄河水患的蹂躏，经济实力由盛转衰。比如，贯通鲁西诸州县的会通河因黄河冲决而淤塞，联系区域内外的经贸命脉就此中断，鲁西的经贸活动普遍衰落。"咸丰元年，甘泉闸河撑堤溃塌三十余丈，河决丰县，山东被淹，运河漫水，漕艘改由湖坡行。二年，决北运河北寺庄堤，并改次年漕粮由海道运津。自是遂以海运为常。"[②] 水路交通的毁坏也改变了山东西部城市经济的发展。如德州，

---

① 《乾隆二十五年五月初十日河南巡抚胡保琭折》，《历史档案》1990 年第 4 期。

② （清）赵尔巽等：《清史稿·志河渠二》卷一百二十七，中华书局 1977 年版，第 3788 页。

"商埠开而京道改变，漕运停而南舶不来，水陆商务因之大减，而生齿盛衰亦与有密切之关系"。① 临清直隶州，"清代经王伦之劫而商业一衰，继经咸丰甲寅之变而商业再衰，运河淤涸而商业终衰"。② 隶属临清州的武城县"自漕运改制，而商业顿衰，生计亦因之凋耗"。③ 清平县"自运河淤涸，陆路所行驶者仅数种车辆而已。……前清末期各种帆船，此间绝迹矣"。④ 东平州因"水道逐渐阻滞，商船因之裹足"，"营业渐渐式微，银钱业复相继倒闭，所谓外籍大商已消灭殆尽……故全县商业较之三十年前不惟无进，反更退化"。⑤

明清时期，徐州处于商业重镇的地位，但因黄河在其附近肆虐有加而丧失。据《清史稿》载，康熙六十年间，发生水灾的年份就有二十九年，而在徐州及周围的决口二十次以上。雍正乾隆年间，发生水灾的次数颇多。嘉庆和道光年间，也多次发生多黄河决口祸患。黄河决溢淤塞直接导致徐州上下漕运堵塞，商业重镇地位丧失。徐州是黄河和运河流经的重要地区，曾在乾隆年间任徐州知府长达五年的石杰在其为乾隆本《徐州府志》所作的"序"中道出了清代徐州地理位置的重要性："徐之境南北三百里，东西五百里，黄河贯其中，铜、萧、砀、睢介河之南，丰、沛、邳、宿介河之北，而运河又介邳、宿之间，更有昭阳、微山、骆马诸湖环列左右，所关国计民生甚巨且重，是以险工林立，丞倅佐杂，半皆河员，自春徂秋，修防不辍。"由此可见，徐州处于重要的枢纽地位。徐州由于其独特的交通位置，北方齐鲁之地和南方江淮地区的物产均汇聚于此集散转运，成为当时著名的经济都会，经济实力强大。但是，黄河自南宋改道后，徐州地区洪涝灾害增多，严重影响到了漕运的畅通。而黄河决溢，经常导致运道阻塞无法畅通。从明代中期开始，黄河的泛

---

① （清）纂修者不详：《德州乡土志》，《户口》，清光绪年间手抄本，成文出版社 1968 年影印版，第 186 页。

② 张自清修，张树梅、王贵笙纂：《民国临清县志》，凤凰出版社 2004 年影印版，第 83、139 页。

③ 王延纶总裁，王脯铭纂：《增订武城县志续编》，李书田序，1912 年刻本，成文出版社 1976 年影印版，第 4 页。

④ 梁钟亭等修，张树梅等纂：《续修清平县志》，《交通志五》，成文出版社 1968 年影印版，第 441 页。

⑤ 张志熙等修，刘靖宇纂：《东平县志》第三卷，《交通志》第八卷《实业志》，成文出版社 1968 年影印版，第 103—104、326 页。

滥溃决频繁发生，黄运交汇，随浚随淤。在明朝世宗嘉靖、穆宗隆庆、神宗万历年间，新开凿修筑的新河和迦河，就证明了徐州漕运地位的下降。万历三十二年，"总河侍郎李化龙始大开迦河，自直河至李家港二百六十余里，尽避黄河之险。化龙夏去，总督侍郎曹时聘终其事，运道从此大通。其后，每年三月开迦河坝，由直河口进，九月开召公坝入黄河，粮艘及官民船悉以为准"。① 由于迦河漕运地位的开通，政府对黄河的重视也随之下降，河道不断淤塞。后来，徐州附近黄河决溢倒灌，运河彻底阻塞，漕船便全部出邳州直河口经迦河北上，自此徐州兴起的漕运优势彻底丧失，使徐州失去了城市发展所需的交通条件，城市经济迅速走向衰落。直到1855年铜瓦厢黄河决口改道山东，才改变了这种局面。

频繁的水患造成了城市工商业的衰落，经济实力大大下降。元代经过贾鲁河治理，使朱仙镇迅速兴起，开封城市依靠朱仙镇作为外港，经济逐步得到恢复和发展。到了明代，开封城市的商业和手工业又相当繁荣，"大街小巷，王府乡绅牌坊，鳞次栉比，满城街市，不可计数，势若两京。"清代频繁的河患，不仅使开封城市建筑遭到严重破坏，也使其水陆交通失去优势，加上外港朱仙镇因水患失去繁荣，这就使开封的工商业发展失去了依托条件。城市破败，居民贫困，造成缺乏经营场所，购买力下降；水陆交通不便，外地商人运货入汴和城内居民贩运外出大为减少。因此，清代开封城市经济实力的兴衰起伏，总是与水患的破坏和水患治理密切相连。

三 水患破坏了城市基本设施和街道，影响了城市经济功能的正常发挥

城市基础设施是城市生存和发展所必须具备的工程性基础设施和社会性基础设施的总称，是城市中为顺利进行各种经济活动和其他社会活动而建设的各类设备的总称。据史料记载，明清时期，黄河下游拥有众多大小城市。我们先看黄河水灾以前城市的发展，突出表现在如下三个方面：

（一）城镇规模扩大

城市规模较大，结构合理，城市经济发展的基本设施一应俱全，居民街道纵横交错，城市居民所需要的商铺星罗棋布。洪武九年建设的开

---

① （清）张廷玉等：《明史·志河渠三》卷六十一，中华书局1997年版，第2097页。

封城"满城街市，不可计数，势若两京"①，"城郭人民之繁阜，宫室舆马之都丽"。② 街道两旁，生意挨门逐户，为官府服务的公共设施和为平民百姓服务的生活设施齐全，集市贸易繁盛，商品种类繁多。频繁的水患严重地破坏了原有的城市建筑。山东张秋镇在万历年间，已有新街巷数十条，城周八里。东阿县铜城镇，"城中街长五里"。③ 长山县周村，至康熙年间，镇中贯穿南北大街长约三里。而当时东阿县城周长只四里一百三十步，泰安州城周长也仅七里六十步。乾隆时，河南周家口，已由河西小渡口扩展成为由河西、河南、河北三区组成，街道纵横，周围十余里的巨镇。④ 与此同时，赊旗镇发展为长三里宽五里的规模。舞阳县北舞渡镇也拓为周长十二里的大镇。在清末民初，禹州神土后镇镇内街市广袤六七里，为禹州西南巨镇。⑤ 陕西泾阳县鲁桥镇，有东西南北四条大街，大小巷二十余条。⑥ 黄河洪水淹城毁屋，居民街道毁坏殆尽。

（二）店铺增多

明清时期，北方五省各地的镇市上店铺数量逐渐增多。一些大的商业名镇上，更是店铺林立，商贾云集。镇上分行就市，井然有序。在明代嘉靖年间，颜神镇有玻璃市、窑货市、布店、盐店、硝店、榆皮店、木炭店等。清代乾隆、嘉庆时，朱仙镇城内东镇杂货街多营南北杂货，曲米街多为米麦商铺，油篓街多油业商店，炮房街多为爆竹作坊；西镇估衣街多经营估衣、当铺，京货街多为苏广时货，铜货街多为铜器作坊，顺河街、西大街为普通商店。镇上商铺分二十余类，四百余家。不仅大镇如此，在各地的中小镇市上，也都出现了日益增多的店铺。明代中后期，直隶元城县濒卫河的小滩镇，居民稠密，舟车辐辏。大名县束馆镇也为商贾聚集之所。陕西朝邑县赵渡镇，"邑之为市者以十数，而赵渡为最大。商贾辐辏，里中一浩穰也"。⑦ 清代中后期，山东陵县神头镇，"居

---

① 《如梦录·街市纪》。

② （明）白愚撰，刘益安校注：《汴围湿襟录校注》，"周亮工序"，中州书画出版社1982年版。

③ 道光《东阿县志》卷二《方域志·物产》

④ 乾隆《商水县志》卷五《地理志·市集》。

⑤ 《禹县志》卷三《山川》，民国二十四年。

⑥ 冯庚、郭思锐：《续修泾阳县鲁桥镇城乡志》卷一《镇城》《寺观》。

⑦ 万历《续朝邑县志》卷二《建置志·市集》。

人之繁庶，市廛之布列，四方商旅之辐辏而云集，于陵六店之首"。① 河南正阳县铜钟镇，"市面范围颇大，地当南北通衢，旧有山西祁环生、贞元和等当商，暨湖北、覃怀油饼杂货各行店"。② 舞阳县北舞渡镇有货栈、客店、粉局、瓷器、铁货、染房、皮坊、杂货、油坊等商铺。河内县的清化镇，经营铁货的商号有九家，烟店四家，粮行九家，油房四家，木材店五家。③ 直隶雄县瓦桥镇，"长二里半，户口滋繁，市廛林立"。④ 永年县之临名关，邯之苏曹二镇，花店尤多，山西、山东二省商贩，来此购运"。⑤ 嘉庆年间，陕西山阳县曼川镇，为水旱码头，铺户三百余家。⑥ 为民生活服务的设施排列密布，生活方便。

（三）集贸中心

县以下镇市除上述大的商业镇市之外，还有一些覆盖百里的中等镇市及覆盖数十里的小镇市。这些都是地方上的集市贸易中心。这类镇市上的店铺，数量没有上述商业镇市那样多，规模也小于上述商业镇市。这类镇市店铺、集会贸易同时并存，集会贸易是其主要形式。在明清三百余年间，这类镇市，为数甚多，遍布五省各个州县。直隶任丘县青塔镇，地处任丘、高阳、徐水、河间四县之间，为棉布集散地，每当集日，布商在镇上大量收购棉布，多至四五百匹。永年县之临名关，邯之苏曹二镇，花店尤多，山西、山东二省商贩，来此购运。⑦ 山东安丘县景芝镇，"盖商薮也。居民四五千家，壮哉！雄镇也"。⑧ 阳谷县阿城镇，"鱼盐贸迁，商贾辐辏"。⑨ 临邑县夏口镇，"商旅辐辏，轮蹄杂沓，日无虚晷"。⑩ 河南邓州穰东镇，"商贾辐辏，为邓首镇"。⑪ 汝州纸坊镇，"方园约三里许，四门四街轮流为市，商贾咸集矣"。⑫ 山西平陆县茅津镇，"市

---

① 道光《陵县志》卷十七《金石志》。
② 民国二十二年《正阳县志》卷一《建置志·坛庙》。
③ ［日］东亚图文会：《支那省别全志》第8卷。
④ 光绪《雄县乡土志》地理。
⑤ 光绪《广平府志》卷十八《舆地志·物产》。
⑥ 嘉庆《山阳县志》卷二《镇市》。
⑦ 光绪《广平府志》卷十八《舆地志·物产》。
⑧ 万历《安丘县志》卷二《建置考》。
⑨ （明）谢肇淛：《北河纪余》卷二。
⑩ 同治《临邑县志》卷五《金石志》。
⑪ 嘉靖《邓州志》卷八《舆地志·风俗》。
⑫ 道光《直隶汝州全志》卷三《市集》。

廛鳞次，商贾云集系二尹分驻之所，称一邑之巨镇"。① 长子县的饱店镇，是以粮食为主的集镇。这里粮行、斗铺多至十余家，大小掌柜近两百余人。逢单日有集，每集可收购粮食近四万石。陕西耀州流曲镇，在该县乡镇二十余处集市中，其大者流曲与县市。贸易之繁盛又"过于县市"。② 华州赤水镇，间日一集，每逢三日则一会。每遇会时，"商贩之货，多于市集"。③ 泾阳石桥镇，"有红花市，每五六月间，贾客辐辏，往来如织"。④ 三原陂西镇，位于县东南四十里，市廛稠密，为邑首镇。这类以集市贸易为主的镇市的形成和发展，表明在明清时期，黄淮平原上的各个州县不同等次的镇市已经形成并具有相当规模，虽然它自身也还有大中小之分，但在本地区来说，它比一般集市要大，都是本地农副产品向外销售和外地商品在本地销售的中心市场，在城乡贸易中具有极为重要的地位和作用。

黄河下游河道的频繁决口、改道和泛滥，对下游城市造成一次次严重毁坏。许多城市不止一次地被洪水冲毁淹没。黄河水患威胁历来以下游最为严重，北抵天津，南达江淮，在二十五万平方千米的扇形大平原上，两千多年间几乎到处都有黄河决溢、改道留下的痕迹，更直接使开封数座古城池深深淤没于地面下。经考古发掘证实：开封"城摞城"最下面的城池——魏大梁城在今地面下十余米深；唐汴州城距地面十米深左右，北宋东京城距地面约八米深，金汴京城约六米深，明开封城五六米深，清开封城约三米深。开封"城摞城"的考古发现，正是城市被毁，街道被淹没后历代重建的一个佐证。河南延津县北的古胙城县（今胙城北），古代为南北交通的必经之地，从河南开封去北京，常由此渡河北上，金元以后，黄河多次在此决溢。明朝中叶，境内沙丘堆积，崇祯年间，县城西门已被流沙所没。清顺治年间县治更是"飞沙四集，壕堑不明，居数百家，备极萧条之甚"。⑤ 到雍正五年（1727），胙城县终于被撤废并入延津县。徐州古城遭受黄河水患，在明代尤为剧烈，明天启四年六月二日（1624 年 7 月 16 日夜）的大水，三年不退，最后徐州这座建于

---

① 光绪《平陆县续志》卷下《艺文》。
② 嘉靖《耀州志》卷四《田赋志集市》。
③ 嘉庆《华州志》卷四《建置志·市集》。
④ 同上。
⑤ 康熙《泾阳县志》卷二《建置志·镇市》。

明洪武年间的城池，全部被黄沙掩埋。20 世纪 50—80 年代，徐州的城市建设发现了地下徐州明代时期的铁佛寺井和文亭街的四眼井，还有明代石板铺面的古街道，明代城隍庙的绿色琉璃瓦的屋顶，进而发现了古庙的遗址。整个城市被埋于地下，灾后重建之困难可想而知。

康熙十九年（1680），整个泗州城被沦入湖底。清道光二十一年（1841），黄河在开封城北决口，河水再次侵入城内，水深一丈多，庐舍尽灭。孝严寺、铁塔寺、校场、贡院等建筑，也被拆毁以作堵塞洪水之用。次年又一次重修了城池，周长十四千米多，城门五座如旧，这就是我们今天看到的开封城墙。[①] 这些水淹城市，导致城市所有的建筑设施和居民街道全部被淹毁，城市正常的发展功能丧失，开封城和徐州城以及州府县城的重复建设，和近现代在城市建设和考古中发现的"城摞城"现象，正是城市毁后重建的有力证据，城市的再次建设，需要投入大量的资金，花费大量的人力、物力、财力，对于城市商品经济的发展影响不言而喻。

四　水患对城市水陆交通网络的改变影响了城市商业经济发展

自古以来，交通便利与否对于城市的发展具有举足轻重的作用。古代社会的多数城市基本上都建立在官马大道两侧或者河流两岸，就是一个明证。在我国古代社会，由于满足手工业生产及商业贸易的需求，一个城市的手工业生产与商业贸易越发达，其与城市所处地理位置、交通运输体系间的关系就越密切。一旦出现交通运输体系变动且无足以替代的重大问题，常常会导致城市手工业生产与商品贸易的严重受困，不仅会动摇城市经贸中心的地位，而且也会引发城市的群体性衰落。在明清至民国时期，黄河水患的频繁发生不仅导致了黄河运道的淤塞，而且还极大地冲击了运河，导致运道淤塞，京杭运道失衡，沿海开埠及铁路线路铺设而引起的商路改变，进而引发城市衰落的事例，以黄河沿岸城市和运道沿岸城市变迁最为典型。

黄河的决口、泛滥和改道，对下游华北平原地区的地貌和城市经济生活造成了巨大的影响。黄河的不断决口和改道，破坏了黄淮平原上原有的水系面貌。由于频繁发生河泛，黄河大量泥沙的输入，使古代黄河下游平原上河网交错、湖泊群立的自然景象发生了根本的变化。黄河的

---

① 顺治《鄃城县志》。

流沙不仅破坏了黄河水系自身，而且还给淮河水系和海河水系造成了严重破坏。有些城市商业是以水运为基础，水运甚至成了商业市镇繁荣的决定因素。因河道改道或淤塞而使水运阻滞，一时或不致使城镇消失，但却使当地民生凋敝，日常商业经济活动受到阻碍。城市因水患导致水路交通改变而走向衰落。

　　频繁的水患破坏了城市内外的水陆交通条件，开封城市的水运条件虽然自元代以来就屡遭破坏，但经过贾鲁河的治理，仍可南通江淮，北达燕赵，自清代频繁的水患之后，不仅近郊水系紊乱，连贾鲁河也被淤塞，从根本上失去了外部的漕运水道。由于黄河泥沙的淤积，开封不但城内道路遭到破坏，而且贯通东西南北的官道也或被冲毁，或被沙丘堵塞，人走车运也极为不便。水陆交通条件的破坏，如同使开封城市发展失掉了翅膀，从而也造成了经济衰落。频繁的水患造成了城市工商业的衰落。元代经过贾鲁河治理，使朱仙镇迅速兴起，开封城市依靠朱仙镇作为外港，经济逐步得到恢复和发展。清代频繁的河泛，不仅使开封城市建筑遭到严重破坏，也使其水陆交通失去优势，加上外港朱仙镇因水患失去繁荣，这就使开封的工商业发展失去了依托条件。城市破败，居民贫困，造成缺乏经营场所，购买力下降；水陆交通不便，外地商人运货入汴和城内居民贩运外出大为减少。因此，清代开封城市的工商业发展的兴衰起伏，总与水患的破坏和水患治理密切相连。

　　位于黄河下游的山东省，其境内的会通河系人工所挖，河道本来就浅狭，加上水源缺乏，需要分段设闸过水，致使水流缓慢，泥沙容易淤浅。而黄河水是会通河的主要水源，当黄河泛滥之时，黄河水就会携带大量泥沙而冲入会通河。明代漕船吃水不过六拿（六拿等于三尺），清代漕船吃水三尺五寸，仍时常搁浅。明清两代，为维持这条重要的南北经济供应线，朝廷年年兴修但屡竣屡淤。道光四年（1824），黄河在洪泽湖东高家堰决堤，运河水大减，漕运困难。次年，清廷决定江浙漕粮改为海运，一年后，复归河运。此后，太平天国运动爆发，江浙陷于战火，河运基本停止。清咸丰三年（1853），清廷决定部分漕粮再改海运。咸丰五年（1855），黄河决堤于兰阳铜瓦厢（今属河南省兰考县）后北迁，挟汶水夺大清河入海，形成今天的黄河下游河道，安山镇以北运河水源全断。同治年间，漕粮被迫以海运为主，仅约十分之一续由河运。

　　优越的交通环境是城镇兴起和发展的重要条件，而在陆路交通工具尚不发达的明清时期，水运的优势则非常显著，诚如王家营镇，其兴起即得益于黄淮的交汇。黄淮下游清江浦同样如此，没有黄、淮、运的交汇与数条固定航道的经过，很难实现较快的发展局面。宋金时期，黄河改道南流，夺淮入海，清江浦成为黄、淮交汇之所。明初再凿清江浦河，这里遂黄、淮、运三河汇集，为"水陆孔道"。此后，除可通航的三河外，也有数条固定航道经由清江浦，比如淮安至开封水路，由淮安出发，经清江闸、泗州、颍上、颍州、周家店等达开封；淮安至潼关水路，由淮安出发，经清河、宿迁、徐州、开封等抵潼关。清江浦由南河至开封水路，由清江浦出发，经泗州、五河、寿州、颍上、周家店等到开封。同时，这些水路又与其河道相连，形成了错综交织的水运。作为漕运重镇与河工重地，漕署、造船厂及河署先后设于此处，加之清河县治徙此，清江浦的官方机构邻近。大量的官吏、夫役与商贾纷纷涌入，这里的人口急剧增加，并在清代中期迎来了繁荣局面。所以说，这里的发展，得益于水运枢纽带来的方方面面的繁荣。但其衰落则与黄河水患关系极为密切。明永乐年间，漕运总督平江伯陈瑄重浚沙河，并更名为清江浦，以获漕运之利。① 后随着漕运的日趋重要及船厂、河署的先后建置，清江浦遂因河名而逐渐发展为重镇。晚清之时，随着黄河河道的变迁，清江浦逐渐衰落下来。黄淮两河频繁决溢，沉淀泥沙，破坏了农业经济；黄河北流，河工裁撤，清江浦失去了发展的推动因素；运道淤浅，漕政革新，清江浦丧失了发展的重要依托。因此，在导致清江浦没落的所有因素中，河道变迁是很值得重视的。交通便利的丧失，也是清江浦经济衰落的重要原因。

商业城镇的发展趋势。城镇的形成是以商品经济发展为基础的。它的发展及其趋势归根结底要受到商品经济发展和交通条件的制约。城镇介于城市和乡村之间，是连接城市与乡村的纽带，是市场网络中不可或缺的重要组成部分。明清时期，黄河中下游的城镇，得益于黄河及其周围直流的水利条件，商业贸易相当活跃，成为中国中东部地区经济发展的一个重要标志。在商品经济大潮的影响下，黄河中下游地区的城镇得到了前所未有的发展，方便了广大民众生产和生活的需要，活跃了城乡市场，增强了大型城市与周边城镇的联系，促进了各地城乡经济交流。

---

① 乾隆《山阳县志》卷十，乾隆十四年刻本，第10页。

特别是一些大的市镇还成为城市发展的内源力，比如朱仙镇，不仅是河南中部贸易中心，而且在国内商品流通中也具有重要地位，其他的周家口、张秋镇等，也都成为地方性的集贸中心。但是，随着社会的变迁，这些城镇也发生了很大变化。一些城镇因为其所处的内陆环境和便利的交通条件，得以持续发展。如谷亭镇、陵城镇、铜城镇、阳谷镇等，逐渐上升为鱼台县、陵县、东阿县和阳谷县的县治所在地。河南修武县的清华镇，也因为商业昌盛，人烟密集，后来成为博爱县的县治。周家口镇因商业发达而得到发展，形成了河西、河南、河北三个商业区，先由三县分治，最后成为今天的周口市。还有一些城市，却因为濒临黄河附近，因为黄河水患的影响，黄河改道或决溢，使河岸上的城镇依赖于河道运输，一旦河道水源减小，不能通航，所在的水上交通失去了运输上的价值，这样就使位于其沿线的水路码头城镇迅速衰落。乾隆二十六年七月，"沁、黄并涨，武陟、荥泽、阳武、祥符、兰阳同时决十五口，大溜直趋贾鲁河"。① 朱仙镇再次遭遇水灾。在道光以后，由于它赖以发展的黄河故道贾鲁河河水枯竭，与它相毗邻的都城开封在全国的地位跌落，也就使它失去了昔日的地位，而沦为一个一般性的地方集市。山东的张秋镇濒临运河，地处东阿、阳谷、寿张三县交界处，因为黄河对运河产生的破坏作用，使运航不能正常运行，在明代中后期，还是人口"不止万家"的名镇，商业繁荣为一般州县所不能比拟，同样，也因为它赖以存在和发展的运河不能持久地通航，丧失了运输上的价值而失却了昔日的辉煌，也就沦为一般的集市了。

　　商丘位于中国中东部、河南省东部，是中原地区东部门户和中心城市。黄河长期在商丘的迁徙给商丘人民带来了严重的灾难，土壤的沙化、盐碱化，原有水系遭到了破坏，地势也有所抬高。

　　首先，黄河的决溢、改道不仅给商丘人民带来严重的沙灾，而且留下了大片盐碱地。清人陈潢指出："平时之水，沙居其六，一入伏秋，沙居其八。"黄河每次决溢后，都将大量泥沙带出堤外，水退沙留，在地面上覆盖了大片深厚不一的沙土沉积物。这些沉积物因沙质过粗，长时间排水不良，于是引起盐碱化，给农业带来很大的损害。

---

　　① （清）赵尔巽等：《清史稿·志河渠一》卷一百二十六，中华书局1979年版，第3729页。

其次，黄河改道后留下的枯河床和河堤上的沙质沉积物，经长期的风力作用，形成许多沙丘。这些沙丘随大风流动，吞噬了大片农田、房屋，破坏了城镇和交通道路，影响了商丘城市的经济发展。

再次，黄河的决溢、改道还淤浅了天然河道，填平了原来的湖泊，湮没了丘冈，也抬高了平地，形成商丘现在的样子。据历史文献记载，商丘在古代有许多湖泊，如孟诸泽在《尔雅·释地》《周礼·职方》《吕氏春秋·有始览》和《淮南子·地形训》中都有记载，是中国古代著名的十数之一，位于今商丘东北、虞城西北，唐时湖面"周围五十余里"。金元以后，屡遭黄河冲积，早已淤平。这些湖泊现在都已淤塞消失，甚至连一点残迹也看不到了。宁陵县的韦家河、桃源河、八里屯河、阳驿河、王里堡河、县北关河、苗公河、睢河，夏邑县的白河、柳河，永城县的小河、巴河，柘城县的旧河，在各县的县志上都有记载，由于黄河的作用，现在都或堙，或废，或不知其处。据史料记载，数千年前，商丘所在的平原上有许多丘、冈，如商丘县的楚丘、谷丘、青冈、杏冈，宁陵县的镇头冈、大谷冈、茅冈、黄冈、豆冈、尖冈等，现在这些丘、冈多已被黄河淤平，甚至难知其故地了。[①] 黄河水患所带来的严重后果，使众多城市发展失去了外部助推力。

总之，在经济领域，城市充当了"调节器"和"助推器"的角色，通过促进商品的流通和市场活动的渗透，不断地调整社会经济结构的组合形式与运行机制，引导人们的生产和消费的方向，推动经济的持续发展；在文化领域，城市以其所具有的向心力吸引了不同文化形式的汇聚，加强了它们彼此间的交流与融合，由此不仅促进了各种文化的不断发展，而且也孕育出了诸多充满活力的新文化；在思想领域，城市作为一种相对于乡村显得异常活跃的社会单元，往往是新思想、新观点的孕育体，是各种社会思潮的发源地和传播中心；在生活领域，城市是展现不同历史时期不同社会阶层和群体多姿多彩的生活方式的大舞台，是突破封建礼制束缚的策源地，其影响所及，除了城郊地带，还随着城市化的扩展逐步深入到广大农村地区。当然，在封建时代，城市的发展始终受到了诸多因素的制约，其对社会的影响也非根本性的。这当中既有经济方面的因素，又有思想观念和社会传统方面的因素，更有政治方面的因素。

---

① 李东坡：《黄河在商丘的迁徙及其影响》，《商丘职业技术学院学报》2004 年第 4 期。

因为在封建统治者看来，城市的发展和社会的进步固然会带来赋税增加、国力增强等好处，但也会造成社会的多变和各种"异端"思想与"违礼"行为的泛滥，进而影响到统治的稳固。因此，他们总是千方百计地将城市发展及其对社会的影响控制在一定范围内，他们认为，"最理想效果是维持农耕文化生态系统协调平衡的稳态发展、协调系统内部各因素之间的关系，使各种变量因素时刻处于一种整体和谐的动态发展过程中"①。这也正是明清时期黄河下游地区传统州县城市走向衰落以及农村城镇虽十分兴盛但却始终没能跃升为大规模经济都会的一个重要原因。

第三节　黄河水患与下游城市手工业变迁

黄河水患对下游地区自然环境和人口的改变，也必然改变着当地的社会经济状况。城市手工业发展也受到很大影响。明清时期，手工业分官营和私营两部分，其中，官营手工业部门包括丝织业、造船业、晒盐业、制瓷业、印刷业、军器制造业、织染业、制药、笔墨制造和食品加工等，这些行业曾出现了非常繁荣的景象。但是，由于黄河河患的影响，很多手工业失去了资料来源，产品销路中断，导致城市手工业发展由盛转衰。

一　对丝织业的影响

清代开封城市最发达的手工业是丝织业。建于明末清初的景文州汴绫庄，是开封丝织业中有代表性的民营手工业。乾隆时期，发展到极盛，有织机九十九台，雇工达两百余人，以后扩大了景文州麟记、景文州瑞记、景文州兴记、景文州纯记、景文州成记五座分号。作坊分柜上和后作两部分，柜上有掌柜、账房是负责经营管理的部门；后作为生产部门，有师傅、工匠和学徒。生产工序有络丝、牵经打纬；织货、印染，还设有专门的染坊，雇用尉氏、巩县、鲁山等地的花工，为其提供花样图案。产品不仅继承了宋代传统的文绫，改称汴绫，而且出产绸缎、头帕、纱

---

① 鲁春晓：《新形势下中国非物质文化遗产保护与传承关键性问题研究》，中国社会科学出版社 2017 年版，第 46 页。

包头、扎腿带、黄绫、白纱、彩绸、手帕、束腰带等产品①，闻名省内。清代中期，南阳等地还出现了仿制汴绸的作坊。②清代开封本地商人不仅多以临街设店的形式经营本地手工业产品，而且出现了进行长途贩运的经销方式，或将南北特产及手工产品运抵开封城内销售，或将开封土特产品和手工业产品运销外地。也有部分商业资本投入生产领域，尽管是很有限的，如景文州原来是贩卖绫绸、丝带、绒线的小商贩，后来资金积累多了，又掌握丝织技术，就在开封创办了绫绸庄，随着商业资本增加，又扩大了分号。

开封丝织业原料市场有限。康熙年间，杭州人俞森在河南做官，著《种树说》③指出："余观汴梁四野之桑高大沃若，吴越远不逮也。若此户皆桑，大讲蚕务，可兼吴越之利。"在原料不如江南充实的情况下，山西潞安府丝织业所用原料也"取给山东、河南、北直等处"④，与汴绸业争夺原料市场。开封丝织品销货市场也比较狭窄，汴绫、汴绸仅闻名于中州，行销省内，最多也只在山东、河北、山西等邻近省份销售。乾隆年间，武安商人在开封城内办绸布业⑤；南京绸缎"溯淮泗，道汝洛"⑥，输入河南；贵州遵义绸竟与"吴绫，蜀锦争价于中州"⑦，南阳等地仿制汴绸，低价销售，这些省内外名优丝织品，占据了汴绸市场，使开封丝绸业不能摆脱小市场格局。

开封城市经济在清代前期表现出来的这种倒退和落后，正是古代河南城市经济演变的缩影。其主要原因之一，是城市经济的依存性没有得到很好的实现。城市经济的依存性，决定着城市经济的命运，城市的无限活力，来自与周围世界的广泛联系。北宋开封城内官营丝织业的先进生产技术是从湖广、江浙、四川引进的；商品市场的繁荣靠的是发达的水陆运输。清代南京的丝织业的盛势超过了苏杭，其中，与外界联系的十几条经济通道，打开了产品销路，扩大了商品市场，是一个重要条件；

---

① 魏千志：《清代开封景文州汴绫庄的发展》，第一次全国清史学术讨论会论文，河南师范大学，1982 年。

② 《申报》1919 年 8 月 27 日。

③ 康熙《武陟县志》，《艺文》。

④ 乾隆《潞安府志》卷三十四。

⑤ 民国《武安县志》卷十。

⑥ 同治《上江二县志》卷七。

⑦ 道光《遵义府志》卷十六。

苏州城市丝织业的发展则与周围农村纺织业的盛行有一定的关系。从历史这面镜子里可以看出，开放是城市经济发展的生命线，只有加强同外界的联系，才能使城市经济在外界的经济联系中吸取营养。开封城市经济在清代前期发展缓慢，与其封建传统意识比较浓厚、封闭性较强、对外开放联系较差，有着直接关系。① 而黄河水患的频繁发生，恰恰阻断了开封与外界的联系和沟通，开封丝织业所需要的原料供应通道中断，产品外销的路径也因黄河泥沙的淤塞而堵塞，开封丝织业发展走向衰落成为必然。

二　造纸业的变迁

造纸业在宋代就是突出的手工业部门。到了明清时期，造纸业又有进一步兴旺和创新。1368 年，朱元璋领导农民起义推翻元朝，建立明朝。明朝初年，重视发展农桑，农业与纺织业有较大发展。在农业和纺织业发展的基础上造纸业有了长足的发展。永乐年间，明成祖派郑和七下西洋，开辟海外贸易，促进造船业发展与商品生产。商品经济的发展使明代出现资本主义萌芽，有利于造纸技术的继续进步和造纸业的兴盛。《明史》卷七十八《食货志》载："太祖初立国，即下令凡民田五亩至十亩者，栽桑、麻、木棉（即棉花）各半亩，十亩以上倍之。"明邱浚《大学衍义补》② 载："木棉，宋元之间始传其种入中国，关、陕、闽、广首得其利……然是时犹未加以征赋，故宋元食货所不载。至我国朝，其种乃遍布于天下。地无南北皆宜之，人无贫富皆赖之，其利视丝枲（注：枲音 xi，大麻的雄株），盖百倍焉。"……棉纺业的兴起，大量取代了蚕桑丝织业，为桑皮造纸提供了充足的原料，使河北迁安、涞州一带及山东的桑皮纸有了进一步发展。山东当时也广植桑树，采集桑皮为原料，造出了有名的东昌纸、呈文纸等。明申时行等修《明会典》卷一九五载："洪武二十六年定，凡每岁印造茶盐引山契本盐粮勘合等项尽用纸扎，著令有司抄解……产纸地方分派造解额数：陕西十五万张，湖广十七万张，山西十万张，山东五万五千张，福建四万张，北平十万张，浙江二十五万张，江西二十万张，河南五万五千张，直隶三十八万张。""九年，以

---

① 程子良、李清银主编：《开封城市史》，社会科学文献出版社 1993 年版，第 200 页。

② 《大学衍义补》为明丘濬（1420—1495）著，是阐发《大学》经义、论述"治国平天下之道"的儒学著作。

福建进到纸扎不合原式，及粗薄不堪，令按察司治提调官罪。"从这段史料的造纸数量可以看出，明朝洪武时期，各地造纸产量高，政府所印制的茶引和盐引所用纸扎要求标准很高，不合格要治罪。明成祖时期，郑和下西洋，出口的海外贸易品主要是纸和印刷品。明成祖为了采购外国珍稀货物，开辟海外贸易，使内地的工农产品形成商品生产，其中，包括纸与印刷品开始远销海外，促进了造纸业的发展。在明朝，造纸业得到了很好的发展，从元朝的保守时期，转而达到了兴盛时期。

明朝造纸技术的发展表现出以下三个方面的特点：

第一，推行振兴农、工、商业的政策，促进诸业的生产发展。通过废除元朝遗留下来的"工奴"（工匠）制度使手工业劳力的人身自由得到恢复，从而激发了其生产积极性。在此基础上，由于官办造纸业和民间手工纸作坊都得到很大发展，"轮班匠"和私人雇工大增，商品经济活跃。纸是明朝较为重要的手工业之一，涌现了大批造纸作坊（槽户）。

第二，明朝印刷业的进一步发展，活字印刷的普遍推行，纸张消费的日益增多，社会的广泛需求，促进了造纸的大发展。明弘治年间（1488—1506），无锡首创用铜活字大量印书；明万历至天启年间，彩色套印技术又得到进一步发展。安徽胡正言创造"拼版"木刻水印印制新技术，将彩印木刻提高到新的水平，先后于熹宗天启七年（1627）出版了《十竹斋画谱》，崇祯十七年（1644）又出版了《十竹斋笺谱》，《十竹斋画谱》和《十竹谱笺谱》的问世，有赖于当时的造纸业为其提供优质的纸张。

第三，宫廷官纸局的兴起，促进了造纸业高度发展。自蔡伦发明造纸术历三百多年之后，到了南朝齐高帝年间（479—482），出现了"纸官署"，专为朝廷造纸而设。至明王朝建立七年之后（洪武七年，1374年），下令在南京设立"宝钞提举司"，这是朝廷官办的造纸印钞局。次年三月，立钞法，发行"大明通行宝钞"。它历经两百年左右的盛衰过程，先后生产了"印钞纸""各类加工纸"和"宫廷用草纸"（卫生纸）等。在造纸技术、产品质量和品种开发等方面都有了一定的创新，推动明朝的造纸业达到了一个兴盛时期。

造纸业在明末清初是处于低潮衰落阶段。兵患连年，百业凋零，其槽坊厂局，久已荒芜，各地造纸业皆遭摧残。18世纪初，清朝的工农业生产逐步得到恢复。康乾一百三十多年间，随着社会经济的发展，科举制度的兴盛、文化教育事业的发达，社会文化图书印刷出版事业也比历代都更为发达，纸张的消费量剧增，刺激了当时造纸业的不断扩大和迅速发展。从康熙至道光两百多年间，是清代手工造纸业发展的鼎盛时期。清沈青岩等编纂《陕西通志》卷四十三至四十四"物产"记载各地产纸者有："《盏厘县志》：为纸则有楮构。""《旧郡志》：洋县出楮纸。""《商州志》：构皮可作纸。""《山阳县志》：民造纸，田赋赖此出。""《华州志》：水庄作山蛾。""《蒲城县志》：纸洁白细腻，出兴市镇武店。""今城固县亦出纸颇佳。""《府谷县志》：马莲，可用作纸。""《咸宁县志》：民以楮皮为粮造纸。""《成阳县志》：楮，可作纸"。河南南部的赊旗镇的纸张交易更是兴盛，来自湖南、四川和广州等地的纸张，云集赊旗镇，然后再运往周口销售。如道光十七年八月，山西"茂盛德记"商号从中湘（湖南中部湘潭、衡阳一带）购入洋糖 134 包，8600 余斤，各种纸张 1100 块，经汉口、樊城运抵赊旗；洋糖在赊旗交由晋和店、元吉店出售，纸张则运往周口销售。道光二十二年腊月，该商号从中湘购入苏木 120 捆，各种纸张 500 块，又从汉口购入洋糖 342 包，冰糖 20 箱，于次年二月运抵赊旗；将洋糖、冰糖在赊旗交由晋和店、元吉店、森茂店销售，其余苏木 120 捆、纸张 498 块运往周口。道光二十六年九月，该商号在赊旗晋和店购入川糖 80 包，共 8885 斤，雇牛车十辆陆运至北舞渡，然后雇船水运至周口出售。① 这些北上商品中川糖为四川所产，冰糖应为广东所产，纸张当为湖南或者江西所产，而洋糖、苏木等系进口商品，应是从广东进口，经由湘粤交界的骑田岭商路进入湖南，再由湖南北上运抵河南，通过水路销往京城和北方。陕西、山西的纸张也都通过河南销往全国各地。道光二十年（1840）鸦片战争爆发之后，中国沦为半封建半殖民地社会，西方列强对中国进行全面侵略，洋货洋纸滚滚涌入，国内工农业生产衰落，传统手工纸业市场被挤占而陷入困境；广大手工纸作坊槽户和商家都濒临破产倒闭的威胁，全国手工纸生产急剧衰落。而纸张商品也随着黄河河道的淤塞而失去运输能力，渐次走向衰落。

　　除造纸业之外，开封其他部门手工业也非常发达。①饮食业：明代开封饮食业继承了宋时东京饮食业的传统并有所发展。分原料加工、主食加工和副食品加工。主食加工有烧饼、粽子、切面、油糕等，这些饮

---

① "茂盛德记"账册，笔者从太原文物市场收购所得，据商贩称是从临汾收购来的。

食品种构成了著名的开封风味小吃，在当时享有较高的声誉。②服饰业：明代开封的服饰业已达到较高水平，服饰中有织染、成衣、皮革加工等部门。主要生产碾布、缎、丝、网巾、裙绦、布袜、棉线、便衣、戏衣、鞋帽、皮袄、布鞋等产品。其中，布、缎纹细均匀，图案美观，色彩鲜艳；成衣做工精细，款式多样，皮袄柔软舒适，耐寒耐用，远近闻名。③日用品：日用品是明代开封手工业品种和数量最多的产品。反映了社会各阶层需求的广泛性，产品种类有木器、铁器、瓷器、石器、化妆品、杂货及其他日用品等。木器类有壁柜、书橱、轿、桌、椅、床、枪棒等；铁器类有各种农具、弓箭、枪刀、夹剪、头盔、锁等。明代开封城市的铁器制作技术较为先进，所制铁犁硬而不脆，是当时中原一带重要的制作和销售中心。④手工艺品：明代开封街头有众多的手工艺品，这些产品集中在城隍庙、张仙庙和东角门一带出售。主要有古镜、描金漆盒、缎盒、莲缸、锡器、铜器、银器杯盘、玛瑙杯炉等。其中，莲缸和银器杯盘精雕细刻、做工考究，是当时著名产品，反映了制作者的高超技艺。⑤文化用品：开封为七朝都城，有深厚的文化传统，故而文化用品也较兴盛。产品有书简、笔、墨、砚台、时画、名琴等。笔和砚台是当时开封城市的名优特产，笔杆雕有花纹，品种较多；砚台质坚而细光，并雕有精美的图案，是外地客商争购的抢手货。

明代开封手工业生产有三个明显的特征。

第一，手工业行业数量多，规模小，产品种类相当可观。据不完全统计，饮食业约有80种产品，服饰业约有90种产品，日用品约有200种产品，手工艺品约有100种产品，文化用品约有40种产品，繁多的产品在开封各大街小巷出售，对明代开封城市的繁荣起着重要作用。这些产品多为民间制作，独家经营，自产自销，生产单位基本上是劳动者家庭，或者是合伙的小作坊。

第二，开封本地的手工业生产在明代开封城的繁荣中起着主导作用。明代在开封出售的商品可分为本地货和外来品。外来品有京（城）、杭（州）、青（州）、扬（州）等处运来的暑扇、僧帽、葛巾、白蜡等，这些外来品也促进了开封城市手工业生产和商业的繁荣。但无论是数量和品种，本地手工业产品仍然占据着开封城市的最广大市场。本地手工业可分为开封城市手工业和附近农村手工业，起主导作用的是城市手工业。明代开封市民的匠铺、作坊产品占据支配地位，这些临街经营者的丰富产品决定着市场的主要内容。

第三，明代开封的手工业生产是以满足上层为主的多层次消费为目的的。明代开封手工业产品多属生活资料，为满足衣食行之需，其消费性行业大于生产性行业。明代开封城市为周王府重地，又是河南布政司所在地，城内居住着大批上层统治阶级官僚贵族，饮食业中的山珍海味、服饰业中的绫罗绸缎、众多的手工艺精品和化妆用品，都是为了满足这些富豪的奢侈之用。除上层之外，中下层城市居民和附近农民也需要日用生活、生产劳动等产品。而小生产者之间也要交换对方产品。因此，开封城市大量的手工业品有相当数量是为满足他们的不同消费需要。从明代开封城市手工业生产这种消费性质看出，明代开封城市扮演了一个中国封建城市消费性质的典型角色。

正是这样一个高度消费城市，没有发达的交通，难以想象手工业发展所需要的原材料的供应状况，而产品的销售无不需要发达的交通运输。明清时期，黄河频繁决溢泛滥，改变了黄河中下游地区的交通网络，导致城市外源运输力的下降，城市经济发展便走向衰落。

三　对造船航运业的影响

在近代发达交通工具像火车、汽车使用以前，水运是主要运输方式，木船是主要运输工具。明清时期，城市经济的发展主要依赖于水上交通与外界的联系，并由此带动商业的发展，而一旦这种交通条件被改变，城市的发展就会受到巨大的限制。因为古代的运输以水运为主，所以，水运往往被称为商道，很多时候，商道的迁移影响一个城市的发展。明清时期，造船业和航运业的发展恰恰印证了这个发展规律。

明清时期，黄淮平原城市兴于河运，服务于城市发展的物资供应基本上依赖内河运输。这就推动了我国东南沿海和内河港口造船业的发展。特别是明代，国内外贸易一度十分活跃，漕运也很繁忙。这些都刺激了造船业的发展。

明清时期的造船业由官府和民间两部分组成。明代在海运交通口岸或对外贸易基地，以及海防驻军卫所，都设有官府造船厂。江苏的龙江（南京城北）、太仓、清江（淮阴）、仪征，山东的临清、登州，河北的直沽（天津），辽宁的金州、海州等，都是明代重要的官府造船基地。清代前期的官府造船业则以福建为中心，福州、泉州、漳州和台湾均设有官府船厂。明代官府船厂建造的船只很多。正统七年（1442），龙江曾建造遮洋船 350 艘，以做海运军粮之用。清江建造的遮洋船，每年达 35—52 艘。民间造船业也有很大的发展。地区分布主要集中在东南沿海一带。在明代，以福州为中心，东北至明州、西南至广州，都有造船工业的分布。清代，厦门是民间造船业的中心。苏州的造船业也很发达，苏州淮安是重要的民间造船基地。明永乐年间，大运河全线通航，需要大量的内河漕船，于是在清江办起了全国最大的内河船厂，清初因循其旧，从而使清江出现了历时三百余年的造船业的繁荣盛况。那么当时，造船厂为什么没有设在商贾云集的芜湖和仪征，而是设在淮阴（当时称为清江），究其原因：

第一，清江浦是漕粮转运的重要枢纽。自永乐初年起，占天下财赋大半的江南粮饷，都由民运到清江浦转搬仓，再由官军转运北上，船厂建于此，对使用官漕船的运军方便。

第二，清江浦"北达河泗，南通大江西接汝，蔡，东近沧溟，乃江、淮之要津，漕渠之喉咽"。① 地理位置最为适中。

第三，明成祖刚刚夺得皇位，以南京为中心的江南一带，存在反对他的潜在力量。而漕运是封建王朝的经济命脉，把漕船厂放在沿江地区，他当然不放心。所以，把漕船厂放在清江浦，"乃譬国家统一之讦谟，万世之长计也"②，主要是由淮安在漕粮转输中的地位所定的。明代清江厂的厂址，在清江浦河南岸，处于山阳、清河两县之间，其中心位置东去山阳县城，西去清河县城各十五千米。永乐初，由平江伯陈瑄首创此厂，他在清江浦河岸边，"查闲旷之地建盖厂房，令各卫所官旗鳞次而居，以为造船之所，其地南枕运河，淮水萦回，钵池环拱，肆烟津树，映带帆樯"。清江漕船厂下设四个大厂，分别是京卫厂（清称江宁厂）、卫河厂（嘉靖初年由临清州裁归清江厂，清称山东厂）、中都厂（清称凤阳厂）、直隶厂。船厂总长十一点千米，大约在今淮安板闸以西到清浦区韩城以东的里运河一线。四个厂又各有分厂，分别督造各有关卫所的漕船。其中，京卫厂下设三十四个卫所的分厂，卫河厂下设十八个卫所的分厂，直隶厂下设十八个卫所的分厂，中都厂下设十个卫所的分厂。明代平均每年制造漕船五百六十艘左右，另外还承造大约五十五只遮洋船。

---

① （明）席书：《漕船志》卷一。
② 同上。

　　明初制造的漕船无定式，大小不一，特别是运河因受黄河河患的影响，时患淤浅，这就对船只规格有了一定要求，船若深窄，或负载量大，吃水必深，吃水深则存在搁浅之患。明初，尚书宋礼首先提出造浅船五百艘，承运淮、扬、徐、兖等州漕粮，平江伯陈瑄又增加到三千多艘。粮船规格"底长五丈二尺，其板厚二寸……头长九尺五寸，梢长九尺五寸，底阔九尺五寸，底头阔五尺，深四尺，使风梁阔一丈四尺，深三尺八寸；后断水梁阔九尺，深四尺五寸，两廒共阔七尺六寸。"[①] 载米可近两千石（交兑每艘只装五百石）。后来，造运军的船，私自增加船身两丈，船头宽增加二尺多，可装载粮三千石。而运河闸口原宽仅一丈二尺，勉强可以渡过。后来，以闸、河淤浅，又缩小规制，规定每船载粮不超过四百石。船型的特点是底平、仓浅。"底平则入水不深，仓浅则负载不满。"[②] 仓深度为四尺五寸，规定的吃水深度不得超过六拿（伸拇指与食指相距为一拿）。六拿约为三尺，吃水确实是很浅的。当时淮阴制造的漕船正是适合在运河以及黄河中下游及其支流的运输，船底平，船舱比较浅。在开封附近河流的运输船只基本上都是此类船只。当时，清江浦集中了沿海沿江的苏州、淮安、扬州等府的精良工匠约六千人，其中，有析船匠、大木匠、细木匠、锯匠、芦篷匠、竹匠、索匠、油灰匠、铁匠、脚夫等。此外，还有专管采办各种料物的牙商。造船工匠非常细密的分工，也反映了造船技艺已经达到了相当高的水平。淮阴所造船只种类较多，主要有粮船、商船、渔船、农船、游船等。所造木质粮船主要供漕运需用。清雍正以后，因漕运改道而逐渐衰微。清乾隆初年，由于黄淮屡决，越来越严重地危及里运河，造船用的物料每每不能及时运达；清江浦也不断受到洪水的威胁，故清江船厂被逐步裁撤，民国年间则一蹶不振。到近代津浦路建成以后，加上海运的兴起，作为漕运中转地的淮阴逐渐走向了没落。所以，黄河水患的发生严重影响了黄河中下游河道的运输，继而也导致河道船只的需求，使造船业逐渐衰落下去。

---

① （明）席书：《漕船志》卷三。
② （清）张延玉等：《明史·河渠三》卷八十五，中华书局1997年版，第2091页。

第四节　水患与城市发展动力变迁

　　黄河水患破坏了城镇的建设，削弱了城镇功能的发挥。那些最初因政治、军事的需要而形成的县（州）城逐渐成为集政治中心、商品集散地、手工业中心等多种功能于一身的地区性政治、经济中心。在县（州）城的周围以及河口等便于船舶停靠的地方逐渐形成新的以经济功能为主体的市镇，它们大多以转运贸易起家，同时兼顾周围地区的日常需求。对于这些城镇来说，四通八达的河流就是它们的生命线，这一点在城镇的布局上得到了充分体现，制约和影响了当地城镇的发展。城镇建置一次又一次遭到破坏是其最明显的外在表现，其极端形式就是整个城镇毁于水患，这种灾难性后果的罪魁祸首一般是特大洪水。

　　城镇的功能主要有政治功能和经济功能两种。随着城镇基础设施和大量房屋被摧毁，城镇功能也受到沉重打击。首先是政治功能遭到削弱。在洪水洗劫城镇时，行政权力所在地即官衙、廨署、监狱、仓库也不能幸免，有些甚至被迫废弃。这使政府在维持社会秩序、进行救灾等方面的能力大为下降，并且在一定程度上造成行政组织的混乱，明清两代许多官员都认识到这一点。政治功能在水患中被削弱的一个突出表现就是水患过后，昔日政府控制相对严密的城镇出现了一些明火执仗、抢劫财物的现象，这实质上是城镇暂时失控的一种表现。参与这些活动的人有些是灾后为生计所困而被迫铤而走险，但不可否认，也有一些是趁火打劫。政治秩序的缓慢恢复意味着一次又一次的水患造成的混乱，其影响不断增加，使人们有组织地抵御水患的能力不断削弱，这反过来会进一步扩大水患的破坏性后果，最终可能破坏整个社会的基础。由此可以推测，在明末清初和清中后期两个时期，水患异常严重与政府控制能力的衰微也不无联系。

　　黄河流域是古代中国河泛较为频繁的地区，由于水患的加剧，致使这一地区古代城市的面貌、前途和命运等都发生了巨大的变化。一旦发生重大水患，造成的灾情极重、损失极大，事关国计民生。水患发生后，除对经济的直接打击之外，还会引发一系列社会矛盾。水患对农作物的影响最大，水患致使农作物减产或者绝收，食物短缺引发直接的饥荒。

同时，食物的短缺导致物价上涨，贫民无力购买，由此造成间接饥荒。因此，水患发生过后，最基本的问题就是食物问题。黄河河流一旦溃决，则"所决之处，官民庐舍、田地悉皆漂没"。

北方的一些城市因为河流的干涸或者洪水的爆发而衰落。北方大部分城市的发展都是比较艰难的，因为很多城市的发展都是以农业为基础发展起来的，此时河流赋予了它们灌溉的便利，但是，这些城市却因为河流的干涸无法灌溉而变得衰落下去，还有的地方因为洪水成灾而被冲毁。有些城市本来临河，因河道的变迁或淤塞，后来不临河而变得没落。很多古代城市因为水运旺而兴，但也因水而衰竭。

城市的发展缺乏强劲的动力，常常会在临近城市的崛起中渐失优势。此外，近代经济转型中一个突出的问题是，手工业生产以其低成本、量化生产和优质价廉的特点对传统手工业形成巨大的冲击，以至于经贸结构或商业路线发生了质变，此时，作为城市主导产业的传统手工业，在生产技术、产品结构、性能及市场推广上都尽现劣势，多数内陆城市的手工业生产不具备及时跟进或变革的可能性，缺少竞争性，城市的衰落也就在意料之中了。

一　水患破坏了城市赖以存在的农业经济，导致城市内源动力减弱

黄河下游决堤，不仅毁灭了城市以及城市周围的村庄，而且对于城市周围的农田更是造成了毁灭性的冲淹。每次黄河泛滥过后，许多地区的农田被淹没，农作物被毁掉，有时颗粒无收。明永乐八年（1410）的开封决堤，淹没农田"七千五百余顷"；永乐十三年（1415），"齐河、朝城、胶州、历城、曲阜、沂州、临朐、诸城水，阴雨害稼"。① 德州、平原大水（卫河决）。成武黄河决口，城倾圮。夏六月，山东水溢，坏庐舍没田禾，临清尤甚。秋八月，赈山东州县饥，冬十二月蠲免水旱田租。正统三年（1438）西兖州、莱州两府所属州县，阴雨连绵，河水汪溢，淹没禾稼。胶州新、沽两河大雨堤决，淹没……② "七月中旬，徐州属县骤雨河溢；八月邳州河决，鱼台、金乡、嘉祥大水。济宁、东平俱溢"③，据《直隶州志》载："堤溃水没济宁州北门"。正统十三年（1448）秋，

---

① 《明实录》。
② 魏光兴、孙昭民主编：《山东自然灾害史》，地震出版社2000年版，第49页。
③ 同上。

"新乡八柳树口亦决，漫曹、濮，抵东昌，冲张秋，溃寿张沙湾，坏运道，东入海"。①《明史·景帝纪及五行志》载："景泰三年（1452）夏五月，河决寿张；六月，河复决沙湾；秋八月，山东大水。兖州久雨伤禾，大嵩等二十所、卫久雨坏城；九月，赈山东被灾州县；冬十一月，遣使安辑逃民复，赋役五年免水灾税粮"。景泰四年（1453）八月，"山东大水，全省五十余州县受灾"②；"八月，大雨，冬大寒饥"。③ 是年，"河复决沙湾新塞之口南，至四月堵合。五月大雨，又决沙湾北岸。掣运河水入盐河，漕舟尽阻"。④ 景泰五年（1454）八月，"东昌、兖州、济宁三府大雨，河溢，淹没田禾"。⑤ 成化九年（1473）八月，"山东大水，民大饥，德州、恩县、武城、临清、历城、长山、禹城、曲阜等二十八州县涝。德州直抵淮安一路大水，房屋田禾，多为漂没"。⑥ 弘治五年（1492）五月，黄河大决于开封及封丘金龙口，河水向南、北、东三面分流。其中，一支自封丘金龙口，泛长垣、东明、菏泽、鄄城冲入张秋运河，由大清河入海。⑦

万历四年（1576），"河决韦家楼，又决沛县缕水堤，丰、曹二县长堤，丰、沛、徐州、睢宁、金乡、鱼台、单、曹，田庐漂没无算"。⑧ 正统十三年（1448），河水东南漫流原武、开封、祥符、扶沟、通许、洧川、尉氏、临颍、郾城、陈州、商水、西华、项城、太康十数州县，"没田数十万顷"。⑨ 崇祯十二年（1639），河决曹家口，坏稼漂庐舍，灾及百里。顺治二年，黄河决口考城，又决王家园，"时年伏秋汛涨，济宁以南田庐多淹没"。⑩ 康熙九年，"是岁五月暴风雨，淮、黄并溢……以数千里

① （清）张廷玉等：《明史·河渠二》志五十九，卷八十三，中华书局 1997 年版，第 2015 页。

② 《齐河县志》。

③ 《曲阜县志》。

④ 魏光兴、孙昭民主编：《山东省自然灾害史》，地震出版社 2000 年版，第 49 页。

⑤ 同上。

⑥ 《明实录》。

⑦ 孙贻让主编：《山东水利大事记》，山东科学技术出版社 1989 年版。

⑧ （清）张廷玉等：《明史·河渠二》志六十，卷八十四，中华书局 1997 年版，第 2048 页。

⑨ 黄河水利委员会黄河志总编辑室：《黄河志》卷一，河南人民出版社 1991 年版，第 65 页。

⑩ （清）赵尔巽等：《清史稿》卷一百二十六，中华书局 1977 年版，第 3716 页。

奔悍之水，攻一线兴孤高之堤，值西风鼓浪，一泄万顷，而江、高、宝、泰以东无田地，兴化以北无城郭室庐。水迂回至东北庙湾口入海，七邑田舍沈（同沉）没。"① 清乾隆四年（1739）五月，曹县、单县、菏泽、金乡、济宁、临清六州县黄水漫溢，成灾地一万零四百三十余顷。② 农田被大水淹没，农民赖以生产的土地遭到破坏，农业生产无法正常进行，农业税收没有保障，城市的生活物资供应受到影响。光绪十五年（1889）七月，发生秋汛，"长清县张村、齐河西纸坊，山东滨河州县多被淹浸"。③ 遥堤内外水深丈余，田庐牲畜尽被水淹，老幼相扶流徙，死尸遍野。光绪十八年（1892）七月，"决章丘胡家岸，夹河以内，一片汪洋，迁出历城、章丘、济阳、齐东、青城、滨州、蒲台、利津八县灾民三万三千二百余户"。④ "从历城向下至莱州湾一片汪洋，田园庐舍尽没水中，广大民众生命财产损失无数。"⑤ 黄河水淹没了村庄，冲毁了房屋，泥沙覆盖了村庄周边的农田。像以上史料记载的情况，在《明史》和《清史稿》《徐州自然灾害史》《河南自然灾害史》以及《山东自然灾害史》等众多文献中比比皆是。

另外，"黄河为害，良田废为沙丘"。水患改变了城市周围肥沃的土壤，导致土地沙化，使其越来越不利于农作物的生长，这就给黄河下游城市的农业生产带来了毁灭性打击。豫东黄河平原上的大小湖泊陆陆续续被泥沙淤平；山东的微山湖也因黄河泥沙的淤塞面积大大减少。平原地貌出现了新的特征，洪水过后，大片的沙地、沙丘、洼地交错分布。更严重的是，每次洪水泛滥，土地受到长期漫流浸渍，使低地土壤盐分积聚，造成大面积沙地和盐碱地。河北古为冀州，号称富庶，所谓"天下之上国""膏壤千里，天地之所会"。唐时"河北殷实，百姓富饶，衣冠礼乐，天下莫敌"。⑥ 但是，自宋代以后，明清黄河泛滥，黄河、海河

---

① （清）赵尔巽等：《清史稿》卷一百二十六，中华书局 1977 年版，第 3719 页。
② 山东省菏泽地区地方史志编纂委员会：《菏泽地区志》，齐鲁书社 1998 年版，第 95—97 页。
③ （清）赵尔巽等：《清史稿》卷一百二十六，中华书局 1977 年版，第 3760 页。
④ 同上书，第 3761 页。
⑤ 黄河水利委员会黄河志总编辑室：《黄河大事记》，黄河水利出版社 2002 年版，第 179 页。
⑥ 周绍良：《全唐文新编》第 2 部第 2 册，吉林文史出版社 2000 年版，第 3760 页。

水系在这一平原上不断泛决改徙，水患连年，土地皆"斥卤不可耕"。[①] 沧（今河北沧州东南）、瀛（今河北河间）、深（今河北深州）、冀（今河北冀州）、邢（今河北邢台）、沼（今河北永年东南）、大名（今河北大名东北）界的西北，均有许多"泊淀不毛"[②]之地，农业生产显著衰落。开封周围数十县，农业生产大遭破坏，遥望四野，则茫然一片沙荒盐碱。"惜之饶腴裕，咸化碱卤"。"膏腴之地尽成沙卤，飞沙滚滚，东城难望西城。"[③] 乾隆二年（1737），河南巡抚据实地考察说，河南"滨河开、归、陈、汝四府"[④]多为盐碱飞沙之地。这样的沙碱地，"或种不入地，播种弗留；或苗不秀，秀不实"，"仅可种豆，而连年干旱几成石田"。[⑤] 清人孙和相就对土壤沙化和大河决溢造成的危害说："余谓沙之患似更甚于河……盖河之势虽盛，有堤防以为捍卫，犹可有恃无恐。若夫沙则迁徙无常，随风起落，纵期间有沟可通，有田可耕，而遇风则沙填沟中，遇水则沙泛其上，患莫大焉。"[⑥] 大量耕地的沙化、盐碱化，农作物产量锐减，这就使黄河中下游地区的社会经济长期处在显著衰退和低落之中。农业经济萧条必然会导致农村的社会环境恶化，促使大量农民涌向周边城市。这样，又会对城市造成人口压力。城市的人口增多了，对于农产品的需要就相应增加。而农业的破坏和农作物的歉收必然影响对城市农产品的供给，导致供需矛盾的激化，社会秩序遭到破坏，城市的内源动力大大减弱，从而制约城市的可持续发展。

综上所述，从黄河水患对城市经济结构的影响看，黄河对城市历史演变的影响既是一个历史过程，也是一个整体对部分的影响。要做到使黄河对城市发展的负面影响降到最小，还必须兼顾整个黄河流域的综合治理开发。历史上，黄河上中游不合理的农业开发，植被破坏，是黄河

---

① （宋）李焘：《续资治通鉴长编》卷一百〇四，中华书局 2004 年版，第 2416 页。

② （宋）欧阳修：《欧阳修全集》卷一百一十八《论河北财产上时相书》，中国书店出版社 1986 年版，第 1852 页。

③ （清）周玑修，朱璿纂：《杞县志》卷七《田赋志·地亩》，乾隆五十三年（1788）刻本。

④ （清）尹会一：《尹少宰奏议》卷二《运硝便民疏》。

⑤ （清）熊灿修，张文楷纂：《扶沟县志》卷十《风土志》，光绪十九年（1893）大程书院刻本。

⑥ （清）吴若烺修，焦子蕃纂：《中牟县至》卷三《艺文·碑文》，同治九年（1870）刻本。

下游泛滥成灾的最重要、最直接的原因。只有弄清楚这一点，才能对症下药，进行彻底的全面的治理。这样，不仅能使黄河流域中的城市恢复它应有的美好环境，更好地造福于人民，而且更加有利于黄河文明的持续发展。为此，我们必须做到：

第一，一定要搞好上中游地区的水土保持工作。水土保持是提高黄河水资源利用率、减少泥沙的重要措施，必须采取相应对策，加以实施，如抓好小流域综合治理，在黄土高原大量植树造林、防止土壤侵蚀、涵养水源、调节洪流等。

第二，要做好下游地区的防洪、减淤、河口治理工作。通过修建小浪底、龙门、碛口等控制性水库工程，以及整治河道、加固加高堤防，达到确保下游人民生命财产安全和经济发展的目的。搞好黄淮海平原及河口区的治理开发，消除旱涝盐碱，减轻自然灾害威胁。

第三，通过多种途径和措施，解决黄河断流问题。如加强全流域水资源调度研究，合理安排上游、中游、下游各地区各部门用水；提高水的有效利用率；开展工业和生活污水处理利用，增加水资源量等，保证黄河下游农业经济，确保下游城市的内源动力的强大。

二　水灾使沿岸城市生态环境严重恶化

如果说水患带给城市周边农业生产和居民生活的危害是暂时的，那么，水患引起的城市生态环境的恶化，却是长期存在的。水患在造成城市周围土壤沙化、盐碱化而严重影响农业生产的同时，城市以及周边地区的植被也在急剧减少，大量湖泊沼泽被淤没，城市赖以发展的水系被破坏，交通网络被改变，生态环境日益恶化。黄泛区的自然环境发生改变。黄泛区直接受灾地带，大部分在豫东、皖北，多是一望无垠的平原。从泛区的实际情况来说，泛区本来是一个以农作物为主、以经济树木和果园为副的农业区。黄河一旦溃决，汪洋一片，大面积的草木、庄稼、动物等被淹毙，造成生态环境的严重恶化。黄河溢决还造成土地沙化、良田荒芜。例如，1885 年黄河决口，"上自裴庄、柳庄，下至赵良、钱官、井庄，绵亘四十余里，尽被沙压，计八百余顷。地名赫家洼，一经微风，迷漫不辨行径。五谷不生，野无青草，厥田下下"。[①] 1900 年 3 月 19 日，袁世凯曾上奏：山东滨河各属，"其在夹河以内村庄，水停沙压，

终年不可播种"。① 大面积土地沙化，使农业生产遭受重大损失，也造成生态环境严重恶化。更为严重的是，在黄河决口的地带往往形成大面积的沙地，有的深达五六尺，甚至丈余。例如，1898 年黄河在历城县王家梨行决口，形成面积约两百平方千米的沙地，"沙层深者丈余，浅者四五尺"②；1901 年，黄河在章丘陈家窑决口，淤淀而成齐东县新街口沙地，"沙层厚五六尺"。这些沙地，草木多年难以生长，从而导致大面积土地荒芜，甚至出现流动沙地。在黄河沿岸或其他低洼易涝地区，由于排水不畅，浸泽日久，很容易出现大面积盐碱地。当然，不严重的黄河泥沙沉积对作物的生长是有利的。

黄泛区的生态环境发生改变。1938 年花园口黄河决口给黄河下游地区造成的生态环境严重恶化就是一个最好的例证。1938 年 6 月 9 日，国民党政府为阻止日寇西侵，制造了震惊中外的黄河郑州花园口决口事件，汹涌的黄河水居高临下，一泻千里。黄河水沿着贾鲁河、颍河、涡河等河道向东南奔流，平地漫溢，然后在正阳关至怀远倾注于淮河干流。黄河水入淮后，又横溢两岸，造成水灾，主流经洪泽湖、高宝湖以及废黄河流入江海。这次黄河南泛，在淮河流域的黄泛区包括河南、安徽、江苏三省，共四十四个县（市）五点四万平方千米，一千二百多万人流离失所，八十九万多人葬身洪流，造成惨绝人寰的大悲剧。黄河浊流，滚滚南下，主流所经之处，房屋田舍荡然无存，又因泛流并无一定路线，十年间，年年改道。同时因泛区原来的河道，被黄河淤泥所堵塞，全境排水系统完全陷入混乱状态，造成了广大的积水区域。纵观这个广泛的灾区，因水流及地势关系，造成了急沙、漫淤和浸水淤三种土地。兹分述于下：

一是沙荒地。凡主流及湍急的支流经过地带，因水流速快，只有粗沙才能沉淀。至堵口以后，这些泛流河床，随即干涸，现出沙荒地带。沙土蓄水力极低，植物一时不易生长，多呈裸露状态。且沙土毫无团结力，遇刮风便随风流动。有些地方已形成沙丘，有些地方则正在堆积，并向四周迅速扩展。所以，这片沙荒地区，不但是不毛之地，而且附近农田受流沙覆盖，遭受了巨大损失。

---

① 廖一中、罗真容：《袁世凯奏议》（上），天津古籍出版社 1983 年版。
② 山东省政府建设厅：《山东黄河沿岸虹吸淤田工程计划》，1933 年。

二是淤地。泛流大部分地区，水流缓慢，微细土粒因之沉积。泛区经十年泛滥淤积，泥土沉淀厚达七八尺的地方，很是普遍。这样，泛区不但房舍被全部淹没，即原来树木，除少数杨柳外，也都死亡殆尽。因此，彻底地改变了泛区的本来面目，造成了泛区树种的绝对单纯和树林的非常稀疏，这一点需要注意。

三是积水区和碱地：低洼区域排水困难，有些地方被风吹日晒，蒸发干了；不过，碱质因此而逐渐增浓，形成碱地，在重碱区，作物生长不良，收成很低，有时连种子都收不回来。这些地区将来在造林上应该设法利用。广阔的黄泛区被淤上一层厚厚的泥沙，荒野茫茫，沙丘起伏，气候非常恶劣。每年冬春，风起沙飞，连天蔽日；十日不雨，黄尘滚滚，整个地表赤裸裸地暴露在光天化日之下，赤地千里；夏日常有龙卷风平地而起，像原子弹爆炸时的蘑菇云，直冲云霄，横行荒原。黄泛区人民饱尝了大自然的严酷。[1] 同时，黄河南泛，夺泗入淮，致使淮泗河床淤垫，皖北、豫西、鲁南众水不能顺畅入淮，水文体系紊乱，水灾频繁交加，使淮河流域黄泛区的农耕条件日益恶化，城市功能逐渐退化。[2]

长期以来，黄河的泛滥，人们为了防御洪水，盲目砍伐树木，也导致黄河下游自然环境的逐渐恶化。康熙年间，河南巡抚佟凤彩在《条陈民困四事疏》中讲道："豫省沿河地方虽产云柳，然除堤柳、园柳外，余俱系民间纳粮地土栽种，以供采办，且生之者有限，用之者无穷。自康熙七年以来，如桃源、宿迁、牛市屯以及七里沟等处，共计河南协济之柳已二百七十余万矣。又加之以本省之黄河岁修不下百余万，即去岁开封府属阳武县之潭口寺，工险事迫，无柳可用，将民间之果木，无论桃李杏梨等树，尽行砍伐堵塞，方保无虞。"[3] 砍伐树木，一朝毁掉，数年难以成材。真是"万家无树无宫阙，但有黄河滚滚流"。[4] 花园口黄河决口以后，泛区经八年之浸淹，有遍生芦苇与杂草者，如尉氏，樊家寨迤南至扶沟之白潭、太康之雀桥等处，又扶沟之练寺以南至西华亦然，有

①　唐元海主编：《淮河300问》，黄河水利出版社1999年版，第21页。

②　程必定、魏捷主编：《淮河文化新探"第三届淮河文化研讨会"论文选编》，合肥工业大学出版社2006年版。

③　（清）管竭忠、张沐纂：《开封府志》卷三十五《艺文·佟凤彩条陈民困四事疏》，康熙三十四年刻本。

④　马洪林：《康有为大传》，辽宁人民出版社1988年版，第619页。

芦苇树木杂生者，如樊家寨附近及鄢陵北部等处，有遍生柳树者，如太康境内岗子上以南，柳林长八十千米，宽三四十千米不等。此等地区，在未泛滥以前为豫东著名之棉区。森林被破坏，土地失去了保护的屏障，狂风一起，飞沙蔽天，农业生产出现了衰退，生态环境明显恶化，大大削弱了城市存在和可持续发展的经济基础，也使其失去了进一步发展的内源动力，这也是黄河下游城市走向衰落的一个重要原因。

三 水患导致城市外源动力的减弱

从战国到北宋，是开封不断向上发展的时期。这个时期，除政治、经济因素起了决定性作用以外，黄河除个别时期曾经南下会淮之外，大都在现河道以北行河。也就是黄河出了邙山后，总是往东北流去，从汲县、浚县一带，经濮阳、大名等地，由天津附近入渤海。今天的原阳、封丘、延津等地，当时都在黄河以南。当时开封离黄河较远，黄河河道本身又较为稳定。再加上千百年来广大人民多次兴利除弊的行动，从而为开封城市的发展与繁荣创造了十分有利的条件。[①] 可以说，水上交通对于城市发展产生极大的利与弊。

（一）水陆交通是城市发展的外源助动力

比如，开封在战国时，因为大型水利工程鸿沟水系的修筑，使开封成为水上交通枢纽。当时，开封地势低平，易积水成涝，自魏惠王建都大梁以后，开封城市的治水引水工程就不断进行。公元前363年，魏惠王自荥阳引黄河水入圃田泽，然后开大沟，引圃田水东流，经大梁城北再折而南入颍水、涡河，这就是历史上著名的沟通黄河和淮河两大水系的鸿沟运河。鸿沟全长约两百五十千米，它把流经豫东黄河平原的主要河流贯穿起来，构成一个以大梁为中心，沟通黄河下游、淮河中下游之间的水运网。加强了大梁与外界的经济联系，由此使大梁成了四通八达的水运网中心，形成北距燕赵、南通江淮的水路都会，形成富饶的名都大邑。[②] 鸿沟引黄河水为源，大大提高了各河道的通航能力，大梁因地处鸿沟水系的中心，遂成为中原水上交通的枢纽。鸿沟水系的建设还提高了开封地区的泄洪能力，排除了附近的积水，改善了农田的浇灌条件，大大促进了魏国的农业生产和经济的发展。隋炀帝大业元年（605），召集

---

① 李润田：《黄河对开封城市历史发展的影响》，《历史地理》1988年第6期。
② 李润田：《开封城市的形成和发展》，《河南大学学报》1985年第5期。

河南、淮北诸郡百万民夫，开挖通济渠（唐称广济源），该渠由洛阳开始，引谷水、洛水达于黄河，经过一段黄河后，于板渚（现河南省荥阳县西北）引黄河水东南行，经过开封城下，到现安徽盱眙县北入淮河。通济渠是大运河中最重要的一段，当时的汴州位居该渠咽喉，在漕粮的运输上具有突出的地位。到了唐朝，它除具有这种水路交通的枢纽地位外，还是陆路驿道的一个枢纽。从西安东行至洛阳后，再向东、东北、东南行，有三条主要驿道，其中两条都必须经过汴州。特别是去当时唐王朝的财赋要地长江下游三角洲和江淮地区，必须由此经过，所以，从那时起，汴州实际上已经开始逐渐成为国内水陆交通重镇和国家经济命脉的总关卡。[1] 安史之乱之后，为免漕运中断京都受困，唐王朝在此设宣武军，节度使李勉又于建中二年（781）重筑汴州城，使汴州成为中原的军事重镇。唐代后期，随着黄河流域和长江流域经济发展水平越来越悬殊，北方对南方财力的依赖越来越大，汴州的地位也越来越重要。当时人称："大梁当天下之要，通舟车之繁，控河朔之咽喉，通淮湖之运漕。"[2] 北宋时期，开封周围的水运交通网更加完善。惠民河、汴河、五丈河和金水河从东京城里穿过，称"四水贯都"。而东京就成了汴河、黄河、惠民河和五丈河漕运四河的中心。当时的黄河由今河南荥阳县广武山北向东北方向流去，故距开封稍远，不过，黄河中的船运，还是由汴河到达开封。其他三河都是直接通达开封。可以说，当时开封的百万兵民皆赖四河的漕粮为生。尤其是其中的汴河作用更大。汴河在蔡河（又称惠民河）北面，从相国寺门口由西向东横穿开封城，是黄河的分支，也就是隋代开凿的通济渠，自孟州河阴县即郑州西北引黄河水，经过开封东南流于泗州入淮。汴河的绝大部分水量都是由黄河供给的，是当时开封四水中最重要的一条河流，它在北宋时期的经济发展和物资交流中发挥了更为显著的作用。它上接黄河，下通淮河、长江，像输血管一样，将江淮一带的粮米，四面八方的山泽百货，源源不断地运入京城，供应宋朝统治者和一百多万军民的需要。《宋史·河渠志》在论及当时河道时说："唯汴河横亘中国，首承大河，漕引江湖，利尽南海。半天下之财

---

[1]　刘璞：《汴河通淮利最多——隋唐时期的开封》，《中学历史教学参考》2001 年第 3 期。

[2]　（宋）李昉等：《文苑英华》卷八〇三，刘宽夫：《汴州科曹厅壁记》，第 4246—4247 页。

富，并山泽之百货，悉由此路而进。"可以毫不夸张地说，是黄河分支汴河为东京汴梁送来了繁荣昌盛。黄河汴河除以上所述的漕运外，还对开封的农业、手工业、居民用水和城市风貌的建设都发挥了极为重要的作用，可谓功不可没。例如，宋王朝利用汴河在京畿一带发展农田灌溉事业，蓄水种稻，进一步加快了农业生产的发展。甚至在汴河上装置水磨，加工茶叶和粮食等兴利措施，对开封手工业经济的发展产生了深远的影响。此外，还对城市居民用水及美化市区风貌发挥了极为重要的作用。这一切都充分说明黄河分支汴河确实成为北宋时期开封城市的发展和鼎盛的生命线。

（二）水患对城市外源动力的削弱

明清时期，开封发达的水陆交通发生了很大的变化。便利的水运系统因为黄河频繁的决溢被泥沙淤塞，舟楫不通；漕运偏离开封，商路转移；近代火车开通，交通枢纽中心转移到郑州。明代时期，黄河改道，贾鲁河得以畅通，贾鲁河发源于开封荥阳县，经朱仙镇过尉氏、扶沟、西华等县，至周家口与颍水合流，东南入安徽境，于颍州府正阳镇入淮河。由于贾鲁河自中牟南行经朱仙镇南达于淮，而中牟至开封之间的河道淤塞，使开封失去了漕运之利，城内进出货物，只有靠朱仙镇作为外港装卸发运。明隆庆年间，刊行的商书《天下水陆路程》记载了开封至淮安的商业水路通道："由淮安经洪泽湖入淮河，经凤阳府、寿州至正阳关税后入颍河，溯颍河西北行，经颍上、阜阳、太和等县入河南，再行一百三十里至周家口（即周口），从周口转贾鲁河北上两百里至朱仙镇，在朱仙镇起车，陆路四十里至开封。"[1] 便利的交通条件，既促进了朱仙镇的繁荣，也成为开封的外源资源供应地。然后，贾鲁河以黄河为水源，频繁的水灾和长年的泥沙沉积，使贾鲁河道日益淤塞，到清朝中期以后，淤塞问题已经十分突出，对航运造成了很大的困难。道光二十三年，黄河在中牟决口，贾鲁河"河身淤成平陆，河身以上又淤高丈许"[2]，贾鲁河从此舟楫不通，而依赖于朱仙镇货物运转的开封也从此失去了外港的支援而衰退。

---

① 黄汴著，杨正泰校注：《天下水陆路程》卷五《淮安由南河至汴城水路》，山西人民出版社1992年版。

② 故宫博物馆档案：《道光二十三年巡抚奏折》，转引自邓亦兵《清代的朱仙镇和周家口》，《中州学刊》1988年第2期。

　　除开封周围的水系变迁对开封城市的影响之外，黄淮东南区域的淮河水系的变迁也证明了水运条件的好坏对于一个城市发展的重要性。"淮河受黄水的侵夺，淮河淤淀甚高。由正阳关至五河一带，淤深达五米左右。其余入淮各水，因受溃水倒灌，亦淤塞极高。至于江苏境内的洪泽、运河以及旧黄河故道一带，因蒙受黄河漫溢的影响，淤淀的情形，亦甚严重。""入淮的各条支流，如颍、泚、涡、浍诸河河槽的两旁，及各河的大小沟口，均已淤塞；并且由于时间的长久，沉淀时浮沙多半已成老淤。"① 由此可见，黄泛区对黄淮水系的影响很大。黄河水患对于淮河水系的破坏最突出的主要在两个方面：一是河堤的溃决。此类记载很多，如云"黄河泛滥结果，致豫东、皖北、苏北受祸甚巨。豫东……旧有堤防既已刷平"②，黄河随地泛滥；"皖北淮河及其支流……河堤多年未修，以致黄水滂决，为害殊甚"。③ 尤其是颍河、沙河，黄河浊流首当其冲，河道狭小，不能容纳水大势强的黄河水，加之河道多有淤塞，堤防因此普遍溃决。二是河道的淤塞。黄河泥沙对河道的淤塞主要有三种情况：首先是淮河干道泥沙的淤塞。对于淮河而言，黄河泛滥之后，黄水所携带泥沙在淮河及其支流陆续沉积于淮河干道，致使干道多有淤塞。如"正阳关至颍河口约长一千米河床形如门槛，淤沙几与地平"。④ 其次，黄水大溜对淮河支流河道形成的淤塞。如旧贾鲁河朱仙镇以下水道，以及颍河、沙河、涡河、茨河、泉河、西淝河、天河等许多河流，不少河段被泥沙淤高或彻底淤平，淮河的支流——涡河，水源主要来自朱仙镇西面，在通许西成渠汇贾鲁渠后，向东南流淌，在太康南入涡河主流，总长约一千千米。黄河泛滥期间，东泛道大溜以涡河为主泛道，造成其上游底阁（通许南）至王隆集大约六十千米的淤积、断流。再次是淮河支流入淮河口处由于河水倒灌形成淤塞。受黄水倒灌的影响，淮河诸多支流也形成了一些淤积，而以入淮口为甚，如东淝河、洛河、浍河、北淝河等在其入淮口处形成的长度、深度不一的淤浅都属于此类的淤塞。由

----

① 耿修业：《淮水吟——淮河泛区视察记》，《中央日报》1947年4月23日。
② 行政院新闻局编印：《豫皖苏泛区复兴计划》，第6页。
③ 行政院善后救济总署编纂委员会：《行政院善后救济总署业务总报告》，行政院善后救济总署，1948年版第230页。
④ 陈业新：《1938—1947年黄河南泛对地理环境的影响》，《2008年中国历史地理国际学术研讨会论文集》，第401页。

于黄河含泥沙量非常大，每次决口泛滥都会给黄泛区带来大量泥沙，这不仅淤浅了淮河的干流和支流，有的完全淤塞，还淤平了淮北原先广泛存在的天然湖泊。如此便严重地破坏了原有的航运和灌蓄系统，导致河流泄洪不畅；缺少了湖泊的蓄泄调节，淮河流域的生态自然调节能力大大减弱，抵御水旱灾害能力也随之降低。因此造成了"大雨大灾，小雨小灾，不雨旱灾"的恶果。所以，黄河泛滥对于河流堤坝的冲刷和河道泥沙淤塞的结果，大大改变了原有的水系，黄泛区水道的变迁及其功能的紊乱或丧失，对黄泛区防洪排涝和灌溉系统造成极大的破坏，加剧了水旱灾害的继续发生，影响了黄淮平原城市的正常发展，导致城市外源动力的丧失，城市经济发展逐渐因黄河泛滥而衰落。

四 黄河水灾使城市社会矛盾严重激化

黄河的频繁决溢使沿黄百姓的生命财产遭受重大损失。黄河一旦决口，滔滔的洪水即淹没村庄，形成大量灾民。例如，1882—1884 年黄河连年发生决口，1882 年的灾民为四十余万人，1883 年的灾民为七十五万多人，1884 年的灾民为一百一十一万多人。[①] 广大灾民被迫背井离乡，四处流浪。

黄河频仍的水灾使社会矛盾严重激化。遭遇黄河水灾之年，广大饥民聚众抢粮的事件不断发生。1855 年铜瓦厢黄河决口改道，山东从此深受黄河水患之害。黄水使植被、水面大量减少，土地沙化、碱化，气候环境恶化，自然界的生态平衡和环境系统的稳定被打乱，降低了调节气候和抵御自然灾害的能力，加剧了旱、洪、涝、碱、风、沙等自然灾害的频度、广度和灾度。因此，新中国成立之前，鲁西南、鲁北等黄泛区一直是山东自然灾害频繁、生态环境最差、农业产量最低、人民生活最贫困、社会最不安定的地方。例如，1855 年滨县遭受黄河水灾，"堤上胡村胡大水殴知事曹大印，率众抢粮"。[②] 大灾之年，广大灾民迫于生计纷纷加入盗匪的行列，以致"遍地皆匪"。例如，1898 年黄河决口，山东籍京官陈秉和揭露说："近日哀鸿遍野，少壮者已流为盗贼。"[③]

---

① 李文海、周源：《灾荒与饥馑（1840—1919）》，高等教育出版社 1991 年版。
② 中国人民政治协商会议滨县委员会文史资料研究委员会：《滨县文史资料》第三辑，1986 年。
③ 中国第一历史档案馆、北京师范大学历史系：《辛亥革命前十年间民变档案史料》，中华书局 1985 年版。

频繁的水灾，即使不是毁灭性的，也往往会造成粮食的大范围歉收，使广大农民长期处于饥饿、半饥饿状态之中，由此加剧了阶级矛盾，成为社会不稳定的重要因素。1904 年，山东巡抚胡廷干也上奏曰："东省人多田少，不敷耕种，连年河水冲没，闲民日多，弱者坐守饥困，黠者沦为剽窃，是以曹州东昌等属，历年多盗，诛不胜诛。"挣扎在死亡线上的广大灾民，有的铤而走险，举起反抗清政府的义旗。如太平天国运动时期，不少灾民响应或加入太平军、捻军，在频受黄河水灾的山东西北、山东西南地区还爆发了幅军、邱莘教军、文贤教军、长枪会军、红巾军等起义。遭受黄河水灾的广大灾民被迫聚众抢粮、沦为盗匪，或者加入起义的行列，这给广大民众的生命财产和社会稳定造成极大的威胁，对灾后重建和生产恢复也带来十分不利的影响。

第五章　黄河水患与下游城市社会变迁

黄河水患不仅给下游地区造成严重的生态灾难，而且也带来了严重的社会问题，对下游地区的社会生产和生活环境造成严重的冲击和破坏。这主要表现在：洪水灾害导致大量人口死亡和外逃，以致人口增长缓慢，甚至负增长；水灾造成粮食大范围减产甚至绝收，城乡居民经常处于饥饿、半饥饿状态之中，加剧了阶级矛盾，成为社会不安定的因素；水灾还引起社会混乱，造成社会动荡。部分灾民穷极思变、铤而走险、心态扭曲、道德沦丧，成为游离于乡土结构之外的特殊群体。他们或抢劫绑票、杀人放火，或啸聚山林、劫富济贫等，以致社会秩序失范，人民生命财产安全受到严重威胁。

第一节　水患与城市社会动荡

城市灾害是指由于自然灾变、人为作用或两者兼有的原因而给城市人口和城市社会发展带来的不良影响和危害，包括自然灾害和人为灾害。自然灾害主要有水、旱、风、雹、震、虫、冷、瘟疫等；人为灾害主要有战争、匪患、兵燹等。在各种自然灾害中，水灾是发生频率高、危害严重的自然灾害。明清时期，黄河中下游地区频繁的水灾给沿岸地区的城乡人民带来了深重灾难，水患对下游城镇的影响是多方面的。水患破坏了下游沿岸城镇的生产和生活环境，致使灾民大量迁移、流离，甚至造成人口大量死亡，工商凋零，发展速减慢[①]，甚至走向衰落。

一　灾害与城市流民

流民问题一直是困扰中国社会的一大问题。关于流民问题，池子华

---

① 何一民主编：《近代中国衰落城市研究》，巴蜀书社 2007 年版，第 596 页。

先生在其专著《流民问题与近代社会》一书中是这样论述的：一般来说，"流民"是指丧失土地而无所依归的人群。但这远非"流民"意义的全部。如《明史》载："年饥或避兵他徙者曰流民。"[①] 又据《时报》记载："山左沿河一带，土脉瘠劣，时被水荒，每界冬令，该乡民等动辄结队四处乞求，人多称之曰流民。"[②] 曹文柱先生认为："中国古代社会一般意义的流民，是指这样一类人口：他们的成分有时非常复杂，可能包括相当广泛的社会阶层，但始终以农民为主体；由于自然的、政治的、经济的或其他重大社会变动的原因，被迫抛离家园，携老扶幼，向自认为可以避难求生的地区流动迁移；对于他们的迁移活动，在大多数情况下，官方是不愿接受的，并要进行程度不同的行政干预。"[③] 王家范先生认为，流民"就是脱离社会整合，丧失其原有职业社会角色，游离于法定的户籍管理之外的人口"。[④] 罗彤华先生也认为，"流民是指脱离户籍，流亡他乡的人"。[⑤] 可见，"流民"的含义是比较广泛的。综合起来，所谓"流民"，其含义主要有以下四个方面：①丧失土地而无所依归的农民；②因饥荒年岁或兵灾而流亡他乡的农民；③四处求乞的农民；④因自然经济解体的推力和城市近代化的吸力而流入都市谋生的农民。[⑥]

在古代社会，流民群体大量的存在，被视为一种可怕的"社会病"。众所周知，中国历来以农业立国，农业是根本，土地自然成了社会最基本的生产资料。在以一家一户为生产单位的小农经济条件下，农民各种生活所需，都要直接或间接地从土地上获得，这是他们安身立命之本。同时，土地又是一种最可靠的财富，并成为各种财富的最后归宿。土地对农民来说是非常重要的，"有土斯有财"，没有土地就意味着农民将无以为生。黄河水灾频发，淹没村庄和田宅，人们赖以生存的土地没有了，这就必然导致社会动荡，民变蜂起，人口大量外流或非正常死亡。从明清时期的流民来看，当时城市与乡村人口流动主要有三种形式：

第一，大量移民出现。移民是"游民"的一部分。所谓"游民"，狭

---

① （清）张廷玉等：《明史·食货志一》志五十三，中华书局1997年版，第1878页。

② 《时报》光绪三十年十月初二日。

③ 曹文柱：《关于两晋之际流民的几个问题》，载赵清主编《社会问题的历史考察》，成都出版社1992年版，第332页。

④ 王家范：《中国古代的流民问题》，《探索与争鸣》1994年第5期。

⑤ 罗彤华：《汉代的流民问题》，（台北）学生书局1989年版，第9页。

⑥ 池子华：《流民问题与近代社会》，合肥工业大学出版社2013年版，第4页。

义上讲，主要是指"平日居民有不农、不商、不工、不庸者"①，他们实际上是混迹于城市与乡村、无固定职业的流动人口。"中国游民之多，甲于地球"。② 广义的"游民"泛指暂时或永久性改变定居地的迁移流动人口，"它既包括由各种灾变而引起的流民，也包括国家政府出于政治经济或军事目的而组织的有计划的人口转移"。③ 葛剑雄先生对移民有不同的界定，认为："移民是人口迁移的结果，移民必定是迁移人口。但是，移民只是迁移人口中的一部分，或者说是迁移人口中符合条件的那一部分，并不是所有的迁移人口都是移民。"④ 发生在清朝中期的一次移民就属于这种情况。咸丰元年（1851），河决砀山北蟠龙集，大水侵入微山、昭阳等湖。江苏沛县首当其冲，受害最烈；铜山、鱼台与之毗邻，因而也是汪洋一片。当地居民无以为生，纷纷流离转徙。但是几年以后，黄河在铜瓦厢决口东流，淹浸之地退涸为荒地，且面积广阔，"南迄铜山，北跨鱼台，绵亘二百余里，广三四十里或二三十里"。⑤ 针对这种情况，政府为了减轻灾情，咸丰七年（1857），河道总督庚长委勘湖荒，统计有地两千余顷，"分上、中、下三等，设立湖田局招垦，缴价输租充饷"。⑥ 朝廷应允了庚长委的奏疏。此令一下，鲁西南灾民应者如云，"郓城、嘉祥、巨野之难民由山东迁徙来徐"，"相率寄居于此，垦荒为田，结棚为屋"。山东灾民的迁移，多以聚族而来，迁居地点主要以南部占据湖边荒地，故称其为湖团。"湖团者，巨野客民垦种齐、苏两省交界之地，聚族日众，立而为团也。"⑦ 最初在铜山、沛县形成湖团的移民主要有唐团、北王团、北赵团、南王团、南赵团、于团、睢团、侯团，共八团。在鱼台境形成的湖团有魏团和任团两个，是由"曹境乡团数十百人耕种"时所建。这些湖团均以首倡者的姓氏命名，比如唐团就是巨野人唐守忠率领曹、济灾民前来领照垦荒而建。铜山、沛县的这些湖团，既解决了灾区农民的去向问题，还解决了他们的生活，也稳定了灾后社会秩序，减轻

---

① 寄湘渔父撰：《救荒六十策》，（台北）文海出版社 1989 年版。
② 《论中国个人之不能自治》，《东方杂志》第 6 期（光绪三十一年六月）。
③ 丁鼎：《中国古代移民述论》，参见李街眉主编《移民史论集》，齐鲁书社 1998 年版，第 2 页。
④ 葛剑雄：《简明中国移民史》，福建人民出版社 1993 年版，第 5 页。
⑤ 同治《徐州府志》卷十二《田赋考》附录《铜沛湖田纪事始末》。
⑥ 民国《续修巨野县志》卷七《奏疏》。
⑦ 民国《续修巨野县志》卷二《食货志》。

了灾后流民对城市的压力。

第二，因饥荒年岁或兵灾而流亡他乡的农民。"流民者，饥民也。"① 古代有不少人把流民与饥民等量齐观，不难想象两者的关系是何等的密切。尽管在概念上说，我们不能把流民与饥民画等号，因为饥民还不算是流民，"只有当饥民踏上流离之途时，才是真真切切的流民。流民也不完全是饥民，饥民只是波涛滚滚的流民潮流的一个支流"。② 但是，从中国历史上看，饥民转化为流民的概率相当高，有"灾"必"荒"，有"荒"必"流"，由饥荒造成的流民是流民队伍的主体。饥民是饥荒蹂躏下的农民，而饥荒是自然灾害造成的恶果。

从现有文献记载资料看，灾荒造成的饥民再转化为流民人口数量是惊人的。据《明史》载："景泰四年正月，山东、河南饥民就食者纷至，廪不能给。……全活百八十五万余人，给饥民五十万七千家。"③ "成化十三年，流民得十万余户。"④ "万历二十二年，给事中杨东明进流民图。万历四十三年三月大旱，七月雨，八月霜，晚禾尽伤，青州大饥，人相食，诸城举人陈奇猷上流民图（《山东通志》）。"⑤ "乾隆十三年（1748），秋，山东邹平等二十州县水；春，曲阜等五州县饥。光绪二年（1876），曹州旱，二麦无收。"⑥ 光绪八年（1882），山东黄河发生漫流，灾民数十万，其中"就食省垣者十余万口"，流至江苏清江、扬州乃至沿江而南者有二三十万人，另有灾民"纷至京都，或数百人，或数十人，齐至官食"。"光绪十一年（1885），江北旱灾较重，饥民四出，兼以山东、安徽灾黎纷纷渡江，前赴苏、常就食者千万"。⑦ 这些数字虽不具体，但足以说明人口流移的一般趋势。大抵灾荒程度越重，其流移率就越高。据邓云特《中国救荒史》统计："明 276 年中，较大的自然灾害有 1011 次。其中水灾 196 次，旱灾 174 次，地震 165 次，雹灾 112 次，风灾 97 次，蝗灾 94 次，歉饥 93 次，饥疫灾 64 次，霜雪灾 16 次。平均每年受灾 3.9 次。"⑧

---

① 杨景仁：《筹集篇·辑流移》。

② 池子华：《流民问题与社会控制》，广西人民出版社 2001 年版，第 23 页。

③ （清）张廷玉等：《明史·王竑传》，中华书局 1997 年版。

④ 《明史纪事本末》。

⑤ 邓云特：《中国救荒史》，商务印书馆 1993 年版，第 39、229 页。

⑥ 同上书，第 39 页。

⑦ （清）王二谦：《东华续录》，文澜书局，光绪二十四年。

⑧ 邓云特：《中国救荒史》，商务印书馆 1993 年版，第 30 页。

"清朝 296 年中，较大的自然灾害有 1121 次。其中，旱灾 201 次，水灾 192 次，地震 169 次，雹灾 131 次，风灾 97 次，蝗灾 93 次，饥馑 90 次，疫灾 74 次，霜雪灾 74 次。平均每年受灾 3.8 次。"① 我们从邓云特的统计中可以看出其惊人的罹灾率。无怪乎鲍宣要将"水旱之灾"列为"七亡之首"。② 灾荒的肆虐，直接造成惨重的生命财产损失，而且导致流民潮的涌起，"大灾大潮，小灾小潮，以致流民潮的潮起潮落，与灾害的消长成正比"。③ 明初从开封到河北，"道路皆榛塞，人烟断绝"。④ 同治十三年（1874），黄河由东明石庄户南趋菏泽、郓城，漫巨野、嘉祥、济宁，入南阳、微山、独山诸湖，挟汶、泗以祸徐淮，给这一地区带来了深重灾难，以致流亡载道。山东巡抚丁宝桢对此目睹："予假满奉命仍回山东，道出清江，见被水灾民褴属麇集，蒿目伤心，竭己力抚恤之。"⑤ 黄河决口严重影响了山东西南及苏北地区，造成灾民纷纷迁移、逃亡。当时，山东移民为什么选择南逃路线，是因为北都有黄河，阻碍了北去的道路；东边有运河，但河漕常常被黄河水灌入，也成为当时东行的障碍；而南下却相对较为便利。虽然苏北也受黄河决口的影响，但比起山东西南来说要小得多。这也就造成黄河在铜瓦厢改道以后山东移民成为主流的主要原因。俗话说，"水火无情"，在各种灾害中，水灾可称得上"祸首"。华夏水患，黄河为大。据官方统计，洪武二十六年（1393），全国田土 857 万余顷⑥，1065 余万户，6054 余万口。从洪熙元年（1425）起，全国田土一直只有 400 余万顷，990 余万户，5000 余万口。短短几十年间，田土减少四百余万顷，户减近百万，口减千余万。除册文讹误、豪强欺隐之外，农民逃亡，"田地荒芜"以及"流徙死亡"等自然灾害的发生，是造成流民数量增多的一个重要原因。《明正统实录》载，该年山

---

① 邓云特：《中国救荒史》，商务印书馆 1993 年版，第 32 页。

② 汉代谏议大夫鲍宣就总结出"七亡"之说："凡民有七亡：阴阳不和，水旱为灾，一亡也；县官重责，更赋租税，二亡也；贪吏并公，受取不已，三亡也；豪强大姓蚕食亡厌，四亡也；苛吏徭役，失农桑时，五亡也；部落鼓鸣，男女遮迣，六亡也；盗贼劫略，取民财物，七亡也。"（《汉书·鲍宣传》）

③ 池子华：《中国近代流民》，浙江人民出版社 1996 年版，第 51 页。

④ 《明太祖实录》卷二十九。

⑤ （清）丁宝桢：《十五弗斋文存·菏工大王庙碑记》，载《丛书集成续编·集部》第 140 册，上海书店出版社 1994 年版。

⑥ 《诸司职掌·户部职掌》，江苏广陵古籍刻印社 1986 年版。

东、山西、陕西等处"逃户"七万余户进入荆襄。景泰五年（1454），"各处逃户二十余万户"。① 咸丰五年的黄河大改道，灾及山东34个州县，但灾情严重的地区只限于鲁西南地区。同治十三年（1874）山东巡抚文彬奏曰："西部菏泽、巨野、郓城、濮州、东平、汶上、济宁、嘉祥等处周围数百里，今年以来被水最重。"翻阅这一时期的史料，"赈济""蠲缓""蠲免"等之类的记载不断入目，从而反映了鲁西南受灾之重。林金树先生根据《明实录》中关于洪武二十四年（1391）到正统十二年（1447）的22次流民记载统计，山西、山东、北直隶、河南、湖广、陕西等处，包括复业和"累招不还"的逃亡之民，计为898673户，如按每户五口估算，总数为4493365人。② 这算是一股不小的流民潮了。

第三，先避水患迁移，水退撤回。在自黄河铜瓦厢决口以后的百余年间，山东沿河两岸的居民多采取这种方式躲避水灾。如咸丰五年六月，黄河泛滥于鲁西南地区，被水"居民早已搬避迁于堤顶"。③ 因河决，陈氏由菏泽李村镇陈庄迁至鄄城梁堂乡，重新建立了陈庄。同治五年，阎敬铭奏曰："濮州因靠黄河较近，自黄河兰仪漫口后，州城久被水淹，因此于南岸筑圩移徙州民，以为新治。"④ 迁治不久，因阴雨兼旬，黄流盛涨，新旧城圩均被淹没，被水灾民荡析离居。⑤ 而菏泽县治北18里处有一桃花山，附近灾民往往在洪水来临时暂时躲避在此，等洪水退去，再回到家园。从咸丰五年到同治末年，山东黄河下游的观城、聊城、东阿、平阴、长清、齐河、济阳、齐东、惠民、利津等州县为黄河困扰较轻，累计被灾31（年）次，平均每县近28（年）次。⑥ 由此可见，山东灾民流徙现象在山东西南地区的受水灾17州县是普遍存在的。

黄河水灾引发的移民，对于迁入地产生了较大影响：

一是从经济层面看，鲁西南大量灾民迁入苏北铜山、沛县等地，既增加了这里的劳动力，又促进了迁入地荒地开发，还增加了政府收入，

---

① 《明代宗实录》景泰五年十一月辛酉。
② 林金树：《明代农村的人口流动与农村经济变革》，《中国史研究》1994年第4期。
③ （清）武同举等：《再续行水金鉴》卷九十二引《黄运两河修防章程》，商务印书馆1936年版。
④ （清）武同举等：《再续行水金鉴》卷一〇二引《黄运两河修防章程》，商务印书馆1936年版。
⑤ （清）王先谦：《同治朝东华录》，同治五年八月。
⑥ 董龙凯：《1855—1874年黄河漫流与山东人口迁移》，《文史哲》1998年第3期。

在某种程度上有利于当地经济的恢复和发展。

二是流民流散到边疆，参与了边疆的开发和建设。在中国历史方面上，影响最大的莫过于清代山东流民进入东北地区，对东北进行开发和建设。乾隆初年，清统治者为了防止汉族流民取得东北耕地的所有权，曾实行过所谓的"京旗屯垦"政策。然而，坐食成性的京旗人，始终视屯垦为畏途，耗费重金而来，最终却相继逃去。此后，清朝统治者又强迫士兵屯垦，也因"兵惰不耐耕"而未有结果。然而，山东流民对于东北的开垦和建设却得到了意想不到的成功，大面积的荒地得到了开垦。东北地区经过山东等省流民的开发，扩大了耕地面积，粮食产量不断增加，生产的粮食不但足够供给本地食用，而且可以大量外运。嘉道之际，"关东豆、麦每年至上海者千余万石"。[①]

三是从政治层面看，移民的迁入不可避免地造成与当地居民的冲突。咸丰元年（1851），黄河在丰县决口，铜、沛灾民多流亡在外。数年以后，很多流亡在外的灾民返回家乡，但是，淤地变成了山东客民之产，心怀不平，于是土、客之间便发生纠纷。"团民恃其人众置之不理或欺侮土著，自寻斗争，为不能两立之势。"[②] 同治元年（1862），又有山东灾民来沛占地，五月"山东举人李凌霄呈领北王团以西新淤四百余顷曰新团"[③]，因屡与沛民械斗争控，并攻破刘家寨，连毙数命，被漕运总督吴棠派兵平毁，擒斩至数千人之多，并将团地退出。"饬令王、刁两团勒限（同治五年）正月十五日以前逐回山东本籍，全数徙出，安静回籍。"为使移民不致再次流离失所，故"于郓城县设局，将两团原缴地价照数发还"。

四是文化习俗的影响。山东鲁西南移民迁入铜、沛等地，因为居住较为集中，虽然客居其地，但是，仍然保留着家乡的特色，保留着迁出地的文化，正如学者鲁春晓在其著作《新形势下中国非物质文化遗产保护与传承关键性问题研究》中所论述到文化习俗作为重要的"非遗"资源"蕴藏着族群传统文化艺术之根，保留着该族群文化艺术原生态和其

---

① （清）包世臣：《吴安四种》卷一。

② 民国《续修巨野县志》卷七《奏疏》。

③ 同治《徐州府志》卷十二《田赋考》附录《铜沛湖田纪事始末》。

特有的思维方式是族群归属感之所在。"[1] 比如，沛县"沿湖唐、王、赵三团以东民来沛五十余年，其风俗习惯仍与山东无异"。[2] 由此可见，山东移民对当地风俗习惯无论是年令时节还是饮食习惯都产生很大影响。就连地名都是沿用迁出地旧名，这是移民在文化上对当地产生影响的又一表现。

二　流民与城市变迁

中国古代，流民呈现三个基本特征。[3]

第一，自发性和无序性。流民背井离乡，流徙外地，并非官府的强制，也非官府的组织，而是一种自发行为。他们的流动处于无序状态。所谓无序，主要是指两个方面：一是他们在流动过程中，暂时脱离了政府的组织管理系统，成为失去行政权力控制的人口；二是流民内部没有正式的组织管理体系，他们各自为政，互不统属，且带有很大的盲目性。

第二，流民的主体是"民"，最主要的是农民。"民"是这类流动人口的一个显著特点。当然，也有一部分流民此前的身份并非民，如也有一些原政府官员、士大夫、逃亡的罪犯和士兵等。特别是大的战乱发生时，此类人口便纷纷加入流民大军。但是，一方面他们在流民中所占的比例很小，另一方面当他们加入到流民行列后，实际上已失去了先前的身份地位，脱离了原来的组织系统，更多地具备了流民的特征，我们不妨称之"准流民"或"亚流民"。

第三，过渡性和暂时性。流民是一定数量的人口，在离开原居住地和放弃原谋生手段后形成的临时性特殊人口群体。在从离乡背井到重新定居之前，这一群体流移不定，无正常稳定的生产和生活手段，呈现出过渡性特征。一般而言，他们中的大多数经过或长或短的流浪生活后，有的重返故里，有的定居于新地，重新获得正当的生产和生活手段，退出流民队伍。流民群体总是处于一种不断有人退出又不断有人加入的动态状态中。

具备上述三个特征的流动人口，就属于流民的范畴。这些流民对城市的发展和变迁产生很大影响。

---

① 鲁春晓：《新形势下中国非物质文化遗产保护与传承关键性问题研究》，中国社会科学出版社 2017 年版，第 26 页。

② 民国《沛县志》卷三《疆域志·风俗》。

③ 江立华、孙洪涛：《中国流民史》（古代卷），安徽人民出版社 2001 年版，第 4 页。

　　流民涌入城市，增加了城市人口，促进城市经济的发展。封建社会土地兼并、自然灾害和繁重赋役使农村分流出一批一批的农民，特别是明清时期黄河下游频繁的水灾，引发大量流民无家可归。流民的空间位移，除在农村地区横向流动外，更多地流向工商业中心的城市，因而对城市社会产生多方面的影响。不可否认，流民进城对黄河中下游地区的城市发展有着某种积极意义，如为城市工商业发展提供了大量劳动力，补充了城市人口，为城市的恢复重建提供了大量的劳动者。城市规模的扩大，工商业的发展，市政建设的加快，都需要人口的增加。农村人口大量向城市聚集对城市化进程是一个极大的推动作用。明代时期，随着商品经济的发展，在原有城市继续保持繁荣的同时，也兴起了一批工商业市镇，晚清河南辖九府：开封、河南、怀庆、卫辉、彰德、归德、陈州、汝宁、南阳，其中的开封府治祥符，归德府治商丘（今商丘）及宁陵（今宁陵）、鹿邑（今鹿邑）、夏邑（今夏邑）、永城（今永城）、虞城（今虞城利民镇）、柘城（今柘城）；陈州府治淮宁（今淮阳）以及西华（今西华）、项城（今项城老城镇乡）、沈丘（今沈丘城关镇）、太康（今太康）、扶沟（今扶沟）等，还有发达的朱仙镇，这些市镇都一度出现过经济发展的繁荣时期，城镇的人口哪里来，答案只有一个，除原有的本地人口之外，大部分都是从农村流入的。特别是遇到灾年的时候，流入城市的人口最多。

　　特别是晚清时期，城市近代化进程不断加速，而城市近代化的核心是近代工商业的发展，流民进城，从事工商活动，有利于工商业的发展和城市面貌的改观。[①] 可以这样说，中国城镇的每一步发展，都与农村人口的流入是分不开的。明嘉靖时期，何良俊对农民离开本业，从事工商业，进入市镇有很好的描述。他说，明中叶以前，农民十分之九从事农业，"十九在田"，安于农业生产。正德以后，由于赋役日增，农民失去了土地，涌入了城市，转向了工商业。明清时期，水患的发生，很多失去家园的农民逃入城市也是一个很好的选择。"昔日逐末之人尚少，今去农而改业为工商者三倍于前矣；昔日原无游手之人，今去农而游手趁食者又十之二三矣。大抵以十分百姓言之，已六七分去农。"[②] 这一段描述

---

　　① 周积明、宋德金：《中国社会史论》上卷，湖北教育出版社 2000 年版，第 669 页。
　　② 何良俊：《四友斋丛说》卷十三。

虽然有些夸大，但是，大致反映了农民流入城镇的趋势。

第二节　水患与城市社会治安

流民是"人类生活中最不安定者"①，他们缺乏生产资料，无以谋生，因此，往往铤而走险，越轨犯禁，导致社会动乱不安。在中国历史上，流民问题的严重程度历来被看作世之治乱兴衰的一个重要标志。黄河水患引发的灾荒最严重后果就是引起社会混乱。秘密会社涌现，匪患猖獗，而社会变乱除引起人口流移死亡之外，流民进入城市沦为流氓、赌徒、乞丐、小偷、娼妓和杀人越货者不可胜计，他们是城市社会治安的不安定因素。

一　城市秘密会社滋生蔓延

"秘密社会"是指明清时期秘密宗教、秘密会党及其会社组织。明清时期的秘密宗教团体和秘密组织主要有白莲教、罗教、天理教、先天教、八卦教、闻香教、荣华教、红阳教、白阳教、清水教、天地会、哥老会、青帮、黑帮、白帮等六十多个。这些民间秘密宗教和秘密团体，大致可以分为三类：一为具有宗教属性的会社，如白莲教、罗教、先天教、八卦教；二为具有政治属性的团体，包括天地会、哥老会；三为具有帮会性质的秘密组织，如黑帮、青帮等。

秘密宗教出现比较早，以白莲教及其支派为主题，盛行于北方，以乡村为主要根据地。白莲教又称为白莲宗或者白莲社，最早是南宋绍兴年间由吴郡昆山（今江苏昆山）僧人茅子元在流行的净土结社基础上创建而成。它的教义与净土宗大致相同，尊崇阿弥陀佛，要求信徒念佛持戒，不杀生、不偷盗、不邪淫、不妄语、不饮酒等，以期望西方净土。先前的净土结社，参加者只是松弛的社友关系，社与社互不相属。而茅子元则将其改为师徒传授、宗门相属，从而建立了一个比较定型的教门。初期的白莲教曾经遭到官方的禁止，茅子元也被流放到江州（今江西九江），但是，因为教义浅显、修行简便而得以传播。元朝统一中国之后，

---

① 毛泽东：《中国社会各阶级的分析》，《毛泽东选集》第一卷，人民出版社1991年版，第8页。

白莲教受到朝廷承认并进入全盛时期。元朝末年，韩山童和韩林儿利用白莲教领导农民起义。明朝洪武和永乐年间，山东、河南等地发生自然灾害，特别是黄河水灾的频繁发生，引发了农业经济的衰退，饥荒严重，白莲教信徒曾经发生了大规模起义。比如，永乐十八年（1420）发生在山东黄河下游地区的唐赛儿起义和天启二年（1622）徐鸿儒起义就是利用白莲教组织和发动群众举行的起义。

战争和饥荒是引发唐赛儿起义的主要原因。元朝末年，山东是红巾军与元军主力军队争夺最为激烈的地区，战后经济破坏相当严重。明初虽然经过一段时间的休养生息，但是，直到洪武后期，对于流民的安置、生产的恢复，仍然是令朝廷感到困难的一个大问题。洪武之后，燕王朱棣又发动了靖难之役，山东一带又成为重要战场，尚未完全恢复的生产再次遭到破坏。① 明成祖即位初期的山东，大部分地区百姓困顿，商贾不通，满目疮痍。对于在靖难之役中"供给特劳"的北平以及永平、保定一带"顺民"，朱棣想到对自己登基有功尚给予一些特殊的优免，然而，山东地区却不在此列。所以永乐年间，当山东饥民需要赈济时，许多地方已是仓无储粟。永乐四年（1406），山东济南府发生蝗旱灾害。饥民中疫疾流行。同年，山东青州府乐安等州一次上报的户绝田地便多达七十一万三千八百四十亩。② 永乐后期，明成祖又营建北京城、修治会通河、北征蒙古等项目，耗资巨大，徭役征敛不息。特别是永乐年间，山东地区多遭连年水患灾害，农民以树皮、草根为食，卖妻鬻子，老幼流移，无以为生。永乐十七年，"山东、河南、山陕诸处饥荒水旱相仍，至剥树皮，掘草根……老幼流移，颠沛道路，卖妻鬻子，以求苟活"。③ 所以，沉重的赋役负担和连年的灾荒给山东地区宗教的发展提供了有利条件，寻找生路的农民把自己的希望寄托在对宗教的信仰上，唐赛儿所发展的教众很快便多达数万人，成为黄河下游地区反抗朝廷的重要区域。起义消息传到皇帝耳中，永乐帝闻奏大惊，山东乃是漕运要道，是供给京师的基础。于是永乐帝便命令安远侯柳升为总兵官，都指挥使刘忠为副总兵官，精选五千京师精锐兵马，赶往山东镇压。起义虽然不到一个月就

---

① 白寿彝：《中国通史》第九卷《中古时代·明时期》下册，上海人民出版社 2007 年版。
② 《明太宗实录》卷五三，永乐四年四月丁卯。
③ （清）谈迁：《国榷》卷十七，中国古籍出版社 1958 年版。

被镇压下去，但是唐赛儿成为百姓心目中的英雄，它的故事成了山东滨州、青州一带群众茶余饭后的话题。

徐鸿儒（？—1622）起义也是发生在明朝末年的一次农民起义。起义首领徐鸿儒，本名徐诵，山东巨野县人，后迁居郓城。早年参加白莲教。徐鸿儒年轻时，正处于明朝末年，社会黑暗，政治腐败。当时，白莲教在民间正秘密流传。白莲教又名"闻香教"，在京东滦州知庄一带，建立秘密宗教中心。滦州皮工王森自称"闻香教"主，徐鸿儒就是王森的弟子。当时，白莲教遍及河北、山东、河南、山西等省，很快就成为全国最大的秘密宗教组织之一。万历二十四年，王森因弟子背叛，入狱而死。秘密宗教分为两支：一支由徐鸿儒领导在山东一带活动；另一支由王森的儿子王好贤和他的另一名弟子于弘志领导，在河北开邑和景州一带活动。"天启元年，淮、黄涨猛"① 造成江苏北部、山东西南部和河南等地多地水灾。从万历末年以来，土地兼并严重，赋税徭役不断增加，社会矛盾激化。再加上水患灾害，百姓无法生存，天启二年（1622），徐鸿儒利用白莲教组织发动群众，并领导了曹州农民起义。天启二年五月十一日凌晨，曹州府一带的白莲教徒，连同不堪忍受压迫的农民百姓，齐集郓城六家屯，徐鸿儒率众歃血盟誓，一时旌旗招展，刀枪如林，呼声震天，群情激昂。起义将士以红巾为头帕，手持大刀、长矛，首先发兵包围了魏家庄，又攻战梁家楼，接连占领四个村寨，声威并举，应者云集，在鲁西南地区高高举起了起义的大旗。与此同时，全国各地响应徐鸿儒的农民起义又风起云涌，于弘志于七月在武邑和景州交界的白家屯起义；九月，泽县的康傅夫率众起事；河南汝宁府固始县李恩贤起义，声援徐鸿儒，四川白莲教徒也纷纷起义响应徐鸿儒。一时间，起义的烽火漫天烧起，大有席卷全国之势，震撼了明王朝的统治，徐鸿儒起义历时一百九十余天，范围遍及半个山东省，最后虽然失败，但却点燃了明末农民斗争的烈火，敲响了明王朝的丧钟，揭开了明朝末年李自成起义的序幕。

清朝时期，白莲教又增加了许多支派，像老官斋和八卦教等。乾隆后期到嘉庆年间，白莲教达到极盛，活跃于北方的山东、河南、河北诸省以及东北和南方各省。

---

① （清）张廷玉等：《明史·河渠二》卷八十四，中华书局1997年版，第2071页。

八卦教作为白莲教的分支，是清康熙年间由山东单县人刘佐臣自创教派。刘佐臣早年曾加入白莲教、黄天道等教派，康熙初年，自创教派，本名为收元教，教徒按照八卦分为八股，故名八卦教。清朝初年，传布于河北、河南、山东和山西等地，乾隆三十七年（1772），遭到朝廷取缔。乾隆十六年（1751），山东人王伦入教，王伦利用八卦教组织发动群众，发动了大规模的流民起义。乾隆三十九年（1774）前后，黄河在河南、山东、江苏徐州等地泛滥，导致年岁歉收，而地方官员妄行加征，百姓反抗情绪十分强烈。王伦于是就利用八卦教谶言，组织发动了起义，但终因寡不敌众而失败。

二 城市社会问题严重

贫困是罪恶之源。早在先秦时期，孟子就说过："若民，则无恒产，因无恒心。苟无恒心，放辟邪侈，无不为己。"流民是因遭遇自然灾害、社会厄运或其他原因而流亡在外之人，是一群生活无着者，如果不能得到社会的有效救济和安置，出现食不果腹、衣不遮体的境况，极易走向违反人情的犯罪道路。这一点其实封建统治者也看得很清楚。城市是流民的"避难所"，是流民摆脱农村实现梦想的乐园。但城市绝非是一个天堂。流民集中流向城市，首先给城市造成很大的压力，本来城市在灾后就受到巨大的冲击，城市经济产业一蹶不振，停产者有之，倒闭者也有之。流民盲目大量地涌进城市，使城市不仅不能"容纳此多数而源源不绝之农民也"①，就连原来城市的手工业者和商人也面临着失业的威胁。城市化低度发展和农村人口（特别是流民）过快集中而造成的一种社会病态，是多种"城市病"的一种表现。明代嘉靖年间（1522—1566），连年水灾，"四方流民就食京师，死者相枕藉"。②乾隆时期，流民入城更加厉害，"乡民流户扶老携幼，纷纷至京"。③此外，交通拥挤、供求失衡、物价腾涨、治安混乱等一系列社会问题，也普遍在各大中城市中随之出现。以1855年为例，黄河大水灾对灾区人口、经济、社会造成巨大的影响。仅山东一省，就有1821个村受灾，受灾六分以上的重灾区难民超过700万人。"1855年黄河改道至清末的57年间，因黄河决溢累计有966县

---

① 房师义：《中国农村人口实况》，载《农业周报》第3卷第35期，第754页。
② （清）张廷玉等：《明史·食货五》卷八十一，中华书局1997年版，第1966页。
③ 《皇清奏议》卷五十四，（清）顾光旭：《请除赈灾通弊疏》。

（次）成灾，平均每年有 18 个县受灾。"在水灾中，死伤者众多，灾民流离失所，苦不堪言。对于当时山东等人口密集的重灾区，清廷救灾无力，逼良为匪、匪徒猖獗、"民众恨兵过于匪徒"的社会现象逐渐成为危及清廷统治的不稳定因素。清廷面对黄河大水灾"河水汹涌，源源不绝，前涨未消，续涨骤至，村落被冲，瞬成泽国，极目所至浩渺无涯"的软弱无措，预示着其必失民心的厄运。①

明清时期，伴随着黄河水灾而出现的大量流民盲目进入城市，使城市出现了各种各样的其他社会问题。具体来说，主要有以下四个方面：

第一，贫困与社会秩序问题。城市是经济、政治和精神生活的中心。在危机时期，流民往往流入这里，寻找生存机会。但他们进入城市后，大多处于社会下层，生活十分艰难。有许多人找不到工作，成为"游手者"。"仓廪实而知礼节，衣食足而知荣辱。"他们由于离开了原居住地，被抛出惯常的生活轨道，失去了原先享有的地方性保护，在谋生无门、走投无路的情况下，常常被迫组成各种帮派，从事偷窃和抢劫，有的为反对地方官员的压榨甚至发动大规模武装暴动，直接地对社会公共治安秩序构成严重威胁。另外，流民进入城市这个新的生活环境，必然有一个心理上、文化上和生活习惯上的痛苦及折磨过程。农民在进城前，其文化和生活习惯"在漫长的农耕文化社会环境下产生和流传，在中国乡村社会结构和文化结构中遵循着自身规律生存和发展"。② 但进城后，少数人没有获得就业机会，且无法调整心态，顺利度过适应期的人容易发生病变，走向偷盗、抢劫、卖淫等犯罪道路。

第二，匪盗猖獗，治安恶化。有的流民进入城市后，成了流氓恶棍，使城市流氓恶势力猖獗。流民走上土匪之路，不仅危害社会，不齿于人类，而且极容易搭上身家性命。所以，流民沦为盗匪完全是一种万般无奈的抉择。在生活所迫特别是在灾荒之年、无以谋生的情况下，不甘坐以待毙者，只好选择到"绿林"世界去讨生活。"土匪之生活，杀人放火之生活也；奸淫掳掠之生活也；吃惊受吓，朝不保夕之生活也；饿死饱死，忽苦忽乐之生活也；东奔西窜，飘忽靡常之生活也；见弃社会，不

---

① 李娜：《胡佛论黄河水患治理与清王朝的覆灭》，《史学集刊》2014 年第 5 期。

② 鲁春晓：《新形势下中国非物质文化遗产保护与传承关键性问题研究》，中国社会科学出版社 2017 年版，第 45 页。

齿人类之生活也;只图利己,不顾他人之生活也;虽生存于现社会,而不与社会合作之生活也。简言之,即与人类共存原则极端背驰之生活也。"① 流民一经选择土匪为职业,便逐渐丧失理性,泯灭人性,人格扭曲,沉湎而不能自拔,成为无法无天的玩世狂徒。明代小说《机闲评》中描述道:"个个手提淬筒,个个肩着粘竿,飞檐走线棒头栓,臂挽雕弓朱弹。架上苍鹰跳跃,索牵黄犬凶顽,寻花问柳过前湾,都是帮闲蠢汉。"他们在城市中,浪迹妓院娼门,饮酒作乐,不仅神通广大,可以买通官府,专门替人打官司,好管闲事,搬弄是非,从中渔利;而且无孔不入,以各种手段横行霸道。更有甚者,在城市结成团伙,以打砸抢为业。在城市中,流民犯罪越来越严重。从流民的犯罪从形式看,有奸淫妇女、强取豪夺、偷盗抢劫和抢人杀人等。奸淫妇女、发泄兽性是少数流民惯为的营生,历史上这样的事例很多。强取豪夺是流民集聚一起,名讨实抢,你给也得给,不给也得给,直扰得人心惶惶,社会不得安宁。偷盗抢劫是一部分流民求生的手段。乾隆年间,山西大同府旱饥,府中多关中、直隶来就工之民,粮价腾涌,工不通,无往无食,归无资,"辄百十辈之富家横索,至攫饮食财物,而土著之隐民,无所取食者随之,蜂屯蚁聚,城乡被扰"。② 抢人杀人也是常见的流民犯罪手法,较之以上诸多犯罪手法的危害性更有过之,给被害者的危害也更大。流民犯罪杀人,除抢劫、强奸时残害被害者之外,还趁灾荒之年,食物缺乏,杀人卖肉赚钱。饥饿流亡者"夺食于路,盗于隐处掠卖人以徼利。市中杀人以卖,日未晡,路无行人"。③ 真是丧尽天良。据文献资料统计,道光二十一年至二十三年连续三次黄河大决口,因灾情而流亡进城的流民在服务业找到了就业机会,如当家内服侍的奴婢、仆役,在茶馆、酒肆当佣保、歌女和舞伎等。可是,还有很多流民进入城市后,由于找不到谋生的途径,在城市中沉淀下来,渐渐沦为流氓、赌徒、乞丐、小偷、娼妓和杀人越货者。有的流民涌入城市以后,因为没有固定的职业,经常走向盗贼土匪之路,结成团伙,有自己的组织系统、号令、活动范围和地盘,无恶不作,破坏性极大。这些人的活动形式五花八门,概言之,主

---

① 何西亚:《中国盗匪问题之研究》,泰东图书局1925年版,第41—42页。
② 《清经世文编》卷四十一,(清)汪志伊:《荒政辑要附论六条》。
③ 无名氏:《宋季三朝政要》卷2。

要以打、抢、诈和骗为主。打：动辄拳脚相加，打人是流氓的家常便饭。如明代成化年间，在长江沿岸的九江至苏州一带，就有一伙凶恶流氓，公然殴打平民百姓，抢夺财物，伤人性命，其凶顽无忌，犹如强盗一般，无法无天，毫无畏惧。抢：明代江南有"假人命，真抢掳"之谣。诈：诈就是讹诈，指利用威胁恫吓向人强行索取财物。手法花样极多，常见的有：栽赃诬陷，蓄意讹诈；小题大做，任意讹诈；借人急难，趁机讹诈；捏人把柄，恐吓讹诈。骗：招摇撞骗，拐卖人口是流氓惯用的伎俩。其骗术更是五花八门，无所不用，有假冒宗室、官爵行骗的；有利用宗教迷信行骗的；有制造假象，欺骗良善的；有巧设机关，一骗再骗的；有以女性婚嫁为骗局行骗的；还有拐骗妇女、儿童的。他们拐骗妇女或供自己淫乱奸辱，或出卖给妓院、远方之人赚取钱财，或两者兼而有之，奸污后再去卖钱。可谓毫无天理人伦可言，弄得人人惶恐，无法正常生活，严重影响社会治安和社会稳定。

第三，环境问题。城市不仅在社会生活方面藏污纳垢，散发着腐烂的气息，在自然环境方面也很不理想。由于流民的大量流入，超出了城市社会经济发展的承受能力，居住条件恶劣，卫生条件极差，结果造成严重的环境问题。环境最差的，当属东部的归德府（今商丘南）。顺治时的知府宋国荣，与河南其他七府相比，列举了归德府的四大劣势道："地以滨（黄）河而污下……地之不如七郡一也；田以荒芜而减值，民贫土旷，亩钱值不逾数百，较覃怀（怀庆府）、邺下（彰德府）亩可数金且二十金者，相什伯焉，田之不如七郡二也；民以饥馑而流散，无复成帷成雨之象焉，民之不如七郡三也；俗素古朴，近谤张健讼，百无一实，奸宄难御，俗之不如七郡四也。"① 概括地讲，就是河患频繁，地势低洼而且土质劣下，人口稀少，民风嚣薄，贫穷落后。当时的城市垃圾堆积问题严重。街道大多没有铺砌，地面坑坑洼洼，下雨后，形成一些水坑，垃圾堆的污水流进水坑里，产生恶臭。大多数城市缺乏供水设施，居民们从河流和水井取水。可是，由于没有排水管道，只有明沟把污水引进河里，所以，河水常常受到严重污染。

第四，武装暴动此伏彼起。农民穷困与饥饿，如果达到极点，流移死亡的现象继续扩大，那么农村与城市中的普遍暴动就是不可避免的，

---

① （清）陈锡辂：（光绪十九年）《归德府志》，顺治十七年知府宋国荣"序"，第2页。

所谓铤而走险这是在这种情况下发生的。此等暴动往往逐渐酝酿，愈演愈烈。当其初发阶段，势头还很微弱，随着时间的推移，灾情的严重，到最后常常与武装暴动结合起来，明清时期发生的农民起义，无论其范围大小，或其时间长短，无一不是由于灾荒所促发，即无一不是以荒年为背景，这都成为历史的公例了。在中国历史上，流氓曾扮演过重要的角色。陈宝良先生在《中国流氓史》一书中分析说："在作为社会基础的农民极端贫困化之后，流氓就会蠢蠢欲动，甚至变为'流寇'。如宋代的方腊，手下就不过是一些无赖之徒。在明末，孙弘之叔某，也是'不务本业，交游无赖，私通贼党'。至清代，在陕西岐山被雇用'伐木作薪'者多是'无赖子'。嘉庆时，因发生饥荒，这些人纷纷停业。这些失业'无赖子'就纠众三千余人，终'持器械掠食'。在近世，尤其是明清两代，流氓与民间秘密宗教与帮会的关系极为密切，而这些组织，对统治者来说，始终是一个极大的隐患，一旦时机成熟，它们都有力量摧毁旧的统治秩序，改朝换代。"①

黄河水灾给当地民众的生命财产造成严重损失，导致人口的大量死亡和迁移。水灾之后，又接连大旱，就连素以雨水充沛著称的荥泽地区也赤地如火。而灾民在濒临死亡边缘的时候，土地兼并的激烈与"辽饷"等国家赋税的屡屡加征，更加剧了自耕农的破产与农民生活的贫困，怨声四起。

民间秘密结社活动再度活跃，各地农民纷纷利用白莲教等宗教组织进行反抗活动。天启二年（1622），山东郓城即爆发了徐鸿儒领导的农民起义。天启七年（1627）二月，白水县农民王二率领澄城（今陕西省澄城县）饥民群起抗粮，杀死知县，揭开了明朝末年农民大起义的序幕。崇祯八年（1635）正月，农民军势如破竹，攻克明朝"龙兴"之地——凤阳，放火烧毁了朱元璋父母的陵寝。崇祯十二年（1639），河南、山东、河北等地灾害频仍，饥民遍野，张献忠利用这个时机再度起义，在房县罗猴山大败明军后西向四川。李自成闻讯以后，也冲出商、雒山，突入河南，召集流民，并提出了"均田免粮"的口号，受到农民群众的热烈拥护，使义军队伍愈加壮大。

大水之后，必有大旱。陕北地区自崇祯年间以来也遭到了前所未有

---

① 陈宝良：《中国流氓史》，中国社会科学出版社 1993 年版，第 388 页。

的连年大旱，以致饥荒遍地，流民盈野。农民在生活不下去的情况下往往会铤而走险，抢劫钱财或杀人劫掠，有时甚至揭竿而起。明朝末年，李自成农民大起义就是在这样的背景下发生的。

因灾害而引发的农民起义，严重扰乱当地的社会秩序，引起社会混乱，造成当地社会局势的动荡不安。明成化元年（1465）九月，南京吏部郎中夏寅在给明宪宗的上奏中说："臣以考满来京，北抵徐州，沿途所见，人不聊生，路多草窃，盖以今岁旱涝故也。窃见徐州地连山东，素产豪杰，自古乘隙首难者多其土人，今饥馑无聊，必多盗贼。盗贼不已，恐生厉阶，乞任大臣镇抚安辑，蠲免粮税，禁约奸尻，暂出帑物及在官粮廪赈济之。"① 由此可见，荒灾给社会带来的危害。明神宗万历二十一年（1593）"五月，大雨，河决单县黄堌口，一由徐州出小浮桥，一由旧河达镇口闸。邳城陷水中，高、宝诸湖决口无算。明年，湖堤尽筑塞，而黄水大涨，清口沙垫，淮水不能东下，于是挟上源阜陵诸湖与山溪之水，暴浸祖陵，泗城淹没"。② 据《福建通志载明神宗时事》载："万历二十二年二月，不雨。至夏五月，谷涌贵，饥民大噪，掠劫城中，越三日乃定。先是连岁不登，三四月间每石谷价至五钱，阖城米肆皆闭，东门李章家故饶，仓多陈朽，列米于肆，故高其价，令籴者鳞次。陈七往籴，自辰至午，次未及，大译于门，李殴之！众乘机遂乱，尽掠其米，入焚其仓，烈焰亘天。巡抚李孚远闻变，遣坐营古应科提兵往捕之，凶首尽逸去，所缚者收拾灰烬之饥民……欲枭之……求宽解，始捆打割耳以徇。是夜邓三鼓众攻焚古应科之屋。……吴和尚劫烧北门蔡审家，城内外闻风抢掠者十余处。"③ 典籍所记类此事实不胜枚举，且至今尤烈。明嘉靖三十一年（1552）九月，黄河决口泛滥，徐州、邳州及其属县遭受水灾。嘉靖三十二年（1553）春天，因上年水灾，徐州、邳州及其属县丰、沛、睢等地区饥荒严重。由于黄河决口堵塞未竣，河水复涌，再加上政府救灾不力，以至于在当年六月出现了"山东、徐、邳赤地千里，大水腾溢，草根树皮掘剥无余，子女弃餬，道殣相望，盗贼公行"④ 的局面。明穆宗隆庆三年（1569）闰六月，徐州、邳州及其属县均遭水灾。

---

① "中央研究院"历史语言研究所校勘：《明宪宗实录》，北京图书馆抄本1982年影印版。
② （清）张延玉等：《明史·河渠二》卷八十四，中华书局1997年版，第2058页。
③ 邓云特：《中国救荒史》，商务印书馆1993年版，第144—145页。
④ 赵明奇主编：《徐州自然灾害史》，气象出版社1994年版，第150页。

隆庆四年（1570）三月，巡按直隶监察御史李绍先奏言："汪洋群盗四起，杀掠泰兴县等处，皆徐、沛、通、泰间被水饥民及江南所遣浙江、福建水兵，相因为非，滋蔓可虑。乞饬守臣多方抚剿，以按地方。"①

据《明史本纪》记载，明代李自成和张献忠暴动之前约二十年，由于连岁灾荒的影响，已经有若干地方发生骚乱，先后接踵而起，并最终引发全国性的暴动成为明朝大患。清朝发生的叛乱，莫不因饥饿所驱使。比如乾隆三十九年山东临清、寿张人王伦起义，与当年山东发生黄河水灾有很大关系。王伦用白莲教联系发动群众，"八月率党人入城，越四日破阳谷，遂陷堂邑，杀署县陈枚，乱运河，犯临清，烧城门"，使山东地区社会秩序遭到严重破坏。

第三节　水患与城市社会生活变迁

黄河水患导致下游地区山东、河南、苏北、皖北等地农业、手工业、商业的衰退和下游地区城市的衰落，进而引起城市社会生活、生活方式以及劳动生活方式的变迁。

一　城市日常生活变化

城市生活，是人类在一定的时间和空间中，反映出来的生活形态和生活方式。这种形态和方式，必然因为具有"城市"这个特定概念，而赋予它们与之相应的各种特点。因此，这种生活形态和生活方式的兴起与发展，是伴随着城市的产生而兴起，跟着城市的繁荣而发展的。宋代的手工业和商业还有一个明显的特点，就是工、商、贾三者合一。中国古代的工、商、贾都各有所指。工为手工业，商为长途贩运，贾为坐守待售，三者互不相混。用今天的话来说，是三个不同的经营部门。在各大城市中，手工业生产的比重居于首位，尤其在民间手工业中，往往是以一家一户为生产单位，家长即是作坊主，儿子或侄子既是学徒，又是帮工。后院是手工作坊，临街的客堂就成了店铺，自产自销就成了他们最好的经营方式。

这种父子相传、师徒相继、口传身授的手工业生产方式作为非物质

---

① 赵明奇主编：《徐州自然灾害史》，气象出版社1994年版，第156页。

文化遗产重要的方面，契合了当时自然经济占主体的农耕社会状况，学者鲁春晓将其总结为"自然传承模式"，认为手工技艺类非物质文化遗产对古代社会经济和文化发展起了重要作用，同时也成为中国古代社会文化多样性的重要来源。① 正如鲁春晓指出的，手工技艺类非物质文化遗产"自然传承"模式对中国古代社会的商品经济和文化发展的贡献及效用均不容忽视。现摘录如下：

　　自然传承模式是中国非物质文化遗产持续时间最长的传承模式，这主要是由中国长期处于自然经济状态下的农耕文化系统所决定的。非物质文化遗产在农耕社会结构和文化结构中遵循着自身规律生存和发展，成为农耕文化的独特性的具体表现，反映的是农耕社会的生产生活和风俗习惯，有着悠久的历史和丰富的人文思想。与之相适应，非物质文化遗产自然传承模式也是在农耕社会和传统文化环境中自然形成和确认的。自然传承模式的特点大体可概括为：以农耕社会和自然经济状态为主要依托，以"师徒相继""口传身授"为显著特点，以个体或群体接力式传承为主要方式。

　　城市是商品的集散地，也是转贩贸易的起落点。由城市经济组成的网络，成为控制封建经济的枢纽，联系各地市场的中心。明清时期，黄河中下游城市群集，城市社会生活丰富多彩。河南的开封府管辖之下的祥符、荥阳、中牟、兰仪等城市；归德府管辖之下的睢州、商丘、虞城等城市；陈州府管辖的睢宁、项城、太康、扶沟等城市。明朝时期，山东兖州府管辖的滋阳、曲阜、宁阳、泗水、单县、城武，济宁州的郓城，东平州的汶上、东阿、平阴、阳谷、寿张，曹州的曹县、定陶等城市；明东昌府管辖的三州十五县：聊城、堂邑、博平、茌平、莘县、清平、冠县、临清州的丘县、馆陶，高唐州的恩县、夏津、武城，濮州的范县、观城、朝城。清兖州府所领的滋阳、曲阜、宁阳、邹县、泗水、滕县、峄县、汶上、阳谷、寿张十县；清东昌府管辖的聊城、堂邑、博平、茌平、莘县、清平、冠县、馆陶、高唐州的恩县等州县；清曹州府所领一州十县：菏泽、单县、巨野、郓城、城武、曹县、定陶，濮州的范县、观城、朝城等；济宁直隶州：金乡、鱼台、嘉祥；晚清开封府：府治祥

---

　　① 参见鲁春晓《新形势下中国非物质文化遗产保护与传承关键性问题研究》，中国社会科学出版社2017年版，第147—148页。

符（今开封），原下辖两州十四县：郑州（今郑州）、禹州（今禹州），
1904 年 12 月，郑州由开封府属下的散州改为直隶州，下辖原属开封府的荥
阳、荥泽、汜水三县。其余十一县分别为祥符、陈留（今开封陈留镇）、杞
县（今杞县）、通许（今通许）、尉氏（今尉氏）、洧川（今尉氏洧川镇）、
鄢陵（今鄢陵）、中牟（今中牟）、兰仪（今兰考）、密县（今新密城关
镇）、新郑（今新郑）。归德府：府治商丘（今商丘）。下辖一州八县：睢
州（今睢县），商丘、宁陵（今宁陵）、鹿邑（今鹿邑）、夏邑（今夏邑）、
永城（今永城）、虞城（今虞城利民镇）、柘城（今柘城），共七县，考城
县在乾隆年间属卫辉府，但在光绪元年还属归德府。陈州府：府治淮宁
（今淮阳），下辖七县：淮宁、商水（今商水）、西华（今西华）、项城（今
项城老城镇乡）、沈丘（今沈丘城关镇）、太康（今太康）、扶沟（今扶
沟）。① 江苏省所领的徐州府的徐州、淮安等城市，无不受到黄河的影响。
黄河的平稳流畅，给下游城市带来发展商机，黄河发生水患则给下游城市
带来了灾难性的毁灭，城市生活每况愈下。

　　明清时期，商业发达的一级城市主要有开封、徐州、聊城；还有二
级发达的城市，主要有宿迁、泗州、虞城等；还有一些黄河沿岸发达的
城镇，主要有朱仙镇、飞舞渡、清华镇、张秋镇等。明清时期，开封商
业繁荣恰恰说明了城市生活的丰富多彩。许檀先生在《明清时期的开封
商业》② 一文中详细论证了开封商业的发达。清朝初年《如梦录》③ 一书
详细介绍了开封商业的兴盛。据顺治《祥符县志》记载：开封城周有二
十里，"为街者六十有九，为巷者五十有六，而胡同则四十有二"，共计
街巷、胡同一百六十余条。④ 在开封城内还有一座城中之城，即周王府。
周王府在开封城北部，周九里，约占开封全城面积的五分之一；该"城
设有午门、东华门、西华门、后宰门四门；城墙之外街宽五尺，才允许
百姓居住"。⑤ 周王子孙不断繁衍，到嘉靖时，已是"郡王三十九，将军
至五百余，中尉、仪宾不可胜计"。⑥ 万历年间的记载称：河南"诸藩惟

---

① 苏全有、李长印、王守谦：《近代河南经济史》上，河南大学出版社 2012 年版，第 18 页。
② 许檀：《明清时期的开封商业》，《中国史研究》2006 年第 1 期。
③ 《如梦录》，中州古籍出版社 1984 年版。
④ 顺治《祥符县志》卷二《街巷》。
⑤ 孔宪易校：《如梦录》"周藩纪第三"，中州古籍出版社 1984 年版。
⑥ （清）谈迁：《国榷》卷六三，中国古籍出版社 1958 年版，第 3983 页。

周府最称繁衍，郡王至四十八位，宗室几五千人"。① 故开封城内王府林立，除周王府外，还有曲靖王府、华亭王府、原武王府、瑞金王府、镇平王府、封丘王府、奉新王府、临汝王府、郡陵王府、安吉王府、堵阳王府、汝宁王府、鲁阳王府、颍川王府、应城王府、沈丘王府、汝阳王府、柘城王府、义宁王府、莱阳王府、鄢陵王府、上雒王府、顺发王府、内乡王府。此外，还有贾仪宾府、段仪宾府、阎仪宾府等。这些王府宅第"金钉朱户，四门皆有伴当看守"。② 在这繁华的城市里，各行各业发展精彩纷呈。

饮食行业的发展。饮食行业包括各种酒楼、酒铺、饭店、茶楼、茶馆。城市是达官贵人聚集的地方。为了适应不同层次的消费，城市中出现了各种饭馆酒楼。鼓楼、大隅首一带多高档酒楼饭店，"各样美酒、各色美味佳肴，高朋满座，又有清唱妓女伺候"，以满足达官显贵及富商大贾的消费需求。其他各街酒店饭馆则面向更加广大的消费群体，或以特色风味，或以大众饮食为主。如按察司署西有"羊肉面店，日宰羊数只，面如银丝，扁食夺魁，各府驰名"；钟楼往南有"大馆卖猪肉汤、蒜面、肉内寻面诸食美味，阖郡驰名"；封邱府角"酒饭各样生意，排门皆是"；长史司署以南、大隅首至县角，各类饭店、酒肆、切面、素面、皮酢、烧黄二酒、火烧、烧饼、饮食粗馔等铺连绵不断。至于推车、摆摊出售各种风味食品，如羊肉车、牛驴肉车，油糕、煎饼、扁食、粽子、油粉等，则更多地适应了下层百姓的消费。③ 不少酒店是连带住宿的，如大山货店街往南有"专住妓女、过客酒店"；甬南新店"俱住货客、妓女，尤多饭店、酒店等铺"。大相国寺后院有僧舍二三百家，专门接待"过往官员及大商、茶店、清客等众"下榻，并"摆酒接妓，歌舞追欢"。④ 城外西关、南关的饭店、酒馆、旅店、过客店"排门挨户，生意不亚城内"。城关的饮食服务业主要接待往来贸易的各地客商，故餐饮、住宿、娱乐乃至运输、中介等项服务更为集中。如西关之马市街，有"骡马大店，顾写脚力，此处是八省通衢之地，故大店有三五十座，内住妓女无数，两边生意挨门逐户"。⑤

---

① 王士性：《广志绎》卷三《江北四省》，中华书局1997年版，第37页。
② 孔宪易校：《如梦录》"街市纪第六"，中州古籍出版社1984年版。
③ 同上。
④ 同上。
⑤ 孔宪局枝：《如梦录》"关厢纪第七"，中州古籍出版社1984年版。

服务行业部门齐全，包括修路、筋桶、掌鞋、刷腰带、修幞头帽子、仆角冠等；还有专门为人家打水、砍柴、换扇子柄、供香饼子、帮人杀鸡宰鹅的人，到了夏天，则有帮人家洗毡、淘井、苫房的各种帮工。为了保证王府的正常生活，于是在开封形成了专门为王府服务的商业部门。明代开封是河南省会、开封府治所在，以祥符县为附郭，省、府、县三级官署衙门聚集一地。"各官衙署，俱在周府西南。"除上述王室贵族和在职官吏之外，还有一批退休官宦、乡绅寓居开封。如开国元勋徐达后裔的徐府、张尚书宅、杨总督宅、王兵马宅，以及高乡宦、张乡宦、刘乡宦、李乡宦、陈乡宦宅等。故《如梦录》有言："大街小巷，王府、乡绅牌坊鱼鳞相次，满城街巷不可计数，势若两京。"① 还有省府县三级官署衙门的文武官员，以及隶属书吏、人役为数众多，是构成开封城市人口的又一组成部分。这样就使明代开封的人口结构形成其独特的经济特点，即该城商业、手工业中很大部分是为以周王府为中心的诸多王公贵族服务的。② 如开封城内有倾销银铺十余家，又有"大倾销处，专做上纳元宝、大小成锭"，这与王府禄银直接有关，周府每年夏秋两季就有二十多万两的禄银需要换兑。再如，城中有官营作坊专做各样巾帽，"结帽匠俱是工正所人，专结牛马尾各样巾帽，周府时常发出破网巾一二十顶洗补，上定圈及羊脂玉、碧玉玛瑙、紫金等圈"；伞铺制造的销金曲柄伞、黄青蓝捉影雨缉闹龙伞等，是为亲王、郡王等出门仪仗之用；"响糖铺，做造十连、五连、三合桌各样糖果"，也是为供应"王府征纳"的。③ 又有扎彩匠做显道神，"五尺高、六尺围圆，王府出殡皆用此物"；④ 南薰门外有周王碗店，备有禹州神垕所产瓷器碗盏，"周王按节迎节，在此洽酒、更衣，即为行宫"。⑤ 为文武百官所需服务的商铺鳞次栉比，如纱帽铺"专做王侯、大小文武官员冠巾，金、玉、犀角、玛瑙、乌角等带，并女冠等类"；有"官帽铺、制官帽、幞头之类"；有"绦儿匠制造印绶、儒绦、钩穗、裙绦、结挂"；又有"帽巾铺二三十家，定做百样巾帽"；

---

① 孔宪易校：《如梦录》"街市纪第六"，中州古籍出版社 1984 年版。
② 傅衣凌：《明清社会经济变迁论》，人民出版社 1989 年版，第 152—159 页；《明代历史上的山东与河南》，《社会科学战线》1984 年第 3 期；韩大成：《明代城市研究》，中国人民大学出版社 1991 年版，第 66—72 页。
③ 傅衣凌：《明清社会经济变迁论》，人民出版社 1989 年版，第 156—157 页。
④ 孔宪易校：《如梦录》"街市纪第六"，中州古籍出版社 1984 年版。
⑤ 孔宪易校：《如梦录》"关厢纪第七"，中州古籍出版社 1984 年版。

皂靴铺，"定做选材通衬文武官样，四缝掐金男女朝靴"。① 开封为中原文化圣地，是文人雅士汇聚之所。而作为省城、府治所在，每年前来应考的举子人数众多，故经营文化用品的商铺为数不少。开封城内至少有纸店八家、柬帖铺三家、笔铺数家，以及书铺、画铺、刻字、造玉牒册、揭裱书画、翻刻经书、手卷店、轴丈铺、古董铺等；纸店又有红纸、京文纸、古连纸之分。② 所谓"柬帖"乃是王公贵族、官宦大员、文人墨客之间礼尚往来之必需，至于"玉牒册"，显然是专为王府需要服务的。

专营妇女用品的商铺也很多。如大隅首一带多卖绸缎、头帕、汗巾、伞扇、胭脂、针、粉、丝带、帐子、围裙等店铺；城隍庙前街有"打银铺二三十家，卖宝器、珍珠、翠花铺"；杨家胡同口有"静一"打银铺，"专一打龙凤花草、山水人物，瓮嵌累丝、干帖真金、管化十成"；都司署以西有三条巷子，每巷有梳子店二三十家，"俱卖四川黄杨、福建荔枝松根净齿精致梳枇"；少司马"恩荣三世"牌坊下卖胭脂、宫粉、香袋；钟楼下有各种香铺，卖合香、攒香、俺答香等。再如临清头帕店、银花青丝汗巾、潞绸店等都是专供贵族妇女享用的高档消费品。③ 开封城内商业最繁华的地区主要集中在大小山货街、钟楼、鼓楼、大隅首等处，这里聚集了一批较大的店铺和字号。如大山货店街，北有倾销银铺、打金店、正升字号店、大杂货铺，东至大店街角；往西路南有杂货店，如松字号店，均卖杂货、扇子；北面一带"俱是楼房，有百余间"。小山货店街，北头俱是字号店，有红纸店、京文纸店、倾销银铺、合森字号、生熟药材铺等；路东有老庄家茶叶店、各品芽茶，往南俱是药铺、扇儿铺；路西有张时天店、古连纸铺，又有倾番丝银铺、南北香料、药材店、羊皮、瓷器店；往南有打金店、皮金铺、生熟药铺，直至南口。钟楼附近俱是京货，又有灌香刷牙抿子、耳勺、帽靴、皮箱、描金卷胎漆盒等货；有绦儿匠，制造绶带、儒绦、钩穗、裙绦、结挂等；路南，卖头帕、雨伞、连笼、桌围等物，有帽巾铺二三十家，定做百样巾帽；又有香铺，售卖合香、攒香、俺答香及香袋等。鼓楼南出售皮匣大箱、冠带帽盒、文具簪匣、七寸枕箱等货，"皆是重铜饰件"；鼓楼西有轴丈、毡货、缎

----

① 孔宪易校：《如梦录》"街市纪第六"，中州古籍出版社 1984 年版。
② 同上。
③ 同上。

店、广福店、糖店、六安芽茶、余芳缎店、南酒店等各色店铺，直抵大隅首。大隅首大街，往南有药铺、羊油、蜡烛、成衣、染坊、茜红毡店、纸店等铺，至总圣庵；复回向东，有高烧酒、临清首帕、汗巾、雨伞、葛巾、针粉胭脂、梭布店，再往东有绒线铺、临清头帕店、银花青丝汗巾、帐子、围裙、余深缎店、潞绸店、关家倾销铺、陈汉章南鞋店、青铜镜铺、花束贴、纸张等铺，直至大隅首。其他如旋匠胡同、布政司署、按察司署、开封府角、县角、李琏胡同、察院东街、都司署、州桥等处，店铺也很繁盛。① 店铺买卖兴隆，反映了城市生活丰富多彩。

庙会市场热闹非凡。除商业店铺之外，开封庙会市场也十分繁荣，反映了平民百姓生活景象。如东岳庙，"每年三月二十八日圣诞之辰，五日前会起，进香、做醮，拥塞满门。所卖各样货物遍地皆是，棚搭满院，酒饭耍货，诸般都备"。② 尤以城隍庙会所售商品最多。傅衣凌先生曾依据《如梦录》，将城隍庙会贸易商货列表：开封城内汇聚有全国各地的商货，如山西潞绸、临清头帕、吉阳夏布、六安芽茶、四川黄杨木梳等，以及"京、杭、青、扬等处运来粗细暑扇、僧帽、头篦、葛巾、白蜡等货"。鼓楼南之马道街汇聚有皮箱、帽盒、文具簪匣、枕箱等各种箱匣，以及抿子、舌刮、眉掠等货，"京城、临清、南京、泰安、济宁、兖州各处客来贩卖"，"每日拥塞不断"。③ 这些商货除供本城消费之外，也有一部分销往各地。开封城外，东关"陆路通南京、浙江、山东"；南关"路通川广云贵诸省，贸易甚众"；西关大梁门外，"路通京师、山陕，使客都会，车马驰集，店房烟凑"；北关安远门外，"路渡黄河，通临清入京师之东路"。④ 尤以西关外之马市街商贾往来最盛，"早晨牛驴上市，午间骡马上市，有过客买卖；骡马大店，顾写脚力，此处是八省通衢之地，故大店有三五十座"。⑤ 这些购买骡马或雇写脚力者，主要是从开封贩货运销外地的商人。徐州的城隍庙也异常热闹。据《续道藏》载，城隍是"剪恶除凶，护国保邦"之神，"旱时降雨，涝时放晴，以保谷丰民足"，并称其能应人所请，所以，历代被称为"为民父母"的清官，往往被誉

---

① 孔宪易校：《如梦录》"街市纪第六"，中州古籍出版社 1984 年版。
② 同上。
③ 同上。
④ 顺治《祥符县志》卷一《关梁》记明代事。
⑤ 孔宪易校：《如梦录》"关厢纪第七"，中州古籍出版社 1984 年版。

为"城隍",借以屏障乡里。① 每年正月初六开始逢城隍庙会,直至正月十五方止,其热闹景象十分可观。从正月初五二更始,道士开始击法器诵经,初六一早城隍启印视事,进香者纷至沓来。上午八九点钟,城隍庙街人越来越多,午后人流达到高潮,直至晚间还是摩肩接踵,途为之塞。庙院内灯烛辉煌,烟雾弥漫,人山人海;城内各街有高跷、旱船、大头、狮子、烧包会(一人顶头巾扮妇人状,抱小孩,倒骑驴;后跟一赶脚人,反穿羊皮袄,戴草帽,打诨逗笑;一童扎冲天杵小辫,牵驴在人丛中前导,有时三人同唱小曲)不一而足。逢会期间,每天都有四乡八集和外县赶来的善男信女,成群结队去城隍庙进香。两厢看热闹的男女老少熙熙攘攘,这时从南大门(现在的彭城路)、道衙门街(文亭街)到察院街(大同街)都是人满为患。街上各商店生意兴旺。

与百姓生活密切相关的柴草、煤、木炭、蔬菜等,多来自周边各县,每日从城关各门进入。如西关大梁门外,"五更时鲜菜成堆,拥挤不动,俱是贩者来买,灯下交易;城门开时,塞门而进,分街货卖"。② 开封还有一大批走街串巷的商贩,如摇拨浪鼓卖白布、绵绸、山茧、女红用品的货郎;洗镜、绱鞋、磨刀剪、补锅镪碗、定秤张罗、劈柴铡草、栓扎鞍架、扯络鞭子的各色匠人。又有卖茯苓糕、炒栗子、蜜果、瓜子、咸豆、烧鸡、鸽雏、猪头肉、牛羊驴肉,各色果品瓜瓠者,或设摊街头巷尾,或推车挑担走街串巷叫卖。至于四时节令商品,如上元时节,卖花灯、元宵;端午节,卖粽子、油馓、百锁、排线、朱砂、雄黄、艾虎、菖蒲;五六月,卖凉席、蒲席、暑扇、葛巾、西瓜、甜瓜、莲藕;中元节卖烧纸、金银;中秋节,卖石榴、毛栗、梨、桃各样鲜果及祭品等物;九月重阳节,卖菊花糕,十月售寒衣;腊月请灶神、门神、对子,卖蜡签蜡台、香炉、油烛、青松、石竹、各品干果、茶食盘馓、棉布手巾、棉线带子、剪裁零碎、绫罗缎绢、通草花儿、五彩绒花等各色年货。③

从《如梦录》中可以看出,明代时期,在没有意外和自然灾害影响的情况下,开封城市商业贸易繁荣,社会生活丰富多彩。城内店铺"彩

---

① 孙厚兴、吴敢主编,于道钦等撰稿:《徐州文化博览》,文化艺术出版社 2003 年版,第248 页。
② 孔宪易校:《如梦录》"关厢纪第七",中州古籍出版社 1984 年版。
③ 孔宪易校:《如梦录》"小市纪第八",中州古籍出版社 1984 年版。

楼相对,绣旆相招,掩翳天日",“每一交易,动即千万"。① 不管是达官贵人,还是平民百姓所需要的生活必需品一应俱全。在鳞次栉比的商铺里,既有为文武官员服务的物品,也有文人雅士所需的笔墨纸砚,还有专营妇女用品的商铺,甚至城市百姓的生活用品像瓜果蔬菜、节日祭祀用品、佳节年货,样样俱全。开封城内汇聚有全国各地的商货,“京城、临清、南京、泰安、济宁、兖州各处客来贩卖",也有从开封贩货运销外地的商人,贸易繁忙,“每日拥塞不断"。

崇祯十五年,李自成围攻开封,统治者掘开黄河大堤,汹涌的河水吞没开封城,“百万生灵,尽付东流一道,举目汪洋,抬头触浪"。② 水退以后,开封城可谓苇蒿遍地,狐兔出没,满目荒废,全城仅文庙、大相国寺等少数建筑有屋檐、屋脊露于地面,然其高者仅及胸,昔日之繁华荡然无存。商业贸易也随之衰退。商业贸易一旦萧条退化,城市也随之出现衰退,城市生活受到严重影响。水灾给开封城带来了巨大的民生变化,这些变化多表现出被动性、沉重性和多面性的特点,日常营生、饮食起居、出游赏玩等琐细之民生内容无不与水灾休戚相关。③

第一,城市行业发生变化,出现了贩盐以营生。由于多次河决进入开封城,大量泥沙沉淀,致使开封城内出现了大面积的盐碱化,甚至水井之水也多苦咸,这虽在一定程度上妨碍了城内居民的日常生活,但却推动了开封盐业的发展。明代时期,居民已经开始烧制盐碱,北门大街及西华门附近多有盐池。④ 清代时期,仍有不少居民从事盐业。⑤ 产盐点除龙亭西北一带⑥外,城中四周几乎均有。当时,有八百多个盐户,每年生产六万石食盐,不但可以供应城内的消费,还外销外地。⑦

第二,鱼蟹与水产品减少。据清人查慎行记载,开封城内因为水环境的恶化,鱼蟹等水产品尤难获取。他说:“汴城无水,味蟹尤难致,一枚例索钱五十丈。"并赋诗云:“买蟹宵来倒客囊,一灯相对话苍凉。旧

---

① 孟元老:《东京梦华录》,商务印书馆民国十一年版。
② (明)白愚:《汴围湿襟录》“全河入汴"。
③ 田冰、吴小伦:《水环境变迁与黄淮平原城市经济的兴衰》,《中州学刊》2014年第2期。
④ 孔宪易校:《如梦录·街市纪》,中州古籍出版社1984年版,第44页。
⑤ 李长傅:《开封历史地理》,商务印书馆1958年版,第39页。
⑥ 孔宪易校:《如梦录·街市纪》,中州古籍出版社1984年版,第70页。
⑦ 李长傅:《开封历史地理》,商务印书馆1958年版,第44页。

京风物吾犹记，宋嫂鱼羹薛嫂羊。"① 而且，他在开封城内也没有食及鱼，至宿州固镇始"盘餐得此"，喜不胜收。② 令人可惜的是，在距离开封城较近的陈留是产鱼的。"到来风日无冰雪，赢得长堤千丈尘。却喜河鲂鲜彻骨，朝朝先饱把杆人。"③ 既然开封城缺水产品，拿去贩卖岂非一大商机？同时，清人舒位诗云："水响一舟虚，春风吹鲤鱼。驱车上土堰，破浪出河渠。帆影斜阳外，沙声落雁初。祥符城郭近，方便几行书。"④ 清人屈大均亦云："大河流水何汤汤，中有鲤鱼三尺长。……兄谓食鱼必河鲤，出水鲜鳞宁有此。"⑤ 诗中之鲤鱼恰是开封特产。据《光绪祥符县志》记载，由于依河而城，鲤、鲂成为祥符县的物产之一，"祥邑滨河，二味鲜腴"。⑥ 不过，查慎行的遭遇还是说明了一个问题，即开封城水环境的恶化导致城区水产品种类的渐少，居民饮食难免受到影响。查慎行主要生活在康熙年间，开封城正处于明末河决后的恢复期，所以，水产品种类的不全是很有可能的，若再适逢鱼商无存货，有此遭际就在所难免了。到了乾嘉时代，这一状况已有所改变。至晚清时期，城中喜庆事皆用鸡鱼肉，并形成了社会风俗。⑦

第三，灾后生活的艰辛。水灾过后，百物冲毁无遗，生活多难以为继。比如清初，开封城仍然处于明末河决的阴霾中，各项建设事业还未得到及时开展。如时人梅清诗云："赤狐侧耳黄狐走，行人踽踽临衰柳。……君不见土人穿沙临夜入，共持碧血出蒿莱。"⑧ 狐类横行，柳树枯萎，沙砾处处，荆棘丛生，萧索不堪，民生之艰辛是不难想见的。同期人彭而述亦云："此番马首入东京，黄狐赤狸寒满城。果见金仙刚露顶，向来人在地中行。几家沽屠土锉门，褴褛衣裳半裹身。"⑨ 举目所望，狐狸横行，楼宇被淹，零星商户以土制铺，惨淡经营，身着旧衣，半裹其身，生活艰窘。这一状况一直持续到康熙年间才逐渐好转。考虑到水

---

① 查慎行：《敬业堂诗集》卷二十《文渊阁四库全书》第1326册，第271页。
② 同上书，第274页。
③ 叶燮：《己畦诗集》卷八《四库全书存目丛书·集部》第244册，第353页。
④ 舒位：《瓶水斋诗集》卷六《续修四库全书》第1486册，第595页。
⑤ 屈大均：《广东文选》卷三十《四库禁毁书丛刊·集部》第137册，第171页。
⑥ 光绪《祥符县志》卷五，光绪二十四年刻本，第17页。
⑦ 常茂徕：《石田野语》卷二，民国二十二年商丘井氏刻本，第23页。
⑧ 梅清：《瞿山诗略》卷七《四库全书存目丛书·集部》第222册，第283页。
⑨ 彭而述：《读史亭诗集》卷九《四库全书存目丛书·集部》第200册，第648页。

灾灾情的相似性，其他河决入城后，民生之概况也当如此。

第四，生活用水的艰难。历史时期，开封城内民生用水的来源主要有两途：一是流经城区的河道，如宋代的金水河、汴河、蔡河、五丈河等。其中，金水河由于水质清澈，又被引入皇宫，以满足宫中所需。汴水除漕运外，也是城内居民的用水来源，明人杨涟所言之"实嵩山、汴水之灵为此士民邀有福星耳"①，即当将汴河对民生用水的重要性含于其中。二是城内外的湖、池、井、泉、渠等，均可作为城中居民的用水来源。然至明清之际，开封城区已是"雁渚凫洲竟安在"②，一度遍布的水体相继埋塞无存，用水难也难免成为重要的民生问题。

第五，社会习俗发生变化。如七月中元节，"梵经称谓盂兰会，有道禅僧高登法座，施放瑜伽，焰口翻捧，诵经演呪（呪字老写），鬼不馁，而昔有浮纸灯于河"，这是开封城内的习俗，但"自汴、蔡河塞，而此风微矣"。③ 又如玉津园，这是宋代著名的园林，官民均可分时段游玩。苏轼曾来此游赏，并赋诗以志。④ 到了明清时期，玉津园湮废，来此游赏的行为不复存在，"翻恨金明池久涸，探春不到玉津园"。⑤ 另外，宋人在重阳之日常去的宴聚之处还有四里桥、毛驼冈、独乐冈等⑥，以及金梁晓月、百冈冬雪、汴水秋声、隋堤烟柳、金池夜雨、州桥明月等八景，大多因黄河决溢而或湮或废，进而减少了开封城区居民出行或游赏的选择空间。

清代的开封是在一片废墟上重建的。顺治《祥符县志》记载：明代开封之"坊街市巷，民居星罗……自壬午河决沦陷，旧所有者百不存一，迄来官署民廛轫构未半"。⑦ 康熙元年，巡抚张自德重修开封府城；二十七年，增修城楼角楼。清代开封城的修建仍依明代旧制，城二十里，但由于积水在城中形成多处水坑，像淹没了周王府的龙亭坑，还有徐府坑、包府坑、马府坑等，清代开封城的实际面积比明代小了许多。

清代的开封仍是省、府、县三级衙署设置地，文武官员及各类学子

---

① 杨涟：《杨忠烈公文集》卷五《四库禁毁书丛刊·集部》第 13 册，第 179 页。

② 薛蕙：《考功集》卷四《文渊阁四库全书》第 1272 册，第 50 页。

③ 光绪《祥符县志》卷五，光绪二十四年刻本，第 15 页。

④ 李濂：《汴京遗迹志》，中华书局 1999 年版，第 453 页。

⑤ 张九钺：《紫岘山人诗集》，《续修四库全书》第 1444 册，第 120 页。

⑥ 孟元老：《东京梦华录》，中华书局 1982 年版，第 216 页。

⑦ 顺治《祥符县志》卷二《街巷》记明代事。

仍保持相当数量，但城市人口中已经没有昔日数量庞大的王公贵族。人口结构的这一变化，反映在商业结构上就是奢侈品比重的下降，民生日用品所占比重的上升。

首先，粮食成为最重要的商品之一。清代城市居民乃至文武官员所需粮食主要来自市场，这就促进了粮食贸易的发展。《祥符县志》"市集"条记载，该城主要的粮食市场有四："曰西门杂粮市，曰南门杂粮市，曰曹门杂粮市，曰北门杂粮市"；"居货"条下另外记有："市籴谷米曰坊子，旧在宋、曹二门、州桥及京山府前、柘城府前，今在东西南北四门及县前街。"① 清代开封城市粮食供应除来自河南本省各州县之外，大宗粮食的水运线路有二：其一，山东、直隶粮食由运河抵临清，转卫河"达于彰（德）、卫（辉）二府之楚王、道口等处"，然后转运开封；其二，从南方北上的粮食由"淮河之正阳关以达于陈州府之周家口"，转贾鲁河北上抵朱仙镇，再陆运开封。每遇开封一带缺粮，清廷往往下令正阳、临清两关减免粮食税，鼓励"商贾装载米麦粮食等项，贩至豫省粜卖"。② 从山东、直隶而来者以小麦、杂粮为主，从南方北上者则以大米为主。开封城南的朱仙镇汇集有大批米商，凡遇开封城内缺粮，除商人贩运之外，政府也多派人赴朱仙镇运米以救饥。③ 故朱仙镇米商在开封粮食业中占有重要地位。水路的畅通也是保证开封城粮食供应的主要渠道。开封从朱仙镇输入的商品远不止粮食一项。除粮食之外，杂货、缨帽等商品主要是供应开封的，开封城内销售的烟草、茶叶等商品也是由朱仙镇输入的。

其次，清代"居货"之商发生变化。据乾隆《祥符县志》载：如"布帛店旧在西大街、钟楼东、鼓楼北及大隅首东西街，今多在布政司街；巾帕店，旧在钟楼东，今多在老府门西"；"纸店，旧在山货店（街），今多在土街"；"茶肆旧在茶食王角，今多在各官廨前及街巷口"等。④ 该志刊于乾隆四年，所谓"旧"当是指明代，所谓"今"应是指修志之时，即清代前期。光绪《祥符县志》所记"居货"之商的分布，与乾隆志相比略有变化，并增加了油店、果子、海味、洋布洋货等店铺。

---

① 乾隆《祥符县志》卷六《建置志》；光绪《祥符县志》卷九《建置志》。
② 河南巡抚尹会一：《尹少宰奏议》卷七《河南疏六》。
③ 常茂徕：《汴梁水灾纪略》，河南大学藏抄本。
④ 乾隆《祥符县志》卷六《建置志》。

其中，洋布洋货是清中叶以后输入的新商品；油店、果子店、海味店实际在明代即有。从店铺的布局和数量来看，清代的粮店和布帛店明显比明代要多，专为王公贵族消费的高档商品大大减少，为普通百姓消费的民生日用品成为开封商业的主体。从商业分布来看，明代集中在繁华商业区——大小山货店街、钟楼、鼓楼、大隅首、城隍庙街的店铺，清代逐渐散布于城内各街。商业布局的分散化来，从另一个侧面反映出开封商业的主要功能已从满足王公贵族、外来客商的需要为主，向满足一般居民日常消费为主转化。这些都说明清代时期城市居民生活要比明代更加丰富多样。

清代商业会馆的增多，促进了商品贸易的发展。清代中叶，开封商业会馆的明显增多正是商业发展的证明。光绪《祥符县志》卷一《实测县城图》中标有十几座会馆的位置，计有：浙江会馆、山西会馆、江苏会馆、安徽会馆、江西会馆、两广会馆、两湖会馆、山东会馆、八旗会馆（又名直奉会馆、冀宁会馆），以及天后宫（福建会馆）、覃怀祠（怀庆会馆）等，都属地域会馆；炉食会馆、盐梅会馆则为专业会馆。[1] 其中，浙江会馆始建于康熙中，可能是创建最早的一个。山西会馆，即今之山陕甘会馆，始建于乾隆中叶，道光、同治年间重修。安徽会馆、江苏会馆、两广会馆、八旗会馆等均建于道光年间；两湖会馆建于咸丰七年；覃怀祠为嘉庆中河南本省怀庆府属八县商人集资筹建，光绪、民国年间增修扩建。清末、民国年间，开封又陆续兴建了更多的会馆。[2] 在上述众多商人会馆中，至今仍保存完好的只有山陕甘会馆。该会馆坐落于开封市中心的徐府街，馆址即明代开国元勋徐达裔孙奉敕修建的徐府旧址。据嘉庆十七年《山陕会馆晋蒲双厘头碑记》记载，该会馆始建于乾隆中叶，为山西、陕西两省商人所共建。道光十八年《山陕重修牌坊碑记》记载：会馆"拜殿前置有牌坊一座，创于道光五年。迄今……柱头旋侧，难经风雨之飘摇。爰邀首事，速议重修……共成集腋之裘。费约千缗，咸乐解囊之助。夏日督工，秋风告竣"。该碑分别开列了各行商号的捐资数额，合计捐钱1027千文。根据碑刻记载，参与捐资重修山陕会馆的开封商号有：典当业、金典、钱店、烟店、铁货店、米铺、酒行、

---

① 光绪《祥符县志》卷一《舆图志》。
② 王兴亚：《明清河南集市庙会会馆》，中州古籍出版社1998年版，第206—207页。

油行、皮袄行、布行、汴绫行、成衣铺、蜡行等。① 从这些捐资商行中可以看出，山陕商人在开封经营的主要有金融、粮食、烟草、皮货以及酒、油等业。杂货是山陕商人经营的重要商品。所谓杂货，主要包括绸缎布匹、纸张、瓷器、茶、糖等。这些都是城市居民的生活必需品。彰德府武安县商人在开封经营绸布业者为数不少，其绸缎多贩自苏州。《武安县志》记载："山绸一名取丝绸，多在开封营业。鲁山、密县之取丝绸，南阳、镇平之八丝绸，俱派专人采办，运汴销售。"清末该县商人在开封设有德庆恒、德庆成、德庆丰、德茂恒四大商号；在众多商号中，"绸布以开封贾三合"历史最久，并在郑州、卫辉均设有分号。② 清末，武安商人在开封也兴建了自己的会馆。③ 至同、光年间非常兴盛的恒隆麻店，为通许县前傅村夏公创建，夏公于道光末年来汴经商，"南采六安、固始之货，北给豫晋直鲁之用，以汴垣为屯售中枢"，渐"崭露头角"。夏公经商重信誉，故"南人极信仰之，周口、黄埠、叶集等处各商家之富有麻货者，其他沽客虽出善价不肯售，曰吾俟我夏公也"。在开封数十家麻业店铺中，"曹门大街恒隆号门面特宏敞，货品特丰裕，沽客特拥挤"，有开封"麻商巨擘"之誉，成为开封麻业之冠。④ 总之，清代时期，随着开封城王公贵族人员的减少，奢侈品、特殊商品的贸易大大降低，而开封城市人口的消费档次明显下降，商业构成中民生日用品比重上升，证明清代开封商业主要是为本城居民服务的。

开封发达的航运网，为开封的经济繁荣和文化交流以及城市生活创造了极为有利的前提条件。然而，元、明、清三代王朝，相继定都北京。全国政治中心移出黄河流域，南粮北运也很少绕经中原，加上黄河决溢频繁，河南航运随之由盛转衰，开封失去了作为全国航运网的枢纽地位。而作为开封的外港朱仙镇，也随着黄河水患的破坏和河道的淤塞，使开封与朱仙镇的联系通道受阻，当贾鲁河逐渐失去航运的功能时，朱仙镇随之衰落。到清中叶以后，黄河决溢导致的贾鲁河淤塞问题十分突出，对航运造成了很大的困难。特别是道光二十三年，黄河在中牟决口，贾

---

① 许檀：《明清时期开封的商业》，《中国史研究》2006 年第 1 期。
② 民国《武安县志》卷十《实业志》。
③ 王兴亚：《明清河南集市庙会会馆》，第 201 页。
④ 民国《通许县志》卷十四《艺文志》。

鲁河"河身淤成平陆,河身以上又淤高丈许,朱仙镇民房冲去大半"。[①]贾鲁河从此舟楫不通。此后,贾鲁河上游樯桅林立,朱仙镇货堆如山的景况不再复现。朱仙镇原有的"地利"逐渐丧失,城市与外界的联系受阻,经济发展陷入困境。至咸丰、同治年间,朱仙镇的人口锐减,只剩下一千二百户,大约五六万人;到了光绪三十二年(1906),全镇只有三千余户,一万五千余人。至20世纪初,朱仙镇沦落为一个极为残破的集镇,不仅商业急剧萎缩,商人四散,昔日的市镇也因洪水、风沙的破坏而成断垣残壁。镇中也仅剩下西大街、估衣街、京货街、河东街,其余则为荒原耕地,或为盐碱沙卤之区,景象惨不忍睹。[②]

贾鲁河的淤塞,直接导致了朱仙镇的衰落,同时也使开封中断了与其外港的联系,其城市受到沉重打击。由于贾鲁河自中牟南行经朱仙镇南达于淮,而中牟至开封之间淤塞河道没有疏浚,使开封城失却漕运之利,城内进出货物,只有靠朱仙镇最为外港装卸发运。在清朝前期,朝廷还非常重视贾鲁河的治理,五十余年疏浚了十次,贾鲁河成为连接西北和东南的重要水道,对开封城市的经济贸易恢复发展起到了重要作用。"贾鲁河系商贾舟楫往来运济粮食之地","江南商货皆由此通汴,每岁往江淮之粟借以转输,百姓赖之"。[③] 当时开封城市的水上商路,几乎均是通过此河与外界进行商贸交流的,其路线主要有四条:第一条从开封府向东,经王家楼、草店、唐家湾、植胜马头、八里湾、单县河口、旧丰县、黄河,进溜沟,过铜山至徐州[④];第二条从开封府向东南,经朱仙镇、西华县、周家口、颍息坡、富坝口、界沟驿、颍州、颍上县、怀远县、凤阳府、泗州、清江闸至淮安府[⑤];第三条从开封府向东南,经朱仙镇、扶沟县、西华县、周家口、王昌集、界沟、太和旧县、颍上县、寿州河口、荆山、临淮县、五河县、双沟、旧县、泗州、洪泽、清口至清江浦[⑥];第四条从开封府向东南,经朱仙镇、西华县、李方店、周家口、

① 故宫档案:《道光二十三年巡抚奏折》,转引自邓亦兵《清代的朱仙镇和周家口》,《中州学刊》1988年第2期。

② 朱和平:《朱仙镇衰落原因与复兴途径试探》,《许昌师专学报》2000年第1期。

③ 乾隆《陈州府志》卷四。

④ 黄汴:《天下水陆路程》卷五,山西人民出版社1992年版。

⑤ 同上。

⑥ (明)黄汴著,(清)谵漪子辑:《天下路程图引》卷二,山西人民出版社1992年版。

南顿、丁村集、新县、沈丘、龙湾塘、天假集至颍州。① 但是，这些水道都有一个共同的特点，就是靠近黄河，而且深受黄河水的影响。随着黄河水患日益加剧，朱仙镇赖以发展的元素逐步丧失。这颗一度璀璨的明珠也逐渐暗淡下来，沦为一个普通的小镇。雍正元年（1723）夏秋之季，黄河决溢，沿贾鲁河南泛，"朱仙镇河身浅狭，遂致漫溢，镇上房屋多被惨毁"。② 河水过后，泥沙沉积，填塞镇中街巷，淤塞贾鲁河道。乾隆二十六年（1761）七月，黄河复决，"夺溜贾鲁河，朱仙镇再遭水灾"。③ 道光二十一年（1841）以后，贾鲁河严重淤积，舟楫不通，这条商路就完全中断了。道光二十三年（1843），河决中牟，泛及朱仙镇，"迨水退之后，淤沙深七八尺，甚者或至逾丈，商品全被浸没"。④ 此次黄河决溢历时一年多，朱仙镇的商业受到重创，"硕腹巨商无有过而问者矣"。⑤ 光绪十三年（1887），河决郑州，再次历时年余，贾鲁河严重沙淤，难以航行，至光绪二十六年（1900）几乎成为平陆，舟楫通行成为历史。频繁的黄河水患也使贾鲁河附近的较小河道淤塞不通，开封城市的水上商路几乎完全断绝。这就使开封城市的发展失去了最基本的条件和保障，从而导致其经济衰落，商业萧条，城市生活受到极大的影响。由此可见，交通的发达，促进了城市繁荣发展，而与此相反，因为黄河水患的频繁发生，导致开封交通枢纽地位的丧失和商路的改变而日趋衰落。

二 城市社会救济

黄河的安流与泛滥直接影响了黄河中下游地区社会经济的发展和城市的兴衰。从某种程度上说，明清时期，黄河中下游地区的城市发展史就是一部和黄河斗争的历史。随着灾情的发生和灾害所带来的后果，长期以来，频繁的黄河水患，不仅严重危及城内居民的生命财产安全，而且使城市周围的农业生产和外部交通条件遭受巨大的破坏，给城市的经济发展和城市建设带来极为严重的影响。为了减少灾情，保证城市继续发展的社会救济也不得不采取相应的措施。在中国历史发展的过程中，面临灾情，明清两朝主要采取以下两种方法解决这个问题：第一种是消

---

① 黄汴：《天下水陆路程》卷五，山西人民出版社 1992 年版。
② 许檀：《清代河南朱仙镇的商业》，《史学月刊》2005 年第 6 期。
③ 同上。
④ 同上书，第 96 页。
⑤ 龚柴：《河南考略》，小方壶斋舆地丛抄本。

极的临灾治标之策；第二种是积极的灾后补救措施。

关于救灾赈济的思想，在中国古代出现很早，历代诸儒皆有论述。比如宋吕东莱曰："荒政始于黎民阻饥。……凶荒之岁，为符信发粟，赈济而已。"① 宋董煟云："救荒有赈济、赈粜、赈贷三者。名既不相同，用各有体。赈济者，用义仓米施及老、幼、残疾、孤、贫等人，米不足或散钱与之，即用库银籴豆、麦、菽、粟之类，亦可。"② 明朝嘉靖八年，王尚纲上奏救荒八宜。"万历间苏抚周文襄忱言：救荒……有八宜，极贫之民宜赈济；次贫宜赈粜；远地宜赈银。"③ 在临灾治标中，主要包括赈济、调粟、养恤、除害等方法。

明清时期，政府对灾伤救助非常重视，荒政建设取得较大发展，尤其是到了清代，实现了制度化、经常化。④ 清人邵长蘅曾总结说："先事而为之计者，一曰积储，而积储之法有三，曰常平，曰义仓，曰社仓；将事而为之谋者，一曰广籴；既荒而为之救者二，曰赈，曰蠲。"⑤ 魏禧则将荒政总结得更为具体："先事之策八，当事之策二十有八，事后之策三。"⑥ 达到了非常完备的程度。

赈灾之时，政府对荒政执行官员及其选任非常注重。如明弘治年间，河南境内河决为患，为有效救灾，监察御史陈言，"守令之任所系甚大，诚不可非其人也"，因此要"严守令之选以兴民之利"。⑦ 同时也注重基层官员的作用。如雍正皇帝在其即位初年（1723）曾言道，"州县官贤则民先受其利，州县官不肖则民先受其害"⑧；"州县官与民最亲，而知府又与州县官最亲；凡州县兴利除弊之事，皆于知府有专责焉"。⑨

对于城市而言，在备灾方面，主要是置仓积储。清人高尔俨说："今

---

① 邓云特：《中国救荒史》，转引自《文献通考》，生活·读书·新知三联书店出版 1977 年版。
② 邓云特：《中国救荒史》，转引自《康济录》，生活·读书·新知三联书店出版 1977 年版。
③ 同上。
④ 李向军：《清代荒政研究》，中国农业出版社 1995 年版，第 23 页。
⑤ （明）邵长蘅：《青门麓稿》卷十六《四库全书存目丛·集部》第 248 册，第 31 页。
⑥ 魏禧：《魏叔子文集·外集》，中华书局 2003 年版，第 168 页。
⑦ （唐）张旭：《梅岩小稿》卷三十《四库全书存目丛书·集部》第 41 册，第 275 页。
⑧ 《世宗宪皇帝御制文集》卷一《文渊阁四库全书》第 1300 册，第 36 页。
⑨ 同上书，第 34 页。

国家于州县各设预备仓，以为救荒之本，为法甚善。"① 开封即是如此。明洪武初年，环开封城置四大常平仓。万历十四年（1586），开封境内"大浸"，河南巡抚衷贞吉便"因朱仙镇仓基起廒数十楹，出所奏留赈济银六千两，专官于丰成处照时价收籴贮，兹以复常平之旧"。随后，又力排众议，克服集舟车、运输难等问题，"挽汝邓之粟以达汴"，使朱仙镇"仓储谷豆万石有奇，其分贮在城诸仓者数亦称是"。次年秋季，河灌开封，"虽能乘四载，握千金，欲致斗斛之粟以救危城之急而不可得"。衷贞吉取出存放于各仓之粟"以定嗷嗷"，"大收功于会城"②，取得了很好的应灾效果。崇祯十三年（1640），开封出现饥荒，巡抚朱大典查阅仓谷有八十万石，但"皆百十年来所积，陈陈相因者，吏胥为奸，朦借散赈，十仅二三，余尽出陈易新罄卖之"，结果在李自成围城时，"兵民无仰"，出现无粮困境。③ 史载："周王发粟平粜告尽，有司续发仓谷煮赈，奈人众粟少，日不过清粥一瓯。而大户男女皆就食灶前，老弱不能近，践踏死者，日日数百。仅施一月，粮尽民死。"④

清初开封各仓尚未完全重建，时人汪价曾说："今河南省有粒粟贮备乎，且廒仓亦不知其何在矣。"⑤ 虽有些夸大其词，但也说出了此项建设的滞后。至雍正年间，开封府常平仓二十六间，内贮榖仓二十五间，余仓一间。祥符县常平、义、社等仓一百一十九间，内贮榖仓一百一十六间。⑥ 具备了一定规模，为开封城市救灾提供了重要保证。

当然，仓储之建，既可为救灾之备，也可于灾中救急。然而，一旦水灾突发，其影响的全面性，使得仅仅有储粮是远远不够的，其他具体的救灾举措也必须同步实施。就史料记载的资料来看，开封城的水灾救助大体如下：

一是散发粮食。如天顺五年（1461），河决开封，城被冲没，灾民枵

---

① （明）高尔俨：《古处堂集》卷二《四库全书存目丛书·集部》第 199 册，第 649 页。
② （明）张卤：《浒东先生文集》卷六《四库全书存目丛书·集部》第 132 册，第 378—379 页。
③ （明）刘益安：《汴围湿襟录校注》，中州书画社 1982 年版，第 43 页。
④ 同上书，第 42 页。
⑤ （明）汪价：《中州杂俎》卷二《中国风土志丛刊本》。
⑥ 雍正《河南通志》，《文渊阁四库全书》第 536 册，第 469 页。

腹，"移粟以赈其饥"。① 如嘉庆二十四年（1819），河溢太康，泛水漂没民居，监生张德基"施馍万余，亲自乘桴送之，以救困民。水退，又施米面，以济逃水之民"。② 道光二十一年（1841）六月，河决围城，人皆暂居城上，巡抚牛鉴派人"散放馍饼"。③ 后灾民骤增，粮食不敷，牛鉴又委人赴陈州府之周家口、祥符县之朱仙镇及光州分别购运粮食，解决了救灾的关键问题。④ 如康熙六十年（1721）、六十一年（1722），河决阳武，谷价腾涨，居人张韬"施杂粮百余石，以济贫困"。⑤ 乾隆二十六年（1761），河决杨桥，邑人仓士琅"具舟载粟，遍历诸村舍救之，全活甚众"。⑥ 嘉庆二十四年（1819），河决中牟，邑人马鹤富好义，"出谷振贷穷乏者不计"。⑦ 道光二十四年（1844），河决睢州，灾民食物匮乏，监生周培"放米粟百十余石"。光绪二十七年（1901），河决考城，何庄举人何树桢急遣人沿堤查视所有灾民，"每人给一粮条，其能炊者与之薪，否则与之蒸饼三四枚，民赖以活"。⑧ 灾区普通民众中家道殷实者亦踊跃捐献，倾囊相助，以应民需。

二是赈济银两。明末河水淹城，难民北渡，散处封丘、延津、阳武等县，政府发帑金十万赈灾，"男子一两，妇女五钱，计众不满十万，民赖存活"。⑨ 光绪十三年（1887），河决郑州，开封城及其境内受灾，远在天津的李鸿章"竭虑代谋，视同身事"，其中筹款一项，是借拨台湾林维源的五十万捐款。恰在此时，山西也遭受重灾，晋豫两省为此交争。李鸿章以河南奏借在前，划拨山西三万，其余全部转给河南，赢得处事公允之美誉，开封人为此久久感念。⑩

三是拯救生命。如医治灾后疾疫。万历三十一年（1603），开封连雨

① （清）顾炎武：《天下郡国利病书》卷五十，光绪五年蜀南桐花书屋薛氏家熟刻本，第6页。

② （清）戴凤翔等：《太康县志》，道光八年刻本。

③ 李景文、王守忠、李瑞波点校：《汴梁水灾纪略》，河南大学出版社2006年版，第10页。

④ 武同举：《再续行水金鉴》，民国三十一年水利委员会铅印本，第2087页。

⑤ （清）谈諟曾：乾隆《阳武县志》，乾隆十年刻本。

⑥ 肖德馨等：民国《中牟县志》（1968年），成文出版社影印民国二十五年石印本。

⑦ （清）吴若烺：同治《中牟县志》，同治九年刻本。

⑧ 赵华亭等：民国《考城县志》，民国三十年铅印本。

⑨ （明）刘益安：《汴围湿襟录校注》，中州书画社1982年版，第65页。

⑩ （明）吴如纶：《桐城吴先生文集》卷四《续修四库全书》，第1563册，第362页。

数月，次年出现饥荒与疾疫，城内官员"广施医药，病□赖有瘳"。① 又如救助溺水者。崇祯十五年（1642），河决淹城，郭御青"督舟师拯救，多所全活"。② 道光二十一年（1841）六月，河决围城，曹门附近之灾民不能入城，绅士以救一人者送钱一千文为请，立时救出男女二十余口。③

四是修堤筑坝。河患多寡与河工兴废密切相关，而河工之要乃是修堤筑坝。坚实牢固的堤坝不但可以对黄河水患起到良好的防御作用，在黄河决溢后，修堤堵御更成为治患之要、救灾之本。如道光二十一年（1841），河决开封，泛水南入涡河，致使鹿邑境内涡河堤岸岌岌欲溃，监生张辉"出重资雇役修筑，昼夜弗间，四年之间，河再决而并涡，庐舍无漂没之患"。④ 道光年间，中牟县中河五堡修筑堤坝，庠生辛来弼"捐砖十万余，以济要工"。⑤ 灾区人民也争先恐后，与地方士绅一道投身堤工。如乾隆二十六年（1761），河溢杞县，邑人胡骕"捐秸数百，钱三十千，雇夫筑堤捍御"。⑥ 嘉庆二十三年（1818），河决封丘，邑人张思德、张素庄、张思齐等"出资重修圈堤五里，高宽与旧堤等"⑦，以御河决之患。

此外，在清代河南的黄河水患中，各地绅民尽其所能，采取更多灵活的救灾形式，奔赴于每一个需要的角落。如有收恤灾民者，乾隆五十八年（1793），河决兰阳、睢州，村落多漂没，邑人张燕凡遇逃至其门者，"每见收恤"。⑧ 有自觉解除贫人债券者，嘉庆八年（1803），河决杞县，村庐悉荡，十室九空，留石村人杨士潜"阅债薄，视贫无力者，悉焚其券，计七百余金"。⑨ 有上陈官员革除差徭者，嘉庆八年（1803），河决封丘，良田尽变流沙，知县全福呈准豁免受灾差徭，但此后里胥为奸，更以支差病民，相沿已久，邑人齐平与和寨村人李振瀛等查其弊，乃呼吁上宪陈明旧例，"屡诉屡驳，一经五载，案始得结，终将沙地支差永远

① 顺治《祥符县志》卷六，天津图书馆1989年影印顺治十年刻本，第78页。
② （明）薛所蕴：《澹友轩文集》，《四库全书存目丛书·集部》第197册，第162页。
③ 李景文、王守忠、李瑞波点校：《汴梁水灾纪略》，河南大学出版社2006年版，第4页。
④ （清）于沧澜等：光绪《鹿邑县志》，光绪二十二年刻本。
⑤ （清）吴若烺等：同治《中牟县志》，同治九年刻本。
⑥ （清）周玑等：乾隆《杞县志》，乾隆五十三年刻本。
⑦ 姚家望等：民国《封丘县续志》，民国二十六年铅印本。
⑧ 傅钟浚等：《光绪柘城县志》，光绪二十二年刻本。
⑨ （清）刘厚滋等：《道光尉氏县志》，道光十一年刻本。

革除"①，并立碑于和寨村。有积极查赈者，道光二十一年（1841），河决开封，灾民逃避入城，衣食无着，翘首待赈，为避免赈济有所遗漏，城内绅士张光第、常茂徕、周之培、崔家荫等分查各街难民，共查得无赈票者三十九人，"付以手号，令于次日持赴赈厂给票"。② 有代人交赋者，道光二十五年（1845）秋，河溢巩县，田舍悉被水冲，产没赋存，困累邑人，七里铺人白云青"代出资五百千，不责偿"。③ 如此等等，史不乏例。

需要说明的是，由于明清时期的开封城已回归地方性中心城市，且经济文化也处于相对落后的状态，故而有关它的历史记载不及同时期的其他大型城市。因此，以上救灾活动并非明清开封城水灾救助的全部。尽管如此，我们还是可以通过上述的救灾活动中得出一些认识：首先，开封城水灾之救助，是以官方为主导的，甚至牵动了国家的高层官员。其次，地方士绅也参与其中，使救灾人群出现了多元化和基层化的倾向。士绅"在很大程度上配合了政府工作。同时，由于他们较为广泛的社会影响和较高的社会地位，也能在一定程度上带动社会风气的转化"④，从而使更多民众投身救灾活动，配合了官方救灾工作。最后，救灾形式多样化。既有普遍意义的仓储建设，也有临危救难的灵活性举措，且注意到了灾后瘟疫的应对。这些救灾行为虽是水灾后的被迫之举，但也是明清时期城市民生所面对的新内容。

三 城市社会风俗变迁

明清时期，随着黄河水患的频繁发生而引发的城市经济的衰退，社会风俗也受到很大影响，出现了重武轻文、好斗、尚力等不良社会习气，社会秩序混乱，而从导致了社会矛盾的尖锐化，王朝走向灭亡。

城市是生存竞争激烈的地方。当自然灾害频繁发生以后，那些受灾严重的地区出现的大量流民便会携儿带女流向城市。在社会流动中，流民可以去选择职业，但他们的选择往往是不由自主的，而职业选择主体的现象则显得更为普遍。"运气较好的人，当体力强健的时候，可以不断

① 姚家望等：民国《封丘县续志》，民国二十六年铅印本。
② 李景文等点校：《汴梁水灾纪略》，河南大学出版社 2006 年版。
③ 王国璋等：民国《巩县志》，民国二十六年泾川图书馆刻本。
④ 鲁春晓：《新形势下中国非物质文化遗产保护与传承关键性问题研究》，中国社会科学出版社 2017 年版，第 140 页。

地获得这个职业或转到那个职业，报酬也相当公平"；"运气较差的人，身体弱的人，年龄老的人，就碰命运维生"①，他们有的沦为乞丐，有的沦为盗匪，女的堕入风尘者也不在少数。"咸丰初年，河徙漕停，粤氛猖獗，无业游民听其遣散，结党成群，谋生无术，势不得不流而为贼。"②铜瓦厢改道以后，直隶、山东境内黄运两河之间的地区因长年积水不消，形成大面积的沼泽地带，这就是当时人们所说的"水套"，这里长年聚集着一批流民组成的所谓的"水套匪"。③ 黄河水患破坏漕运以后，导致漕运制度的衰落以后，以此为生者，除一部分加入起义行列外，余者聚集到两淮盐场一带，组织青帮，贩私盐，行劫掠，严重影响了社会的安定。

清人石杰在其乾隆本《徐州府志》的《序言》中亦言："其俗好勇尚气，秀杰者多倜傥非常之士，而黠骜者亦剽悍而难驯。"④ 浓厚的尚武风气使水灾过后的徐州地方社会秩序比其他地区更为混乱。清代曾任徐州知府的潘楒在道光本《铜山县志》中总结道："其民之轻犯法，而命盗案之繁且重也。推求其故，盖缘乎民贫地瘠，其民贫地瘠之故缘乎八邑皆滨黄河。河日高而霖涝无宣导之路，民间土田或不能树艺，失其业者久矣。民贫而无家室之累，遂易轻生。"⑤ 清朝光绪初年，徐海一带南下饥民，"其人百十为一起，挨村索食，栉比无遗。"致使所到之处，"鸡犬不宁，无所底止"。⑥ 从这些记载中我们可以看出频繁发生的黄河水灾带来的危害及其对徐州地方社会秩序的严重冲击。"自然和社会生态系统必须在一定的承载阈值范围内才能保持稳态，如果超过阈值，稳态的平衡就将被破坏。"⑦ 如淮北蒙城，"民气强悍，重武轻文，在前清时代百年间无得科第者"。⑧ 这种情况在淮北是极普遍的现象。

河南省的民风也发生很大变化。据民国方志记载："金、元以来，中

① ［英］陶内：《中国之农业与工业》，陶振誉译，正中书局1937年版，第155页。

② 《皇朝经世文续编》卷四十一，丁显：《请复河运刍言》。

③ 参见李文海等《近代中国十大灾荒》第二篇《大河改道》，上海人民出版社1994年版。

④ 赵明奇主编：《新千年整理全本徐州府志》，中华书局2001年版，第10页。

⑤ 汪汉忠：《从水旱灾害对苏北区域社会心理的负面影响看水利的作用》，《江苏水利》2003年第3期。

⑥ 钱程、韩宝平：《徐州历史上黄河水灾特征及其对区域社会发展的影响》，《中国矿业大学学报》（哲学社会科学版）2008年第4期。

⑦ 鲁春晓：《新形势下中国非物质文化遗产保护与传承关键性问题研究》，中国社会科学出版社2017年版，第46页。

⑧ 民国《蒙城县志书》壬编《风土调查》。

原沦陷数百年，文教、美术悉委于荒烟榛莽之墟。流寇教匪，肩背相望，大盗之焰长矣。加以近政局泯棼，战争日烈，连年荒歉，生活维艰，一夫呼啸，如水赴壑，杀人勒赎，习为故常，或受招安，立拥节钺。大河南北，十余年来，猖獗奔突，为害不已者，非独性异人也。利欲诱于前，饥寒迫于后，又无优良之化导以为匪植辅翼之资，何怪其从乱若流也。"此外，由于社会动荡，多年来，"水利不修，河患频仍，旱灾屡至，丰歉不常，生计日啬，贫者不谋朝夕，富者亦鲜巨资，然多安几重迁，纵凶荒亦少去其乡者"。近代以来频繁的兵祸、匪患以及水、旱、蝗等自然灾害，使民生凋敝，往来闭塞，沦为贫瘠落后之区。

早在清雍正时期，田文镜在豫省督抚任上对豫省民众评论道："豫省民俗强悍，好勇斗狠，或因尺寸之土而即兴戎，或因升合之粮而即截杀，或一言不合而拳棍交加，或细事不和而刀枪并举，或邻居世好偶因童妇而成仇，或聚处集场多因一醉而拼命。"① 与皖北、山东等地类似，河南自然经济状况均不甚佳，且在其他地区看来，皆为"民风彪悍"之地，不只在地方官员眼中如此，在外国传教士看来，"本省农民居多，性极守旧，拘墟固陋，变化实难；且愤怒时形于色，尤有北方强悍之风"。② "河南民风向称驯朴，民情畏官，守法服官，其地者皆视以为乐土。"③ "农民伏处田野，畏官府如神明"，即使遇到水旱等灾害，大多坐而待毙，一旦有"抱犊而泣请者，与聚市而谍谍者，必非农也"。④ 由于常受水旱灾害威胁，农业生产不稳定，且"居民不事蓄积，不务工商，从前抢劫之案虽时有所闻，然其势尚未大张，自庚子以后，百物踊贵，谋生日艰，游惰日众，富者率入于贫，贫者率流于盗，十百成群，昌言不讳"。⑤ 至20世纪初，长期以来的自然经济因素与当时混乱的社会政治形势相结合，盗匪炽，豫省民众甚至被称为"中原之蛮族"。

---

① （清）田文镜：《抚豫宣化录·告示》，中州古籍出版社1995年版，第280页。
② 中华续行委员会调查特委会编：《中华归主：中国基督教事业统计（1901—1920）》，中国社会科学院世界宗教研究所，1985年，第183页。
③ （清）陈善同：《奏请查办河南盗案折》，《陈侍御奏稿》卷一，《近代中国史料丛刊》第28辑，文海出版社1968年影印本，第15页。
④ （清）王庆云：《纪赈贷》，《石渠余纪》卷一，《近代中国史料丛刊》第8辑，文海出版社1967年影印本，第53页。
⑤ （清）陈善同：《奏请查办河南盗案折》，《陈侍御奏稿》卷一，《近代中国史料丛刊》第28辑，文海出版社1968年影印本，第15页。

社会恶习不断滋生。李绿园在《歧路灯》一书中详细描写了开封因为水旱灾害而引发的赌博现象非常严重。赌博作为社会民俗中的一个组成部分，乃是由畸形、病态的社会风尚所催生出的一个恶性肿瘤，虽经历朝历代官府机构对之进行查禁整饬，有为之士对之痛加斥责，但赌博仍然以其有望获利的诱惑力、捞取钱财的迅捷化以及胜负难以判断的冒险性，强烈地刺激着参赌人员的每一根神经，而使他们趋之若鹜，乐此不疲，以致令人发出"禁赌之难难于上青天"的慨叹。《歧路灯》对赌博的描写，总体来说，是比较全面的，例如，小说中对赌场的种类、分布设置、组织形式、赌场的潜规则等都有不同程度的揭露。第二十六回，就直接暴露出赌场的内在结构是一种病态的、致人堕落的组合："从来开场窝赌之家，必养娼妓，必养打手，必养帮闲。娼妓是赌饵，帮闲是赌钱，打手是赌卫。"可见，当时中原地区的赌场主要是由赌场主、打手、帮闲、娼妓构成的。通过赌徒张绳祖之口道出了赌场亘古不变的游戏规则，"这赌博场中，富了寻人弄，穷了就弄人"，深具令人警醒的意味。赌场大体可分为家庭赌场、旅馆或饭店赌场。祥符城内萧墙街谭宅院书房"碧草轩"院内的谭宅赌场和萧墙街南边打铜巷的夏家赌场、祥符城内南马道张家祠堂赌场、祥符城内槐树胡同的刘守斋赌场，都是非常有名的家庭赌场。张家祠堂的赌场主是张绳祖，国子监生，其父为官两任，按照他自己的说法，"仅先祖两任宦囊也够过十几辈子"。因为张绳祖参与赌博把祖上的家业输得罄尽，无以为生，无奈在供奉祖宗的祠堂内开设赌娼场，招引娼妓，豢养打手，依靠"抽头"聊为生计。赌场有专职打手，绰号叫"假李逵"，敢打敢要。有帮闲夏逢若等混迹于场内。有妓女红玉、西妮等伺候场子。旅店、饭店赌场也非常盛行。像祥符城内椿树街口，由巴庚经营的醉仙馆赌场，"借卖酒为名，专一窝娼，图这宗肥房租开赌，图这宗肥头钱"。张家集旅店赌场，位于山东济宁张家集镇的一个旅店，主人是一个姓韩的破落秀才，手不能提重物，肩难以挑重担，万般无奈之下，专借开场诱赌，招致流娼，"图房客以为生计"。

在古代社会风俗中，赌博、饮酒与娼妓往往是相伴而生，如影随形，赌博与饮酒、娼妓也是互为依存，以色诱赌，凭酒助性，成为赌场文化的一大景观。在赌场世界里，"吃、喝、嫖、赌"是四位一体，赌徒经常是以酒为友，狂饮滥赌，无所不为。俗话说："娼妓百家转，赌博十里香。"人们沉溺于赌博、酒色之中，常常不仅仅是误事、破财，更为严重的是使人意志消沉，精神堕落，最终导致家破人亡、妻离子散的惨剧。

除士绅和世家子弟参与赌博之外，商贾贩卒子弟也参与其中，窦又桂，布商窦丛之子。"北直南宫县人，在河南省城贩棉花，开白布店"。窦又桂经常在椿树街口巴庚开设的酒馆"醉仙馆"赌博。因为赌博遭到父亲殴打，街坊邻舍讲情，其父窦丛执意不允。对门布店裴集社，同乡交好，拉完走时，其父对儿子还说，晚上剥了衣服吊打，不要这种不肖儿子。窦又桂一来害怕其父怒气难消，晚上再次挨打；二来想到自己经商要抛头露面，因赌博遭到父亲殴打在众人面前丢尽颜面，未免羞愧难当；三来想到欠下大笔赌账，"难杜将来讨索"。"躺在房中，左右盘算。忽然起了一个蠢念，将大带系在梁上，把头伸进去，把手垂下来，竟赴枉死城中去了。"面对此情此景，《歧路灯》的作者李绿园感叹道："忠臣节如多这般，殉节直将一死捐，赌棍下稍亦如此，可怜香臭不相干。"

赌博带来更大的社会危害的是吏役兵丁参赌，严重影响了国家的军事战斗力。虎镇邦，原标营左哨头目，绰号"虎不久"，他原系一个村家子弟，祖上留下来有"两顷田产，一处小宅院，菜园五亩，车厂一个"。后来他精通赌博，索讨强硬，每日在车厂中开场赌博。"日消月磨，把一份祖业，地位输了精光。"最终结果是："爹娘无以为送终之具，妻子无以为资生之策。不得已吃了标营下左哨一分马粮。"

无业游民类赌徒即所谓的"游棍"。参与赌博，造成社会的混乱。

赌博场中的人物，从世家子弟、宦门之后到无业游棍、帮闲蔑片，各色人等都有，几乎遍及社会各个角落。当时社会中赌博参与群体的广泛性和危害性，正如钱泳《履园丛话》卷二十一"恶俗"所云："上自公卿大夫，下至编氓徒隶，以及绣房闺阁之人，莫不好赌者。"① 随着赌博风气炽盛，还产生了一个极具寄生性赌徒群体，这个特殊群体的存在，使参与赌博的群体更具广泛性。与一般的参赌者不同的是，他们类似所谓的"职业赌徒"，往往依托赌场，诱人赌博，以此作为谋生的主要手段。因此，这一群体是社会肌体上的毒瘤，是赌博风气的"传染源"和发散地，更是致人堕落和走向犯罪的根源。另外，清代社会赌博风气的普遍性，深刻地暴露了这种社会病态的方方面面，从京城、山东济宁到

① （清）钱泳：《履园丛话上下》（清代史料笔视丛刊）卷二十一，中华书局 1979 年版。

河南的祥符，在广大的黄河中下游地域范围内，赌博可谓无处不有，无时不在。在河南从省城祥符到乡镇，赌博风气非常普遍。赌场遍布城乡，大小规模均有，开场设赌者，各色人等，不一而足。

社会风气的恶化，从官方文献中得到印证。田文镜于雍正五年把自己治理河南时的有关文告汇编成《抚豫宣化录》，并于当年付梓行世。《抚豫宣化录》真实地记载了田文镜抚豫的情况，颇具史料价值。其中便披露出中原地区赌风盛行的情况。为了禁赌、禁娼，田文镜①于雍正二年九月，发布《严禁赌博以杜命盗之源事》；雍正三年十月，发布《再行严禁窝贼、窝娼、窝赌，以靖地方，以肃功令事》，等等，把禁赌禁娼当作净化地方社会风气的一项重要内容，屡颁禁令，再三申诫。雍正二年九月的文告指出："乃访得豫省恶习，每于热闹场集置放宝案，铺设赌席，不论他乡别县，无赖恶少，群聚角逐。巡查捕役，乡约地方逐处抽取规例，规例到手，不但不查拿解究，抑且拘隐出结。地方官耳目有限，岂能周知因而赌风日甚，肆无忌惮。"雍正三年十月的文告指出："今访得窝贼窝娼窝赌辈竟出于绅伶，而武劣为尤甚。以赌博为消闲之具，日夜不休以娼妓为行乐之场，更相推荐。"② 清中叶，中原地区赌风盛行的事实，在这些文告的字里行间得到了清晰的展现。

在中原地区遍及城乡的赌博，像瘟疫一样，蔓延在当时社会的各个阶层，日渐成为一种社会风尚。它不仅仅流行于成人之中，而且也潜移默化之中影响着广大青少年。在儿童中流行"投核桃、掷钱之戏"③，虽然它更近于游戏性质，但这种投桃掷钱之戏也还是下有赌注，作为一种社会风气的表现，说明当时的祥符赌博的毒瘤在社会中已经普遍流行，并且是日益公开化、合法化的。所以，赌博造成了极大的危害，不仅危害了人性，危害了家庭，更严重的是危害了社会。赌博这一社会毒瘤在腐蚀人性的同时给社会造成了莫大的危害，长期以来，为人们所深恶痛绝，遭到历朝历代政府所禁止。清朝政府也不例外，视赌博为罪恶之渊薮，把它与乱民、盗贼、娼妓一起列为闾阎四大恶。认为"劫人之财，栽人之命，伤人之肌肤，破人之家，败人之德，为善良之害者"④，莫大

---

① 田文镜（1662—1732），雍正朝时前后专兼理河南政务多年的清府官员。
② （清）田文镜：《抚豫宣化录》，中州古籍出版社 1995 年版，第 232 页。
③ 参见孔宪易校注《如梦录》，《节令礼仪纪第十》，中州古籍出版社 1984 年版。
④ 参见《钦定大清会典事例》卷九百三十九、卷八百二十七。

于此四恶。而赌博之恶，尤过于其他，"民间恶习，无过于博戏"。由于赌博"荒废本业，荡费家资"，"最坏人之品行"，"输极无聊，掳卖人口，谋财劫杀"，"斗殴由此而生，争讼由此而起，盗贼由此而多，匪类由此而聚"。① 其为害于人心、社会风俗者，不可悉数。由赌博引起扰乱社会秩序、败坏社会风化的丑恶现象不断出现，伤风败俗事件屡屡发生，在社会上造成了不良影响。

黄河水灾对文化教育带来十分不利的影响。溃决的黄河冲没校舍，淹毙人口，使学校教学无法正常进行；而且，频受黄河水灾的广大民众十分贫困，一般农家都无力供子女读书，致使易受黄河水灾的山东西北、山东西南地区读书入仕的人数明显减少。据统计，晚清山东虽然也有一些读书人通过科举进入官场，但人数和江浙地区相比则相形见绌，在1861—1903 年山东二十八州县进士、举人的人数统计来看，自然灾害较少、比较富庶或交通便利的潍县、济宁、蓬莱、福山等地的进士、举人较多，均在五十人以上，而易受黄河水灾等灾害的恩县、阳谷、阳信、朝城、嘉祥、沾化、鱼台、冠县等均在十人以下。② 沿黄地区普通民众的文化水平较低，识字人口非常少，不少是文盲或半文盲，妇女更是被剥夺了读书的权利，据1882—1891 年海关十年报告统计，山东全省识字的妇女只有五百人。③

民众的居住习俗改变。人们的居住习俗受气候、环境、资源、生活条件等的影响，具有明显的地域特色。"所以它反映的往往是一个地区、民族甚至整个国家的生活方式和历史文化。"④ 例如，频受黄河水灾的晚清山东广大民众，生活困苦，住房大多为草房，砖屋很少。屡受黄河水患的山东西南一带，土壤盐分含量高，为防止盐分上浸，一般先筑起一米左右高的砖墙，再压上一层麦秸草，然后用加有麦穰的泥土层层夯实，尽管这样，碱对墙的侵蚀仍然很严重，砖与土墙之间往往形成蜂腰状。在与黄河水灾长期的抗争中，沿黄地区形成独特的居住方式——"台

---

① 参见《钦定大清会典事例》卷九百三十九、卷八百二十七。
② 张玉法：《中国现代化的区域研究———山东省（1860—1916）》，"中央研究院"近代史研究所，1987 年。
③ 彭泽益：《中国社会经济变迁史》，中国财政经济出版社1990 年版，第519 页。
④ 鲁春晓：《新形势下中国非物质文化遗产保护与传承关键性问题研究》，中国社会科学出版社2017 年版，第70 页。

房"，以防止黄河洪水对房屋的直接冲击。在盖房前，人们先筑几米甚至十几米高的"房台"（有的地区称"岗子"），然后，在修筑的房台上建房。为对付时常泛滥的黄河水患和便于灾后重建，沿黄地区的百姓盖房时在房屋的四个角砌砖垛，然后用土坯或抹有泥土的篱笆做墙。如果遭受水灾，即使土坯和篱笆被冲毁，砖垛仍可保存，水退后，垒上土坯或夹上篱笆仍可居住。遭受黄河水灾后，灾民就在大堤或高处搭盖更简易的一次性住房或临时性的窝棚，暂时躲避黄河洪水。黄河洪水消退后，灾民便返回家园，进行灾后重建。

　　宗教信仰也发生改变。面对肆虐的水灾，人们往往祈求河神的佑助以制止黄河水灾，而清政府的大力提倡，也使晚清山东对河神的信仰盛行。晚清山东的河神主要有金龙四大王、白大王、栗大王、黄大王等大王及六十余位将军。为取得河神的保佑，皇帝屡屡对河神进行敕封。例如，1867 年皇帝封山东张秋镇曹将军为"孚惠"；1874 年山东巡抚丁宝桢奏敕加白大王"昭孚"。① 在黄河时常泛滥决口的地方一般都建有河神庙。1855 年黄河自铜瓦厢改道前，河神庙主要分布在山东西南地区，改道后，则分布在山东北部的沿黄地区。晚清山东的河神庙很多，如东阿河神庙、张秋河神庙、临清黄大王庙、黎河神庙、杨庄河神庙、贾庄河神庙、洛口金龙四大王庙、山东省城河神庙等。② 皇帝还经常向河神庙颁发匾额。为祈求河神保佑平安无事，在黄河安澜、涨水、河决或合龙时都要祭祀河神。例如，1875 年，在山东郓城金龙四大王庙及治河工次按照嘉庆朝的祭祀时间及祭仪祭祀河神。有时还要演戏酬谢，每年有大王庙会。每逢大臣奏报黄河安澜，皇帝一般都颁香祭河神，1875—1893 年，几乎每年都有；后来，因为甲午战争及义和团运动，皇帝颁香祭河神的次数减少，仅六次。宣统年间，只有 1911 年皇帝发大藏香十支，交山东巡抚孙宝琦祭祀河神。③ 黄河中下游地区，除山东有祭拜河神的习俗之外，河南多地、苏北、皖北等黄河黄泛区都有这样的习俗。

　　在频繁的水灾中，上自皇帝官员，下到百姓，人们往往认为，不遭

---

　　① 复旦大学历史地理研究中心：《自然灾害与中国社会历史结构》，复旦大学出版社 2001 年版。

　　② 同上。

　　③ 同上。

水患的真正原因是河神之呵护，故对水神的虔诚无以复加。虽然并非每次遭遇水灾河神都能应验退水，但是，在百姓心目中，哪怕是有一次祈神后河水退去，人们也会认为是河神显灵，庇佑苍生。在科学尚不发达的历史时期，对河神崇拜已经深入百姓心中，影响了人们的行为。据《大名府志》载，家住卫河的元城人黄炳，是一位积德行善之人，在一次卫河水灾中，"数千村尽没，公独留有麦数千斛廪楼上。公登高及半，会大震，楼入地四五尺，已而水落，一望皆白沙，独此楼岿然。公叹曰：'嗟乎，天祸吾党，比闾无半菽，吾独有楼震不坏，天其有意乎？'"他把自家楼房的幸免于难看成是天意，看成是河神为了让他救济乡民而故意为之，故而"倾廪散之"。①

　　总之，人与水的关系是矛盾而统一的关系。一方面，人类离不开水，水是人类生存和发展的必备自然资源；另一方面，人类又面临着洪水的侵袭和困扰，故此形成人与水若即若离的现实状态。黄河下游城乡居民崇拜河神的信仰和习俗，即与水灾多发的生活环境密不可分，又从正反两面影响着居民的心理和心态，把免遭水灾而归因于天意，在一定程度上可以起到劝人向善的积极作用，而面对水灾，此种求神退水的活动和想法不会产生任何实际效果。相反，把治河的希望寄托在对河神的虔诚祭拜上，过分依赖河神，盲目崇拜河神，不仅浪费大量的人力、物力，而且贻误治河时机，使黄河水患更加频仍。但是，在当时科学技术尚不发达的情况下，对河神崇拜的习俗也是人们面对自然的一种思想表达，可以使人们的恐惧心理得到安慰。然而，这种消极的拜神活动毕竟是非科学的，因而也是不可取的。

---

① 《大名府志》卷二十二《人物新志》，康熙十一年刻本，第118页。

参考文献

一　古籍

1. 《尚书·禹贡》。

2. （汉）司马迁：《史记》，中华书局 1979 年版。

3. （汉）班固：《汉书》，中华书局 1979 年版。

4. （宋）乐史：《太平寰宇记》，中华书局 2007 年版。

5. （元）脱脱等撰：《宋史·河渠志》，中华书局 1977 年版。

6. （元）脱脱等撰：《金史·河渠志》，中华书局 1975 年版。

7. （清）张廷玉等：《明史·河渠志》，中华书局 1997 年版。

8. （清）赵尔巽等：《清史稿·河渠志》，中华书局 1977 年版。

9. （清）靳辅：《治水方略》，上海古籍出版社 1987 年版。

10. （清）傅泽洪：《行水金鉴》，商务印书馆 1936 年版。

11. （清）黎世序：《续行水金鉴》，商务印书馆 1936 年版。

12. （清）魏源：《魏源集》（上），中华书局 1976 年版。

13. （清）吴世雄、朱忻修、刘庠、方骏谟纂：《徐州府志》，江苏古籍出版社 1991 年版。

14. （清）徐松辑：《宋会要辑稿》，中华书局 1957 年版。

15. 《乾隆大清一统志》，商务印书馆 2005 年版。

16. （清）顾炎武：《天下郡国利病书》卷五十四《河南五》，光绪二十七年敷文阁刻本。

17. 《清文宗实录》卷二十六、卷三百五十四，中华书局 1986 年影印版。

18. 《清宣宗实录》卷一百九十一、卷三十八十八，中华书局 1986 年影印版。

19. 《明神宗实录》卷一百九十一，北京图书馆抄本 1982 年影印版。

20. 武同举等编：《再续行水金鉴》，1942 年刊行。

21. 中国水利水电科学研究院水利史研究室编校：《再续行水全鉴》（黄

河卷·运河卷·长江卷·淮河卷·北定河卷全 16 册），湖北人民出版社 2004 年版。

二　方志

1. 乾隆《祥符县志》。

2. 《曹州府曹县志》卷二《建置志》。

3. 民国《兰阳县志》卷三《建置志》。

4. 政协河南省杞县委员会文史资料委员会：《杞县文史资料》1993 年第 七辑。

5. 张纪成等：《京杭运河》（江苏），《史料编辑》，人民交通出版社 1997 年版。

6. 中牟县志编纂委员会：《中牟县志》，生活·读书·新知三联书店 1999 年版。

7. 侯德封：《黄河志》，商务印书馆 1937 年版。

8. 丁显：《光绪睢宁县志》，（台北）成文出版社 1974 年版。

9. （清）侯绍瀛修、（清）丁显纂：《光绪睢宁县志稿》，江苏古籍出版社 1991 年版。

10. 黄河水利委员会黄河志总编辑室编辑：《黄河志》卷十《黄河河改 志》，河南人民出版社 2017 年版。

11. 黄河防洪志编纂委员会等：《黄河防洪志》，河南人民出版社 1991 年版。

12. 黄河水利委员会黄河志总编辑室编：《黄河志》（11 卷本），河南人民 出版社 1991 年版。

13. 周魁一等释：《二十五史河渠志注释》，中国书店出版社 1990 年版。

14. 朱士嘉编：《中国地方志综录》，商务印书馆 1937 年版。

15. 黄河水利委员会黄河志总编辑室：《黄河大事记》，河南人民出版社 1991 年版。

16. 河南省地方史志编纂委员会：《河南省志·黄河志》，河南人民出版社 1991 年版。

17. 水利电力部水管司、科技司、水利水电科学研究院：《清代黄河流域 洪涝档案史料》，中华书局 1993 年版。

18. 河南省地方史志编纂委员会：《河南省志·水利志》，河南人民出版社 1994 年版。

19. 李文海等编:《近代中国灾荒纪年》,湖南教育出版社 1990 年版。

20. 陈高佣主编:《中国历代天灾人祸年表》,上海书店出版社 1986 年版。

21. 周魁一、谭徐明:《水利与交通志》,上海人民出版社 1998 年版。

三 专著

1. 邹逸麟:《黄淮海平原历史地理》,安徽教育出版社 1993 年版。

2. 邹逸麟:《千古黄河》,中华书局(香港)有限公司 1990 年版。

3. 岑仲勉:《黄河变迁史》,人民出版社 1957 年版。

4. 孟昭华:《中国灾荒史记》,中国社会科学出版社 1999 年版。

5. 鲁枢元、陈先德主编:《黄河史》,河南人民出版社 2001 年版。

6. 侯仁之主编:《黄河文化》,华艺出版社 1994 年版。

7. 朱士光编:《黄河文化丛书》(居住篇),陕西人民出版社 2001 年版。

8. 马雪芹:《明清河南农业地理》,(台北)洪叶文化事业有限公司 1997 年版。

9. 水利电力部黄河水利委员会编:《人民黄河》,水利电力出版社 1959 年版。

10. 《黄河水利史述要》编写组:《黄河水利史述要》,黄河水利出版社 2003 年版。

11. 程子良、李清银主编:《开封城市史》,社会科学文献出版社 1993 年版。

12. 史念海:《黄土高原历史地理研究》,黄河水利出版社 2001 年版。

13. 水利水电部黄河水利委员会治黄研究组:《黄河的治理与开发》,上海教育出版社 1984 年版。

14. 郑肇经:《中国水利史》,上海书店出版社 1984 年版。

15. 张含英:《明清治河概论》,水利电力出版社 1986 年版。

16. 赵明奇等编著:《徐州自然灾害史》,气象出版社 1994 年版。

17. 魏光兴、孙昭民主编:《山东省自然灾害史》,地震出版社 2000 年版。

18. 高文学编:《中国自然灾害史(总论)》,地震出版社 1997 年版。

19. 张驭寰:《中国城池史》,百花文艺出版社 2003 年版。

20. 李文海、周源:《灾荒与饥馑(1840—1919)》,高等教育出版社 1991 年版。

21. 彭泽益:《中国社会经济变迁史》,中国财政经济出版社 1990 年版。

22. 复旦大学历史地理研究中心:《自然灾害与中国社会历史结构》,复旦大学出版社 2001 年版。

23. 张含英：《历代治河方略探讨》，水利电力出版社 1982 年版。

24. 邓云特：《中国救荒史》，生活·读书·新知三联书店 1977 年版。

25. 痛定思痛居士撰，李景文等点校：《汴梁水灾纪略》，河南大学出版社 2006 年版。

26. 梁方仲：《中国历代户口、田地、田赋统计》，上海人民出版社 1980 年版。

27. 史念海：《河山集》第二集，生活·读书·新知三联书店 1982 年版。

28. 陈高华、陈智超：《中国古代史史料学》，北京出版社 1983 年版。

29. 来新夏：《林则徐年谱》，上海人民出版社 1985 年版。

30. 张仲礼：《中国绅士——关于其在 19 世纪中国社会中作用的研究》，李荣昌译，上海社会科学院出版社 1991 年版。

31. 牛建强：《明代人口流动与社会变迁》，河南大学出版社 1997 年版。

32. 黄河水利委员会黄河志总编辑室：《黄河志》卷一《黄河大事记》，河南人民出版社 2017 年版。

33. 左慧元：《黄河金石录》，黄河水利出版社 1999 年版。

34. 许大龄：《明清史论集》，北京大学出版社 2000 年版。

35. 姚汉源：《黄河水利史研究》，黄河水利出版社 2003 年版。

36. 程有为、王天奖：《河南通史》，河南人民出版社 2005 年版。

37. 刘照渊：《河南水利大事记》，方志出版社 2005 年版。

38. 水利部黄河水利委员会《黄河水利史述要》编写组：《黄河水利史述要》，水利电力版社 1984 年版。

39. 水利水电科学研究院《中国水利史稿》编写组：《中国水利史稿》（下册），水利电力出版社 1989 年版。

40. 程有为主编：《黄河中下游地区水利史》，河南人民出版社 2007 年版。

41. 陈梧桐、陈名杰：《黄河传》，河北大学出版社 2001 年版。

42. 鲁春晓：《新形势下中国非物质文化遗产保护与传承关键性问题研究》，中国社会科学出版社 2017 年版。

四 论文

1. 李蓓蓓、何辰宇、袁存：《1841 年黄河下游水灾及其影响分析》，《农业考古》2015 年第 1 期。

2. 贾国静：《二十世纪以来清代黄河史研究述评》，《清史研究》2008 年

8 月。

3. 吴小伦：《河道变迁与明清清江浦镇的兴衰》，《山西档案》2014 年 5
   月 29 日。

4. 杜韦：《河南黄河水患研究综述》，《黑龙江史志》2014 年第 1 期。

5. 蒋慕东、章新芬：《黄河"夺泗入淮"对苏北的影响》，《淮阴师范学
   院学报》2006 年第 2 期。

6. 崔松松：《黄河变迁对夏邑县城市形态的影响》，《三门峡职业技术学
   院学报》2014 年第 9 期。

7. 许继清、韦峰、胡泊：《黄泛平原古城"环城湖"与城市防洪减灾》，
   《人民黄河》2011 年第 9 期。

8. 李娜、卢勇：《黄河河道变迁对黄淮流域城市的影响——以安徽省砀山
   县为例》，《古今农业》2015 年第 2 期。

9. 张保升：《黄河流域的重要以及黄河的危害和治理》，《西北大学学报》
   （自然科学版）1978 年第 5 期。

10. 王义民、万年庆：《黄河流域生态环境变迁的主导因素分析》，《信阳
    师范学院学报》2013 年第 10 期。

11. 赵淑玲：《黄河流域灾害问题的历史透视》，《华北水利水电学院学
    报》2002 年第 2 期。

12. 赵炜：《黄河山东河段河道变迁考》，《黄河科技大学学报》2012 年
    7 月。

13. 陈隆文：《黄河水患与历代睢县城址的变迁》，《三门峡职业技术学院
    学报》2012 年第 9 期。

14. 吴小伦：《黄河水患与清代开封的衰落》，《兰台世界》2011 年第
    7 期。

15. 邹远麟：《黄河下游河道变迁及其影响概述》，《复旦学报》（社会科
    学版）1980 年第 12 期。

16. 刘超文：《黄河下游河道的历史变迁》，《泰安师专学报》1998 年第
    9 期。

17. 徐福龄：《黄河下游河道历史变迁概述》，《人民黄河》1982 年第
    4 期。

18. 赵炜：《黄河山东河段河道变迁考》，《黄河科技大学学报》2012 年第
    7 期。

19. 杨玉珍：《黄河的历史变迁及其对中华民族发展的影响刍议》，《古地理学报》2008 年第 4 期。

20. 张庆：《黄河影响下的商丘古城空间格局探微》，郑州大学硕士论文数据库，2010 年 6 月。

21. 王涛：《清代山东小清河沿岸的河患与水利建设》，中国海洋大学硕士论文数据库，2010 年 6 月。

22. 李明奎：《基于黄河灾害研究综述的思考》，《昆明学院学报》2015 年第 10 期。

23. 鲁克亮：《近代以来黄河下游水灾频发的生态原因》，《哈尔滨学院学报》2003 年第 11 期。

24. 王庆、王红艳：《历史时期黄河下游河道演变规律与淮河灾害治理》，《灾害学》1998 年第 3 期。

25. 王聪明、温瑞：《利害相生——明代黄淮水患与淮安府的城市变迁》，《河北师范大学学报》2016 年第 1 期。

26. 刘江旺、朱建：《两汉时期黄河水患与黄河下游生态环境变迁》，《牡丹江学院学报》2012 年第 2 期。

27. 杨秉强：《鲁商文化的"大街""玉堂"——读〈齐鲁商贾传统〉》，《山东商业职业技术学院》2016 年第 1 期。

28. 和希格：《论金代黄河之泛滥及其治理》，《内蒙古大学学报》（人文社会科学版）2002 年第 3 期。

29. 郭志安、张春生：《略论黄河水患影响下北宋河北地区的人口迁移》，《赤峰学院学报》（汉文哲学社会科学版）2010 年第 2 期。

30. 苏新留：《民国时期黄河水灾对河南乡村生态环境影响研究》，《地域研究与开发》2007 年第 2 期。

31. 吴朋飞、李娟、费结：《明代河南大水灾城洪涝灾害时空特征分析》，《干旱区资源与环境》2012 年第 5 期。

32. 刘森：《明代河南的黄河水患与地方社会——以归德府为例》，《华北水利水电学院学报》（社会科学版）2009 年第 10 期。

33. 郭朝辉：《明代河南黄河水患影响探析》，《江西社会科学》2015 年第 12 期。

34. 王星光、杨运来：《明代黄河水患对生态环境的影响》，《黄河科技大学学报》2008 年第 7 期。

35. 杨运来：《明代黄河水患发生的非自然原因及其对区域地理环境变迁的影响》，硕士学位论文，郑州大学，2006 年。

36. 马雪芹：《明清黄河水患与下游地区的生态环境变迁》，《江海学刊》2001 年第 5 期。

37. 程森：《明清民国时期直豫晋鲁交界地区地域互动关系研究》，博士学位论文，陕西师范大学，2011 年。

38. 王俊清：《明清时期淮河流域水灾与城市变迁》，硕士学位论文，郑州大学，2010 年。

39. 卢勇：《明清时期淮河水患与生态、社会关系研究》，博士学位论文，南京农业大学，2008 年。

40. 于云洪：《明清时期黄河水患对下游城市的影响》，《黄河文明与可持续发展》2014 年第 2 期。

41. 刘晨阳：《明清时期唐白河水运及其沿岸兴衰研究》，硕士学位论文，郑州大学，2014 年。

42. 吴小伦：《明清时期沿黄河城市的防洪及排洪建设——以开封城为例》，《郑州大学学报》（哲学社会科学版）2014 年第 7 期。

43. 李涛：《浅析历史上黄河在商丘的改造及其影响》，《商丘师范学院学报》2013 年第 8 期。

44. 孙金玲：《清代黄河泛滥对豫东平原生态环境的影响》，《农业考古》2014 年第 1 期。

45. 朱士光：《清代黄淮流域生态环境变化及其影响》，《黄河科技大学学报》2011 年第 3 期。

46. 张小云：《清代黄河水患与黄河三角洲生态环境变迁的关系——以黄河东段为例》，《中国水运》2015 年第 10 期。

47. 胡梦飞：《清代顺治至嘉庆年间徐州地区黄河水灾的成因与特点初探》，《黄河科技大学学报》2011 年第 1 期。

48. 霍有光：《清代综合治理黄河下游水患的系统科学思想》，《灾害学》1999 年第 12 期。

49. 吴小伦：《清嘉道年间黄河水患与河南地方社会》，硕士学位论文，河南大学，2007 年。

50. 崔立钊：《清中叶以来黄河改道与冀鲁豫三省交界地区的政区调整》，硕士学位论文，复旦大学，2014 年。

51. 李正华：《商丘地区黄河水患史料辑要》，《黄淮学刊》1989 年第 3 期。

52. 赵淑贞、任世芳、任伯平：《试论公元前 500 年至公元 534 年间黄河下游洪患》，《人民黄河》2001 年第 3 期。

53. 彭安玉：《试论黄河夺淮及其对苏北的负面影响》，《江苏社会科学》1997 年第 1 期。

54. 田冰、吴小伦：《水环境变迁与黄淮平原城市经济的兴衰——以明清开封城为例》，《中州学刊》2014 年第 2 期。

55. 戴培超、沈正平：《水环境变迁与徐州城市兴衰研究》，《人文地理》2012 年第 6 期。

56. 陈隆文：《水患与黄河流域古代交通道路的变迁——以黄河中、下分界地区（郑、汴间）为对象》，《地域研究与开发》2010 年第 10 期。

57. 杜君政：《唐末五代黄河水患及其影响》，《青海师范学院学报》（哲学社会科学版）1979 年第 4 期。

58. 董传岭：《晚晴山东的黄河水灾》，《广西社会科学》2008 年第 8 期。

59. 刘铁丽：《先秦时期黄河水患述论》，硕士学位论文，哈尔滨师范大学，2010 年。

60. 钱程、韩宝平：《徐州历史上黄河水灾特征及其对区域社会发展的影响》，《中国矿业大学学报》（社会科学版）2008 年第 12 期。

61. 周旗、魏旭东：《影响历史黄河水患因素的综合分析》，《水土保持通报》2003 年第 8 期。

62. 邱成希：《明代黄河水患探析》，《南开大学学报》1981 年第 4 期。

63. 王国栋：《元、明、清时期淮河流域环境恶化原因浅析》，《阜阳师范学院学报》（社会科学版）2010 年第 5 期。

64. 武玉栋：《黄河水患与徐州古城的历史变迁》，《中国古都研究》2009 年第十七辑。

65. 李润田、丁圣彦、李志恒：《黄河影响下开封城市的历史演变》，《地域研究与开发》2006 年第 6 期。

66. 张妙弟：《开封城与黄河》，《北京联合大学学报》2002 年第 1 期。

67. 黄以柱：《豫东黄河平原环境的变迁与开封城市的发展》，《河南师范大学学报》1983 年第 1 期。

68. 李相楠：《宋都开封的兴衰与黄河生态环境变迁》，《宜春学院学报》2013 年第 2 期。

69. 李东坡：《黄河在商丘的迁徙及其影响》，《商丘职业技术学院学报》2004 年第 4 期。

70. 刘园园：《商丘古城城址变迁及原因探析》，《三门峡职业技术学院学报》2007 年第 6 期。

71. 袁敬廉、沙鑫鉴：《中牟与黄河》，《中牟史志资料》1985 年第 4 期。

72. 章人骏：《华北平原地貌演变和黄河改道与泛滥的根源》，《华南地质与矿产》2000 年第 4 期。

73. 许继清、曹坤梓：《黄泛平原"水域古城"类型与特色研究》，《转型与重构——2011 中国城市规划年会论文集》，中国会议，2011 年 9 月 20 日。

74. 俞孔坚、张蕾：《黄泛平原古城镇洪涝经验及其适应性景观》，《城市规划学刊》2007 年第 5 期。

75. 吴宏岐、张志迎：《黄泛平原古城镇水域景观历史地理成因初探》，《地域研究与开发》2012 年第 1 期。

76. 俞孔坚、张蕾：《黄泛平原区适应性"水城"景观及其保护和建设途径》，《水利学报》2008 年第 6 期。

77. 马捷、杨铭：《黄泛区生态环境的演变及其治理》，《水土保持研究》2007 年第 3 期。

78. 黄孝燮、汪安球：《黄泛区土壤地理》，《地理学报》1954 年第 3 期。

79. 邢馨月：《黄河水患对开封经济影响研究》，《中国市场》2016 年第 5 期。

80. 吴小伦：《明清时期黄河水患的时空分布及对区域经济影响——以黄淮平原为中心的再考察》，《郑州大学学报》（哲学社会科学版）2016 年第 5 期。

81. 方建春：《论晚清黄河水患》，《固原师专学报》1997 年第 8 期。

82. 吴小伦：《清代河南黄河水患与基层政府行为》，《许昌学院学报》2011 年第 10 期。

83. 武玉栋：《黄河水患与徐州古城的历史变迁》，《江苏地方志》2001 年第 1 期。

84. 李正华：《商丘地区黄河水患史料辑要》，《黄淮学刊》（社会科学版）1989 年第 10 期。

85. 李娜：《胡佛论黄河水患治理与清王朝的覆灭》，《史学集刊》2014 年第 9 期。

后 记

明清时期，黄河水患频繁发生，对下游地区城市变迁产生了多重影响。水患对河南、山东、江苏等黄河下游地区的生态环境造成了严重破坏。水患破坏了下游城市赖以发展的生态环境，破坏了下游城市周边的农业经济，破坏了城市原有的道路交通网络，改变了城市原有的发展规模与格局，打破了城市发展的正常路径，城市社会生活和社会风俗悄然发生深刻变化。有许多城市被深埋地下，许多城市趋于衰落，又有许多城市被重新建立。一部黄河城市史、黄河文明史、黄河变迁史，就是一部黄河之水与城市相互作用的历史。梳理水患和城市变迁的相互关系，对于明清时期黄河下游城市发展研究有重要启发意义。本书由课题组成员集体完成，具体分工是：于云洪负责第四章、第五章的写作和全书的策划及统稿工作，王静芳负责第一章的写作，李法杰、王俊芳负责第二章和第三章的写作，王明德提出了部分稿件的修改意见。课题研究得到了潍坊学院历史文化与旅游学院于云汉书记的鼎力相助，杨爱华和宋姗姗也为本书的出版提供了很大的帮助，在此向他们表示衷心感谢！

因水平所限，书稿对相关资料的梳理和问题的探讨还不够，论证不够严密，资料挖掘不全，敬请读者提出批评意见，以便共同推动这一问题的深入研究。

作者

2017 年 11 月